Umweltverträglichkeit in der Abfallwirtschaft

Springer
*Berlin
Heidelberg
New York
Barcelona
Budapest
Hongkong
London
Mailand
Paris
Santa Clara
Singapur
Tokio*

Burkhard Heuel-Fabianek
Hans-Jürgen Schwefer
Joachim Schwab (Hrsg.)

Umweltverträglichkeit in der Abfallwirtschaft

Mit 26 Abbildungen und 27 Tabellen

Springer

Dipl.-Geol. Burkhard Heuel-Fabianek
Dipl.-Ing. Hans-Jürgen Schwefer
c/o PROBIOTEC GmbH
Schillingsstraße 333
D-52355 Düren

Dr. jur. Joachim Schwab
c/o Bezirksregierung Köln
Zeughausstraße 2–10
D-50667 Köln

Umschlagabbildung: Müllverbrennungsanlage Spittelau (Wien) mit freundlicher
Genehmigung der Fernwärme Wien Gesellschaft m.b.H.

Die Deutsche Bibliothek – CIP-Einheitsaufnahme

Umweltverträglichkeit in der Abfallwirtschaft / Hrsg.: Burkhard Heuel-Fabianek... – Berlin; Heidelberg; New York;
Barcelona; Budapest; Hongkong; London; Mailand; Paris; Santa Clara; Singapur; Tokio: Springer, 1998
ISBN-13:978-3-642-72024-6   e-ISBN-13:978-3-642-72023-9
DOI: 10.1007/978-3-642-72023-9

ISBN-13:978-3-642-72024-6

Umschlaggestaltung: de'blik, Berlin
Satz: Reproduktionsfertige Vorlage der Herausgeber

SPIN: 10507525   30/3136 - 5 4 3 2 1 0 – Gedruckt auf säurefreiem Papier

Vorwort

Umweltverträglichkeit und Abfallwirtschaft - zwei Reizwörter, die bei Planung und Durchführung von Zulassungsverfahren für Abfallverbrennungsanlagen, Deponien und anderen Abfallwirtschaftseinrichtungen immer wieder zu kontroversen Diskussionen und Auseinandersetzungen führten und führen. Zum einen wollen die Bauherren möglichst schnell und kostengünstig ihr Projekt realisieren und stehen deshalb der UVP skeptisch gegenüber, zum anderen sehen die Anwohner und andere „Betroffene" ihre Gesundheit gefährdet und hoffen auf die UVP als eine „Wunderwaffe".

Hinzu kommt eine starke Emotionalisierung und Komplexität der Materie. Schlagworte wie „Giftdeponie", „Pyromanie" und „Seveso-Gift" treffen im oder am Rande von Zulassungsverfahren mit technischen Wortschöpfungen und Abkürzungen wie „Thermische Restabfallverwertungsanlage" oder „TASi-Klasse-2-Deponie" aufeinander. Das erschwerte oftmals eine an der Sachlage orientierte und beschleunigte Abwicklung von Zulassungsverfahren.

Die öffentliche Diskussion im Zusammenhang mit Abfallwirtschaftsanlagen hat sich vielerorts beruhigt. Das mag zum einen am derzeit zu beobachtenden „Planungsstillstand" für neue Abfallwirtschaftsanlagen liegen; hier kann sicherlich auf die Bemühungen bei der Abfallvermeidung und -verwertung verwiesen werden. Zum anderen ist eine gewisse Scheu vieler „Entsorgungspflichtiger" festzustellen, den langen und häufig steinigen Weg durch ein Zulassungsverfahren zu beschreiten. Ihnen bietet doch die Technische Anleitung Siedlungsabfall hinsichtlich der Abfallvorbehandlung bestimmte Übergangslösungen zum Teil bis ins Jahr 2005 an. Solange noch Deponiekapazitäten zur Verfügung stehen, wird nur zögerlich den Notwendigkeiten weiterer Planungen ins Auge geschaut. Angesichts der Novellierung der EG-UVP-Richtlinie und des Fristengefüges der TA Siedlungsabfall dürfte diese Ruhe nur von vorübergehender Natur sein.

Die vorliegenden Beiträge geben deshalb einen Einblick in gesetzliche Grundlagen, notwendige Planungsschritte, erforderliche Fachgutachten und in das Zulassungsverfahren. Es wird aufgezeigt, welche Genehmigungsschritte notwendig sind und welche den Blick auf das Erforderliche und Sinnvolle eher trüben. Schlagworte werden dabei als solche gekennzeichnet und ihr tatsächlicher Hintergrund beleuchtet.

Die Autoren berichten aus ihrer Praxis als Gutachter, Rechtsanwälte und Mitarbeiter der Genehmigungsbehörde bzw. des Bundesumweltministeriums. Dabei wird ein weiter Bogen gespannt, der von Entwicklungen auf europäischer Ebene, dem Stand der bundesdeutschen Gesetze und Regelwerke, der Genehmigungspraxis bis hin zur Erstellung von Fachgutachten für ein Zulassungsverfahren reicht. Im Mittelpunkt stehen hierbei praxisorientierte Aspekte zur Umweltverträglichkeit im Zulassungsverfahren.

Ein Schwerpunkt der Beiträge wird durch Mitarbeiter der PROBIOTEC GmbH, Düren, abgedeckt, die seit den ersten Genehmigungsverfahren mit UVP Ende der achtziger Jahre Antragsteller, Planer und Behörden durch die verschiedenen Verfahrensschritte begleitet haben. Zu den hierzu erbrachten Leistungen zählen Umweltverträglichkeitsuntersuchungen, Immissionsprognosen, Standortsuchen, toxikologische Stellungnahmen, Biomonitoring und andere Fachgutachten für mehrere Dutzend abfallwirtschaftliche Projekte. Die Vielzahl der bei PROBIOTEC vertretenden Fachdisziplinen (Agrarwissenschaften, Bauingenieurwesen, Biologie, Chemie, Chemieingenieurwesen, Geologie/Hydrogeologie, Meteorologie, Verfahrenstechnik usw.) entspricht dabei dem umfassenden Anspruch eines Zulassungsverfahrens und eines begleitenden Genehmigungsmanagements.

Neben den „hausinternen" Beiträgen und einem Beitrag aus sicherheitstechnischer Sicht konnten auch Autoren gewonnen werden, die im Rahmen von Genehmigungsverfahren, Erörterungsterminen, als Gutachter von Behörden und bei Abstimmungs- und Informationsveranstaltungen tätig sind und über vielfältige Erfahrungen verfügen.

In Verbindung mit der Gutachtererfahrung ermöglichen die hier vorliegenden Erfahrungen aus dem Bereich des Gesetzgebers, der Genehmigungsbehörde sowie der juristischen Beratung dem Leser einen umfassenden Einblick im Sinne eines „Roten Fadens" durch das Zulassungsverfahren. Dabei kann direkt der Sprung zu einem Spezialthema erfolgen; es wird aber von der Anordnung der Beiträge ein stufenweiser Einstieg in die notwendigen Planungen und Genehmigungsschritte zum Thema *Umweltverträglichkeit in der Abfallwirtschaft* gegeben. Dieser Einstieg beginnt mit einer Darstellung der Gesetzeslage in umweltrelevanten Bereichen sowie eines Einblicks in die Entwicklungen auf europäischer Ebene.

Das Thema Umweltverträglichkeit in der Abfallwirtschaft kann kaum erschöpfend behandelt werden; einerseits werden immer noch Erfahrungen mit den verschiedenen Zulassungsverfahren in den Bundesländern gewonnen, andererseits ist ein Stillstand auf gesetzgeberischer Seite, ob in der Bundesrepublik oder der EU, wohl kaum zu erwarten.

Für Anregungen und weitere Informationen bezüglich der diskutierten Themen stehen die Herausgeber gerne zur Verfügung.

Herzogenrath/Aachen/Köln im Oktober 1997   *Burkhard Heuel-Fabianek*
Hans-Jürgen Schwefer
Joachim Schwab

Inhaltsverzeichnis

Autorenverzeichnis

Appel, Petra, Dipl.-Ing.
  PROBIOTEC GmbH
  Schillingsstraße 333
  52355 Düren

Heuel-Fabianek, Burkhard, Dipl.-Geol.
  PROBIOTEC GmbH
  Schillingsstraße 333
  52355 Düren

Holtwick, Andrea, Dr. jur.
  Rechtsanwältin
  Fachanwältin für Verwaltungsrecht
  Bergiusstraße 15
  86199 Augsburg

Laun, Monika, Dipl.-Ing. agr.
  PROBIOTEC GmbH
  Schillingsstraße 333
  52355 Düren

Meyer-Rutz, Eckart, Ministerialrat
  Bundesministerium für Umwelt, Naturschutz und Reaktorsicherheit
  Arbeitsgruppe Z II 4
  Stephan-Lochner-Straße 1
  53175 Bonn

Schmitz, Gabriele, Dipl.-Biol.
  PROBIOTEC GmbH
  Schillingsstraße 333
  52355 Düren

Schwab, Joachim, Dr. jur.
  Regierungsdirektor
  Bezirksregierung Köln
  Zeughausstraße 2 - 8
  50667 Köln

Semmler, Ralph, Dr. rer. nat., Dipl.-Chem.
  Bereichsleiter Sicherheitsanalysen
  horst weyer & partner GmbH
  Schillingsstraße 329
  52355 Düren

Siebert, Jörg, Dr. rer. nat., Dipl.-Met.
  PROBIOTEC GmbH
  Schillingsstraße 333
  52355 Düren

Stormanns, Burkhard, Dr. rer. nat., Dipl.-Chem.
  PROBIOTEC GmbH
  Schillingsstraße 333
  52355 Düren

Winterfeld, Susanne, Dipl.-Biol.
  PROBIOTEC GmbH
  Schillingsstraße 333
  52355 Düren

1
Rechtsvorschriften zur Umweltverträglichkeit in der Abfallwirtschaft

S. Winterfeld

Der vorliegende Beitrag gibt einen Überblick und einen Einstieg in relevante Rechtsvorschriften zum Thema „Umweltverträglichkeit in der Abfallwirtschaft". In den nachfolgenden Kapiteln der vorliegenden Veröffentlichung wird auf diese Rechtsvorschriften häufig Bezug genommen. Einführend werden hier die allgemeinen Rechtsgrundlagen kurz beschrieben und verschiedene Vorschriften des Umweltrechts in Beziehung zueinander gesetzt.

Vor dem Hintergrund des sich allgemein durch häufige Rechtsänderungen auszeichnenden Umweltrechts soll die Entwicklung ausgewählter rechtlicher Zusammenhänge auch dem neu in das Thema „Umweltverträglichkeit in der Abfallwirtschaft" einsteigenden Leser näher gebracht werden. Zu diesem Zweck wird der Beschreibung relevanter Rechtsgrundlagen des Immissionsschutzrechts ein kurzer Abriß zur Rechtshistorie, insbesondere hinsichtlich der Anlagenzulassung vorangestellt und die Einordnung von Abfallentsorgungsanlagen in den juristischen Kontext beleuchtet. Der sachkundige Leser kann ggf. die in die Rechtshistorie einführenden Passagen überspringen. Allenthalben kann die anschließende Auflistung der wichtigsten in den übrigen Buchbeiträgen angesprochenen Gesetze und Verordnungen als Fundstellennachweis verwendet werden (vgl. Kapitel 1.12).

1.1
Rechtsgrundlagen des Immissionsschutzrechts: Rechtshistorie, BImSchG und ausgewählte Durchführungsverordnungen

Ein Blick in die weiter zurückliegende Rechtshistorie zum Immissionsschutzrecht und zur zugehörigen Anlagenzulassung zeigt, daß - nachdem die Grundzüge eines Sonderrechts gewerblicher Immissionen zum erstenmal mit der Preußischen Allgemeinen Gewerbeordnung vom 17.01.1845[1] erfaßt worden waren - diese später

---

[1] § 26 enthielt eine Genehmigungspflicht für bestimmte Anlagen, welche durch ihre örtliche Lage oder durch die Beschaffenheit der Betriebsstätte für die Besitzer oder die Be-

in die Gewerbeordnung für das Deutsche Reich (GewO) vom 21.06.1869[2] einbezogen wurden. In der **Gewerbeordnung in der Fassung vom 01.01.1987**, die nach Regelungskonzept und Grundbestand an Vorschriften auf die Gewerbeordnung von 1869 zurückgeht, waren ebenso erste Ansätze allgemeiner Anforderungen an die Errichtung und den Betrieb von (Gewerbe- bzw. Industrie-)Anlagen enthalten. Diese insbesondere bezüglich Arbeitsschutzaspekten fokussierenden Regelungen beruhten auf polizei- und ordnungsrechtlichen Ansätzen. In der jüngeren Vergangenheit, vornehmlich seit Beginn der 70er Jahre, wurde das deutsche Umweltrecht umfassend ausgebaut, ergänzt und novelliert. Dies erfolgte auf der Basis eines älteren Bestands umweltschützender Rechtsvorschriften, z. T. unter Ableitung aus gewerberechtlichen und allgemeinen polizeirechtlichen Vorschriften, und auch im Abgleich mit EG-rechtlichen Vorgaben.

Seit 1974 findet das Recht der genehmigungsbedürftigen (Gewerbe- bzw. Industrie-) Anlagen seine Rechtsgrundlage im Gesetz zum Schutz vor schädlichen Umwelteinwirkungen durch Luftverunreinigungen, Geräusche, Erschütterungen und ähnliche Vorgänge (**Bundes-Immissionsschutzgesetz - BImSchG**) und dazu ergangenen Durchführungsverordnungen (BImSchVOen)[3]. Hierdurch wurde das bisherige Immissionsschutzrecht tiefgreifend verändert, in dem das BImSchG u. a. die Vorschriften über die genehmigungsbedürftigen Anlagen aus der Gewerbeordnung herauslöste und erstmals bundeseinheitliche Regelungen für nicht genehmigungsbedürftige Anlagen schuf.

Generell verfolgt das BImSchG mit dem Schutzprinzip und dem Vorsorgeprinzip 2 grundlegende Prinzipien. Entsprechend dem in § 1 definierten Zweck des Gesetzes hat das BImSchG das Ziel, Menschen, Tiere und Pflanzen, den Boden, das Wasser, die Atmosphäre sowie Kultur- und sonstige Sachgüter vor schädlichen Umwelteinwirkungen zu schützen. Soweit es sich um genehmigungsbedürftige Anlagen handelt, sollen die vorgenannten Schutzgüter auch vor Gefahren, erheblichen Nachteilen und erheblichen Belästigungen, die auf andere Weise herbeigeführt werden, geschützt werden. Weiterhin sollen die Vorschriften dem Entstehen schädlicher Umwelteinwirkungen vorbeugen.

Das BImSchG enthält eine Vielzahl von Vorschriften, die u. a. die Errichtung und den Betrieb von Anlagen, das Herstellen, Inverkehrbringen und Einführen von Anlagen, Brenn- und Treibstoffen, Stoffen und Erzeugnissen aus Stoffen sowie die Beschaffenheit und Betrieb von Fahrzeugen, Bau und Änderung von Straßen und Schienenwegen betreffen. Desweiteren regelt das BImSchG im Rahmen des gebietsbezogenen Immissionsschutzes die Überwachung der Luftverunreinigung und enthält Vorschriften über Lärmminderungspläne.

Zur Einführung werden vor dem Hintergrund der Umweltverträglichkeit in der Abfallwirtschaft einige Grundregelungen des BImSchG näher skizziert. In § 4 BImSchG wird generell die immissionsschutzrechtliche Genehmigungsbedürftig-

---

wohner der benachbarten Grundstücke oder für das Publikum überhaupt erhebliche Nachteile, Gefahren oder Belästigungen herbeiführen können."

[2] In § 16 Abs. 1 der Gewerbeordnung von 1869 wurde die Genehmigungspflicht nach § 26 der Preußischen Allgemeinen Gewerbeordnung vom 17.01.1845 übernommen und war bis zum Erlaß des BImSchG mit gewissen Änderungen gültig.

[3] Rechtsverordnungen sind Normen, die für die Verwaltung und Rechtsprechung bindendes Recht darstellen.

keit definiert: die Errichtung und der Betrieb von Anlagen, die aufgrund ihrer Beschaffenheit oder ihres Betriebes in besonderem Maße geeignet sind, schädliche Umwelteinwirkungen hervorzurufen oder in anderer Weise die Allgemeinheit oder die Nachbarschaft zu gefährden, erheblich zu benachteiligen oder erheblich zu belästigen, bedürfen einer Genehmigung[4]. Als weitere grundlegende Vorschriften sind die Regelungen des § 5 - Pflichten der Betreiber genehmigungsbedürftiger Anlagen und des § 7 - Rechtsverordnungen über Anforderungen an genehmigungsbedürftige Anlagen zu nennen, wobei auf einige der zu § 7 BImSchG erlassenen Rechtsverordnungen nachfolgend noch eingegangen wird.

In § 6 BImSchG werden die Genehmigungsvoraussetzungen geregelt. Die Genehmigung ist zu erteilen, wenn

1. sichergestellt ist, daß die sich aus § 5 und einer aufgrund des § 7 erlassenen Rechtsverordnung ergebenden Pflichten erfüllt werden, und
2. andere öffentlich-rechtliche Vorschriften und Belange des Arbeitsschutzes der Errichtung und dem Betrieb der Anlage nicht entgegenstehen[5].

Um dies zu gewährleisten, kann die Genehmigung mit Nebenbestimmungen erteilt werden.

Aus der Anforderung der Nr. 2, daß Errichtung und Betrieb der Anlage allen anderen öffentlich-rechtlichen (nicht in Nr. 1 erfaßten) Vorschriften - soweit sie anlagebezogen sind - entsprechen müssen, ergibt sich der Bezug einerseits zu Vorschriften, die nicht grundsätzlich mit dem Umweltschutz in Zusammenhang stehen, wie z. B. solche des Bauplanungsrechts (BauGB, BauNVO, vgl. Kap. 1.8) und andererseits zu weiteren Fachgesetzen des Umweltrechts, von denen ausgewählte (AbfG, KrW-/AbfG, BNatSchG, WHG) nachfolgend noch angesprochen werden (vgl. Kap. 1.6, 1.9, 1.10).

Aufgrund der Konzentrationswirkung des § 13 BImSchG schließt die immissionsschutzrechtliche Genehmigung andere behördliche Entscheidungen, insbesondere öffentlich-rechtliche Genehmigungen, Zulassungen, Verleihungen, Erlaubnisse und Bewilligungen, ein. Hiervon ausgenommen sind u. a. Planfeststellungen, behördliche Entscheidungen aufgrund atomrechtlicher Vorschriften und wasserrechtliche Erlaubnisse und Bewilligungen nach den §§ 7 und 8 des Wasserhaushaltsgesetzes (vgl. Kap. 1.10).

Seit seinem Inkrafttreten (im wesentlichen am 01.04.1974) ist das BImSchG durch eine Vielzahl von Gesetzen mehr als 20 mal geändert worden. Aus dem Bestand von mittlerweile 26 Durchführungsverordnungen zum BImSchG wird

---

[4] Eine Genehmigung nach § 4 BImSchG stellt eine individuelle Zulassung dar, die als Ergebnis einer Einzelfallentscheidung erteilt wird. Die Genehmigung ist an die Anlage gebunden und wird zunächst grundsätzlich als Sachgenehmigung (Konzession) für eine bestimmte Anlage erteilt. Sie kann jedoch durch Einschluß personenbezogener Voraussetzungen über § 13 BImSchG auch über eine Sachgenehmigung hinaus gehen.

[5] Im Gegensatz zur Planfeststellung muß die immissionsschutzrechtliche Genehmigung erteilt werden, wenn die formellen und materiellen Voraussetzungen vorliegen. Es handelt sich also um eine gebundene Entscheidung, keine Ermessensentscheidung. Angesichts der zahlreichen unbestimmten Rechtsbegriffe sollte der Charakter der gebundenen Entscheidung jedoch nicht überschätzt werden.

eine der Relevanz für die Umweltverträglichkeit in der Abfallwirtschaft entsprechende Auswahl hier inhaltlich kurz skizziert.

In der als Rechtsverordnung zu § 4 BImSchG erlassenen **Verordnung über genehmigungsbedürftige Anlagen** (4. BImSchV) wird in § 1 zunächst die Definition der genehmigungsbedürftigen Anlagen konkretisiert. Der Anhang der 4. BImSchV enthält eine nach 10 Nummern bzw. Branchen gegliederte, enumerative Auflistung der nach BImSchG genehmigungsbedürftigen Anlagearten. Der Anhang ist in 2 Spalten unterteilt, die im Hinblick auf die durchzuführende Verfahrensart von Bedeutung sind. Entsprechend § 2 Abs. 1 Nr. 1 der 4. BImSchV wird den Anlagen der Spalte 1 das Genehmigungsverfahren nach § 10 BImSchG und nach Nr. 2 den Anlagen der Spalte 2 das Genehmigungsverfahren nach § 19 BImSchG zugeordnet. Das immissionsschutzrechtliche Genehmigungsverfahren stellt nach § 10 BImSchG ein förmliches (Verwaltungs-)Verfahren[6] dar, welches grundsätzlich mit Öffentlichkeitsbeteiligung durchgeführt wird. Entsprechend § 19 BImSchG[7] kann für bestimmte, in der 4. BImSchV definierte Anlagen (Spalte 2) die Genehmigung im vereinfachten Verfahren ohne Öffentlichkeitsbeteiligung durchgeführt werden.

Die Vorschriften der §§ 10, 19 BImSchG über förmliches und vereinfachtes Genehmigungsverfahren werden in der **Verordnung über das Genehmigungsverfahren**, der **9. BImSchV**, konkretisiert. Weiterhin werden in der 9. BImSchV die Anforderungen, denen das Genehmigungsverfahren für UVP-pflichtige Anlagen genügen muß, geregelt. Wesentliche Vorschriften der 9. BImSchV beziehen sich auf die Antragstellung und die im Vorfeld durch die Genehmigungsbehörde vorzunehmende Beratung des Antragstellers sowie auf den Antragsinhalt und die dem Antrag beizufügenden Antragsunterlagen, was Appel in Kap. 5 detaillierter erläutert. Weiterhin werden in der 9. BImSchV Gegenstand der UVP und die Unterrichtung des Antragstellers über den voraussichtlichen Untersuchungsrahmen der UVP charakterisiert sowie die öffentliche Bekanntmachung des Vorhabens und deren Inhalt, die öffentliche Auslegung des Antrags und der Antragsunterlagen, die Akteneinsicht sowie die Erhebung von Einwendungen gegen das Vorhaben geregelt. Weitere Regelungsgegenstände dieser Rechtsverordnung stellen schließlich die Beteiligung anderer Behörden und die Einholung von Sachverständigengutachten, der Zweck und die Durchführung des Erörterungstermins sowie die Entscheidung und der Inhalt des Genehmigungsbescheides dar.

---

[6] Für das förmliche Verfahren gelten die §§ 63 ff. Verwaltungsverfahrensgesetz (VwVfG).

[7] Die Vorschrift des § 19 BImSchG dient der Vermeidung unnötigen Verwaltungsaufwandes und ermöglicht es, auch solche Anlagearten dem Genehmigungserfordernis zu unterstellen, bei denen die Durchführung eines Verfahrens mit Öffentlichkeitsbeteiligung unangemessen wäre.

1.2
Rechtsänderungen zur Beschleunigung und Vereinfachung von Genehmigungsverfahren

Insbesondere vor dem Hintergrund der Bemühungen des Gesetzgebers um die Stärkung des Wirtschaftsstandortes Deutschland sind in der jüngeren Vergangenheit einige Rechtsänderungen erfolgt.

Als ein erster wichtiger „Meilenstein" auf dem Weg zur Investitionsförderung war die Verabschiedung des **Investitionserleichterungs- und Wohnbaulandgesetzes** im Jahr 1993 anzusehen, deren grundlegende Auswirkungen hier im Hinblick auf die Zulassung von Abfallentsorgungsanlagen und deren Einordnung in den juristischen Kontext kurz beleuchtet werden. Mit Inkrafttreten des Investitionserleichterungs- und Wohnbaulandgesetzes zum 01.05.1993 und entsprechender Änderung des Abfallgesetzes (und der 4. BImSchV) wurde die Zulassung ortsfester Abfallentsorgungsanlagen zur Lagerung oder Behandlung von Abfällen dem immissionsschutzrechtlichen Regime zugeordnet.

Unterlag zuvor die Zulassung sämtlicher Abfallentsorgungsanlagen, so auch die thermischer Abfallbehandlungsanlagen, ausnahmslos dem abfallrechtlichen Regime[1], wurden thermische Abfallbehandlungsanlagen nunmehr entsprechend der Einordnung als Nr. 8.1 der 4. BImSchV nach BImSchG genehmigungsbedürftig. Seither ist somit die Unterscheidung zwischen den Begriffen „Deponien" und „ortsfeste Abfallentsorgungsanlagen zur Lagerung oder Behandlung von Abfällen außer Deponien" von erheblicher Bedeutung im Hinblick auf das Zulassungsverfahren. Auf diesen Sachverhalt nehmen auch Appel in Kap. 5 und Holtwick in Kap. 4 Bezug.

Das **Gesetz zur Beschleunigung und Vereinfachung immissionsschutzrechtlicher Genehmigungsverfahren** vom 09.10.1996 und das **Genehmigungsverfahrensbeschleunigungsgesetz** vom 12.09.1996 sollen hier als weitere Gesetzesinitiativen genannt werden, wodurch jüngst u. a. Änderungen des BImSchG[2], des UVPG (vgl. Kap. 1.5), der 9. BImSchV sowie Änderungen des Verwaltungs-

---

[1] Die Errichtung und der Betrieb von ortsfesten Abfallentsorgungsanlagen hatten entsprechend § 7 Abs. 1 AbfG (in der Fassung nach Änderung durch den Einigungsvertrag v. 31.08.1990) der Planfeststellung durch die zuständige Behörde bedurft. Hierbei war die Umweltverträglichkeit der Anlage seit Inkrafttreten des UVPG am 01. August 1990 (vgl. unten) zu prüfen.

[2] Änderungen betrafen u. a. die Möglichkeit der Zulassung des vorzeitigen Beginns (§ 8a), der Vorbehalts- bzw. Rahmengenehmigung (§ 12 Abs. 2a und 2b) sowie der vereinfachten Klageerhebung (§ 14a). Weiterhin erfolgten Regelungsänderungen bezüglich der Genehmigungsbedürftigkeit bei der Änderung von Anlagen: lediglich wesentliche Änderungen, d. h. wenn durch die Änderung nachteilige Auswirkungen hervorgerufen werden und die im Sinne von § 6 Abs. 1 Nr. 1 erheblich sein können, besteht eine Genehmigungsbedürftigkeit (§ 16 Abs. 1), wobei auf Antrag des Vorhabenträgers von Öffentlichkeitsbeteiligung abgesehen werden soll, wenn erhebliche nachteilige Auswirkungen auf die Schutzgüter des BImSchG nicht zu besorgen sind (§ 16 Abs. 2). Für sonstige (nicht wesentliche) Änderungen genehmigungsbedürftiger Anlagen wurde die Möglichkeit eines Anzeigeverfahrens eingeführt (§ 15).

verfahrensgesetzes[10], des Wasserhaushaltsgesetzes (vgl. Kap. 1.10) sowie des Abfallgesetzes und des Kreislaufwirtschafts- und Abfallgesetzes erfolgten (vgl. 1.6).

Ebenfalls unter dem Gesichtspunkt der Deregulierung wurde schließlich am 11.12.1996 die **2. Verordnung zur Änderung der 4. BImSchV** verabschiedet. Diese am 01.02.1997 in Kraft getretene Novellierung, die bereits Aspekte der zu erwartenden IVU-Richtlinie der EU (Richtlinie über die integrierte Vermeidung und Verminderung der Umweltverschmutzung)[11] berücksichtigt, regelt u. a. die Freistellung bestimmter Anlagen von der Genehmigungspflicht. So wurden beispielsweise Anlagen für Forschungs-, Entwicklungs- oder Erprobungszwecke im Labor- und Technikumsmaßstab vollständig vom Genehmigungserfordernis freigestellt.

Desweiteren sind Anlagen zur Behandlung und Lagerung im Anwendungsbereich des Kreislaufwirtschafts- und Abfallgesetzes von der Änderung betroffen: für kleinere und unbedeutende Abfallentsorgungsanlagen sowie für thermische Nachverbrennungsanlagen ist das Genehmigungserfordernis weggefallen. Bei Anlagen zur Behandlung oder Lagerung von besonders überwachungsbedürftigen Abfällen wird mittels eines Schwellenwertes zwischen förmlichem und vereinfachtem Genehmigungsverfahren unterschieden. Beim vereinfachten Verfahren wurden kleinere Anlagen durch Einführung eines Bagatellwertes genehmigungsfrei gestellt.

1.3
Relevante Rechtsvorschriften für thermische Abfallbehandlungsanlagen

In den übrigen Beiträgen wird vorwiegend auf thermische Abfallbehandlungsanlagen eingegangen, die der **Verordnung über Verbrennungsanlagen für Abfälle und ähnliche brennbare Stoffe** (17. BImSchV) unterliegen. Die 17. BImSchV enthält Anforderungen an die Errichtung, die Beschaffenheit und den Betrieb von Abfallverbrennungsanlagen sowie an die Emissionsmessungen und

---

[10] Änderungen betrafen u. a. Beratung und Auskunft durch die Genehmigungsbehörde, Einführung eines Sternverfahrens zur Beteiligung der Träger öffentlicher Belange, die Einrichtung einer Antragskonferenz auf Verlangen des Antragstellers, Fristen und Präklusion bei Planfeststellungsverfahren, Einführung der Möglichkeit zur Erteilung einer Plangenehmigung in bestimmten Fällen, Regelungen bei Verstößen gegen Verfahrens- und Formvorschriften.

[11] Die IVU-Richtlinie verfolgt ein integriertes, medienübergreifendes Konzept und soll der Harmonisierung der in Europa zur Bekämpfung der Umweltverschmutzung geltenden Bestimmungen für den Betrieb besonders relevanter Industrieanlagen und für deren Genehmigung dienen. Der Begriff „Umweltverschmutzung" erfaßt Freisetzungen in eines der drei Umweltmedien Luft, Wasser oder Boden. Ebenfalls neu eingeführt wird der Begriff „BVT - beste verfügbare Techniken" als Betreiberpflicht und Genehmigungsvoraussetzung, der als ein auf den jeweiligen Industriezweig bezogener allgemeiner und internationaler Maßstab definiert wird.

Überwachung. Danach müssen die Betreiber kontinuierliche Messungen zur Feststellung der Emissionen, der Verbrennungsbedingungen sowie zur Ermittlung der Bezugs- oder Betriebsgrößen durchführen, registrieren und auswerten. Weiterhin sind in der 17. BImSchV für eine Reihe von Stoffen - gegenüber den Emissionswerten der TA Luft erheblich verschärfte - Emissionsgrenzwerte festgelegt, darunter auch erstmals für Dioxine und Furane. Weiterhin werden in der 17. BImSchV Anforderungen an die Wärmenutzung und die Reststoffbehandlung gestellt.

Von dieser Rechtsverordnung werden sowohl Hausabfall- und Sonderabfallverbrennungsanlagen als auch andere Verbrennungsanlagen erfaßt, in denen feste oder flüssige oder ähnliche brennbare Stoffe eingesetzt werden. Dabei ist für die Anwendung der Rechtsverordnung auf letztgenannte Anlagen der Anteil der Abfälle an der Feuerungswärmeleistung maßgeblich.

Bei Errichtung und Betrieb von Abfallverbrennungsanlagen sind auch verschiedene EG-rechtliche Anforderungen zu beachten, vor allem die der **Richtlinie des Rates 89/369/EWG über die Verhütung der Luftverunreinigung durch neue Verbrennungsanlagen für Siedlungsmüll** und der **Richtlinie des Rates 89/429/EWG über die Verringerung der Luftverunreinigung durch bestehende Verbrennungsanlagen für Siedlungsmüll**. Widersprüche zwischen der 17. BImSchV und EG-Recht bestehen nicht.

Als weitere Durchführungsverordnung wird hier schließlich die - zuletzt 1993 novellierte - **Störfall-Verordnung** (12. BImSchV - StörfallV) genannt, da diese für thermische Abfallbehandlungsanlagen, die Stoffe nach Anhang II bzw. IV der StörfallV beinhalten, relevant ist. Diese Verordnung konkretisiert für bestimmte Anlagen, bei denen dafür besonderer Anlaß besteht, die notwendigen Vorkehrungen, um Störfälle zu verhindern bzw. ihre Auswirkungen so gering wie möglich zu halten.

Die gleiche Thematik regelt die **Richtlinie des Rates 96/82/EG zur Beherrschung der Gefahren bei schweren Unfällen mit gefährlichen Stoffen**. Semmler geht in Kap. 10 auf die Vorgehensweise bei der Einstufung thermischer Abfallbehandlungsanlagen in bezug auf die Störfallverordnung näher ein und charakterisiert den Umfang der Anwendbarkeit der StörfallV. Weiter erläutert er die Durchführung einer Sicherheitsanalyse nach StörfallV beispielhaft für thermische Abfallbehandlungsanlagen. Ferner diskutiert er die Auswirkungen der im Dezember 1996 verabschiedeten Seveso-II-Richtlinie auf die StörfallV bzw. auf thermische Abfallbehandlungsanlagen.

1.4
Verwaltungsvorschriften des Immissionsschutzrechts

Als wesentliche Bestandteile des untergesetzlichen Regelungswerks sind schließlich Verwaltungsvorschriften zu nennen, die für die Behörden zur Durchführung des Gesetzes und dazu erlassener Rechtsverordnungen maßgeblich sind[12]. Hier soll

---

[12] Verwaltungsvorschriften sind Regelungen, die innerhalb der Verwaltungsorganisation von übergeordneten an nachgeordnete Verwaltungsträger ergehen und durch Konkreti-

kurz auf die **Technische Anleitung zur Reinhaltung der Luft - TA Luft** einge-gangen werden. Die TA Luft, die als erste allgemeine Verwaltungsvorschrift zu § 48 BImSchG seit dem 27.02.1986 Anwendung findet, enthält Anforderungen zum Schutz vor und zur Vorsorge gegen schädliche Umwelteinwirkungen. Neben Teil 1, der die Regelung des Anwendungsbereichs der TA Luft umfaßt, ist Teil 2 von besonderer Bedeutung für das Genehmigungsverfahren, da er den Begriff der schädlichen Umwelteinwirkungen durch die Festlegung von Immissionswerten konkretisiert.

Bei Einhaltung dieser Immissionswerte ist in der Regel davon auszugehen, daß dem Schutzprinzip des § 5 Abs. 1 Nr. 1 BImSchG entsprochen wird. Mit den Immissionswerten sind die Kenngrößen für die Immissionsbelastung (Gesamtbelastung) zu vergleichen. Diese Kenngrößen für die Gesamtbelastung sind aus den Kenngrößen der bestehenden Immissionsbelastung (Vorbelastung) und den durch eine Ausbreitungsrechnung ermittelten Kenngrößen für den von der betroffenen Anlage verursachten Immissionsbeitrag (Zusatzbelastung) zu bilden.

Weiter konkretisiert Teil 3 die Anforderungen zur Begrenzung und Feststellung der Emissionen. Um dem Vorsorgeprinzip des § 5 Abs. 1 Nr. 2 BImSchG zu ge-nügen, müssen die Emissionen entsprechend diesen Anforderungen begrenzt werden. Darüber hinaus enthält Teil 3 neben technischen Anforderungen (z. B. zur Abgaserfassung) Emissionswerte, die die nach dem Stand der Technik er-reichbare Abgasreinigung für bestimmte luftverunreinigende Stoffe kennzeichnen.

Teil 4 regelt schließlich die innerhalb festgelegter Fristen vorzunehmende An-passung aller bestehenden Anlagen an die Anforderungen der TA Luft.

In der Fachwelt ist nach wie vor die Diskussion darüber aktuell, ob die TA Luft noch dem Stand der Technik entspricht oder nicht. In der Kritik standen und ste-hen dabei vornehmlich die IW-Werte und das Berechnungsverfahren der TA Luft. Auf die am Berechnungsverfahren nach TA Luft geübte Kritik geht auch Siebert in seinem Beitrag über die Grundzüge der Immissionsprognose mit Regelfall- und Sonderfallprüfung im Rahmen der TA Luft ein (vgl. Kap. 8). Nach der Rechts-sprechung des Bundesverwaltungsgerichts wurde jedoch die normkonkretisieren-de Funktion der TA Luft sowohl für die Schutzpflicht des § 5 Abs. 1 Nr. 1 BImSchG als auch für das Vorsorgegebot des § 5 Abs. 1 Nr. 2 BImSchG aner-kannt, wie auch Holtwick in Kap. 4 ausführt.

1.5
Rechtsgrundlagen aus EG- und Bundesrecht zur Umweltverträglichkeitprüfung

Die übrigen Autoren der vorliegenden Veröffentlichung beleuchten die Rolle der Umweltverträglichkeit in der Abfallwirtschaft unter verschiedensten Gesichts-

---

sierung und Ergänzung der gesetzlichen Vorschriften die einheitliche Ausführung eines Rechts gewährleisten. Anders als die Rechtsvorschriften (u. a. Gesetze, Rechtsverord-nungen) enthalten sie keine Rechtsnormen und sind für den Bereich außerhalb der Ver-waltung nicht verbindlich (keine „Außenwirkung").

punkten; einführend werden hier die Rechtsgrundlagen zur Umweltverträglichkeitsprüfung kurz beschrieben.

Der Rat der Europäischen Gemeinschaft hat nach einer fünfjährigen Diskussion die **Richtlinie über die Umweltverträglichkeitsprüfung bei bestimmten öffentlichen und privaten Projekten (UVP-RL)** am 27.06.1985 verabschiedet (85/337/EWG). Die UVP-RL verpflichtet die Mitgliedstaaten der EG, bei bestimmten (umweltbelastenden) öffentlichen und privaten Projekten dafür zu sorgen, daß eine Umweltverträglichkeitsprüfung durchgeführt wird. Ziel der UVP-RL ist es, Umweltbelastungen zu vermeiden bzw. Umweltbelastungen frühest möglich zu erkennen, anstatt eine nachträglich häufig irreparable Bekämpfung negativer Auswirkungen vorzunehmen.

In der insgesamt 14 Artikel umfassenden Richtlinie werden u. a. eine Reihe von Mindestanforderungen an das Verfahren der Umweltverträglichkeitsprüfung gestellt. Diese beziehen sich auf die sachliche Reichweite der Angaben des Projektträgers, die behördliche Beteiligung an der Erstellung der Unterlagen, die Beteiligung von Behörden und der Öffentlichkeit, die grenzüberschreitende Information und Konsultation sowie die Bekanntgabe der Entscheidung. In Artikel 4 werden in allgemeiner Form die Projekte bestimmt, die einer Umweltverträglichkeitsprüfung unterzogen werden sollen, konkretisiert durch die in Anhang II bzw. III zu Artikel 4 Abs. 1 bzw. Abs. 2 aufgeführten Klassen von Projekten. Die UVP-RL war fristgerecht bis zum Ablauf des 02.07.1988 in nationales Recht umzusetzen. Seit diesem Zeitpunkt war die Richtlinie, soweit hinreichend bestimmt, unmittelbar anwendbar. Über die UVP auf europäischer Ebene berichtet Meyer-Rutz in Kap. 2.

In der Bundesrepublik Deutschland wurde die UVP-RL verspätet durch das **Gesetz über die Umweltverträglichkeitsprüfung (UVPG)** im Jahr 1990 in nationales Recht umgesetzt. Auf die nachfolgend entstandene Diskussion darüber, ob die UVP-RL durch das UVPG in materieller Hinsicht hinreichend umgesetzt wurde, nimmt auch Holtwick in Kap. 4 Bezug.

Das UVPG soll nach § 1 sicherstellen, daß bei bestimmten umweltbedeutsamen Vorhaben zur wirksamen Umweltvorsorge nach einheitlichen Grundsätzen die Auswirkungen auf die Umwelt frühzeitig und umfassend ermittelt, beschrieben und bewertet werden (vorhabenbezogene UVP). Das Ergebnis der Umweltverträglichkeitsprüfung soll so früh wie möglich bei allen Entscheidungen der Behörden über die Zulässigkeit des Vorhabens berücksichtigt werden. Die UVP ist nach § 2 Abs. 1 UVPG ein unselbständiger Teil solcher verwaltungsbehördlicher Verfahren, die der Entscheidung über die Zulässigkeit von Vorhaben dienen. Bei der unter Einbeziehung der Öffentlichkeit erfolgenden UVP werden die Auswirkungen eines Vorhabens auf Menschen, Tiere, Pflanzen, Boden, Wasser, Luft, Klima, Landschaft einschließlich der jeweiligen Wechselwirkungen sowie auf Kultur- und sonstige Sachgüter berücksichtigt.

Zu den vorgenannten Entscheidungen über die Zulässigkeit eines Verfahrens zählen:

- nach § 2 Abs. 3 Nr. 1 UVPG Bewilligung, Erlaubnis, Genehmigung, Planfeststellungsbeschluß und sonstige behördliche Entscheidungen über die Zulässigkeit von Vorhaben im Rahmen eines Verwaltungsverfahren, ausgenommen Anzeigeverfahren sowie

- nach § 2 Abs. 3 Nr. 2 UVPG Linienbestimmungen und Entscheidungen in vorgelagerten Verfahren, die für anschließende Verfahren beachtlich sind[13], worauf nachfolgend noch eingegangen wird.

Weiter zählen zu den vorgenannten Entscheidungen:

- nach § 2 Abs. 3 Nr. 3 UVPG Beschlüsse nach § 10 BauGB über die Aufstellung, Änderung oder Ergänzung von Bebauungsplänen, durch die die Zulässigkeit von bestimmten Vorhaben im Sinne der Anlage zu § 3 begründet werden soll, sowie Beschlüsse nach § 10 BauGB über Bebauungspläne, die Planfeststellungsbeschlüsse für Vorhaben im Sinne der Anlage zu § 3 ersetzen sowie
- nach § 2 Abs. 3 Nr. 4 UVPG Beschlüsse nach § 7 des Maßnahmegesetzes zum BauGB über Satzungen über den Vorhaben- und Erschließungsplan für Vorhaben im Sinne der Anlage zu § 3 (vgl. Kap. 1.8).

In § 3 UVPG ist der Anwendungsbereich dieses Gesetzes geregelt, wobei die Anlage zu § 3 UVPG die UVP-pflichtigen Vorhaben enumerativ auflistet. Die UVP-Pflicht betrifft daher u. a. nach BImSchG genehmigungsbedürftige Anlagen[14], die im Verfahren nach § 10 BImSchG genehmigt werden (Spalte I der 4. BImSchV) und im Anhang zu Nummer 1 der Anlage zu § 3 UVPG aufgeführt sind.

Zu den UVP-pflichtigen Vorhaben zählen u. a. Erdölraffinerien, Wärmekraftwerke, Kernkraftwerke, Abfallentsorgungsanlagen, bestimmte Vorhaben nach dem Bundesberggesetz und Gewässerausbauten. So sind auch thermische Abfallbehandlungsanlagen, die unter Nr. 8.1 der 4. BImSchV und Nr. 27 des Anhangs zu Nr. 1 der Anlage zu § 3 UVPG einzuordnen sind, UVP-pflichtig (vgl. Appel in Kap. 5).

Die UVP-Pflicht gilt für die Errichtung und den Betrieb sowie für die wesentliche Änderung der Lage, der Beschaffenheit oder des Betriebs einer solchen Anlage, die der Genehmigung in einem Verfahren unter Einbeziehung der Öffentlichkeit nach § 4 Abs. 1 oder § 16 Abs. 1 Satz 1 des BImSchG bedürfen.

Appel erläutert in Kap. 5 die Durchführung einer Umweltverträglichkeitsuntersuchung (UVU) im Rahmen immissionsschutzrechtlicher Genehmigungsverfahren[15] am Beispiel thermischer Abfallbehandlungsanlagen. Wie bei Appel in Kap. 5 und Schwab in Kap. 3 detaillierter nachzulesen, sind wesentliche Schwerpunkte einer im Rahmen eines Genehmigungsverfahrens nach § 10 BImSchG durchgeführten Umweltverträglichkeitsprüfung das Scoping-Verfahren mit Unterrichtung

---

[13] Ein Beispiel für eine vorgelagerte Entscheidung ist die straßenrechtliche Linienbestimmung nach § 16 Abs. 1 des Bundesfernstraßengesetzes, für welche die Bestimmungen des § 15 UVPG gelten.

[14] De facto begann die Anwendbarkeit für immissionsschutzrechtliche Genehmigungsverfahren erst am 01.06.1992, dem Zeitpunkt des Inkrafttretens der angepaßten 9. BImSchV (vgl. hierzu auch Holtwick in Kap. 4).

[15] Gemäß § 1 Abs. 2 der 9. BImSchV ist die Durchführung einer Umweltverträglichkeitsprüfung jeweils unselbständiger Teil der in Abs. 1 genannten Genehmigungsverfahren. Wird in einem solchen Verfahren über die Zulässigkeit des Vorhabens entschieden, ist die Umweltverträglichkeitsprüfung nach den Vorschriften der 9. BImSchV und den für diese Prüfung in den genannten Verfahren ergangenen allgemeinen Verwaltungsvorschriften durchzuführen.

über den voraussichtlichen Untersuchungsrahmen (§ 2a der 9. BImSchV), die Erstellung der Umweltverträglichkeitsuntersuchung (UVU) als Form der entscheidungserheblichen Unterlagen, die Beteiligung der Fachbehörden und Träger öffentlicher Belange (TÖB), die Öffentlichkeitsbeteiligung (Bekanntmachung und Auslegung der Antragsunterlagen mit UVU, Einwendungsmöglichkeiten), der Erörterungstermin und die Entscheidungsfindung mit zusammenfassender Darstellung und Bewertung der Umweltauswirkungen.

Ebenfalls am Beispiel thermischer Abfallbehandlungsanlagen untersucht Stormanns (s. Kap. 7), ob für die im Rahmen einer solchen UVP wesentlichen zu betrachtenden Faktoren, wie Verfahrenstechnik, Bau-/Rückbauphase, Standort und insbesondere Vorbelastung und Zusatzbelastung allgemeine Beurteilungsmaßstäbe zur Prüfung der Umweltverträglichkeit herangezogen werden können.

Neben physikalischen Meßverfahren können auch Immissions-Wirkungsuntersuchungen mit pflanzlichen Bioindikatoren als Verfahren zur Ermittlung der Vorbelastung eingesetzt werden (vgl. Laun in Kap. 9). So wurde beispielsweise im Bundesland Bayern die Durchführung einer Bioindikation als ein Verfahren zur Aufnahme des Ist-Zustandes im Rahmen immissionsschutzrechtlicher Genehmigungsverfahren für thermische Abfallbehandlungsanlagen von Behörden gefordert und in der Umweltverträglichkeitsuntersuchung (UVU) berücksichtigt. Die ermittelten Daten des Istzustandes können nach erfolgter Genehmigung mit den Ergebnissen einer Bioindikation bei laufendem Anlagenbetrieb verglichen werden. In Kap. 9 diskutiert Laun die Eignung des aktiven Biomonitorings mittels Welschem Weidelgras und Grünkohl zur Anlagenüberwachung.

Als eine wichtige Grundlage behördlichen Handelns kann die **Allgemeine Verwaltungsvorschrift zur Ausführung des Gesetzes über die Umweltverträglichkeitsprüfung** (UVPVwV) vom 18.09.1995 bezeichnet werden, auf die Appel in Kap. 5 und ebenfalls Schwab in Kap. 3 Bezug nehmen. In der UVPVwV werden die Kriterien des § 20 UVPG näher konkretisiert, d. h. Kriterien und Verfahren, die bei der Ermittlung, Beschreibung und Bewertung von Umweltauswirkungen zugrunde zu legen sind; die Durchführung verwaltungsbehördlicher Verfahren insgesamt ist jedoch nicht Regelungsgegenstand.

Innerhalb der allgemeinen Regelungen (Nr. 0) werden der Anwendungsbereich, die UVP in parallelen und gestuften Verfahren und die Auswirkungen auf die Umwelt definiert. Weiterhin werden die Schritte Unterrichtung über den voraussichtlichen Untersuchungsrahmen der UVP nach § 5 UVPG, die Ermittlung, Beschreibung und zusammenfassende Darstellung der Umweltauswirkungen nach den §§ 1, 2 Abs. 1 Satz 2 und § 11 UVPG sowie die Bewertung der Umweltauswirkungen nach den §§ 1 und 2 Abs. 1 Satz 2 und § 12 UVPG konkretisiert.

Die übrigen Teile der UVPVwV (Nr. 1 - 6 und 15) treffen weitere Regelungen differenziert nach den Nummern der Anlage zu § 3 UVPG bzw. dem jeweils durchzuführenden Verfahren (u. a. genehmigungsbedürftige Anlagen nach BImSchG, nach § 9 b des Atomgesetzes planfeststellungsbedürftige Anlagen, planfeststellungsbedürftige Abfallentsorgungsanlagen nach § 7 Abs. 2 des Abfallgesetzes, zulassungsbedürftige Abwasserbehandlungsanlagen im Sinne des § 18 c des Wasserhaushaltsgesetzes).

Von insgesamt 3 Anhängen soll hier insbesondere Anhang 1 erwähnt werden, der verschiedene Orientierungshilfen enthält, wie beispielsweise eine Orientierungshilfe zur Bewertung der Ausgleichbarkeit eines Eingriffs in Natur und Landschaft. Verschiedentlich werden sowohl aus Sicht von UVU-Gutachtern als auch von Behördenseite die Vorgaben der allgemeinen Regelungen in Nr. 0 teilweise als noch zu unkonkret bezeichnet.

Vorgehensweisen und Erfahrungen mit der Umweltverträglichkeitsprüfung in der behördlichen Praxis schildert Schwab in Kap. 3 und nimmt weiter auch Bezug auf die am 14.03.1997 veröffentlichte **Richtlinie des Rates 97/11/EG zur Änderung der Richtlinie 85/337/EWG über die Umweltverträglichkeitsprüfung bei bestimmten öffentlichen und privaten Projekten** (s. Anhang). Sie ist am 03.04.1997 in Kraft getreten und bis spätestens zum 14.03.1999 in den jeweiligen Mitgliedstaaten umzusetzen. Der Rat weist innerhalb der Präambel in seinen „Erwägungsgründen" darauf hin, daß die UVP ein grundlegendes Instrument der Umweltpolitik der Gemeinschaft gemäß Artikel 130r Abs. 2 des Vertrages ist, wobei in Absatz 2 das „Vorsorge- und Verursacherprinzip" als Grundlage explizit genannt werden. Laut Präambel sollten mit den Bestimmungen der UVP-Änderungsrichtlinie die Vorschriften für das Prüfverfahren deutlicher gefaßt, ergänzt und verbessert werden, damit die Richtlinie zunehmend harmonisierter und effizienter angewandt werden kann.

Entsprechend dem neugefaßten Artikel 2 Abs. 1 werden „die Projekte, bei denen u. a. aufgrund ihrer Art, ihrer Größe oder ihres Standorts mit erheblichen Auswirkungen auf die Umwelt zu rechnen ist, einer Genehmigungspflicht unterworfen. Nach dem neu eingefügten Absatz 2a können die Mitgliedstaaten ein einheitliches Verfahren für die Erfüllung der Anforderungen der UVP-Änderungsrichtlinie und der IVU-Richtlinie vorsehen. Dies könnte durch die Schaffung eines einheitlichen und integrierten Genehmigungsverfahrens für umweltrelevante Projekte zu mehr Effizienz und Beschleunigung führen.

Gemäß dem neugefaßten Artikel 3 sind bei der Betrachtung der Wechselwirkungen nunmehr auch die Schutzgüter „Sachgüter" und „kulturelles Erbe" zu berücksichtigen.

Artikel 4 wurde wesentlich geändert: gemäß Abs. 2 haben die Mitgliedstaaten die einer UVP zu unterziehenden Projekte aus Anhang II „anhand a) einer Einzelfalluntersuchung oder b) der von den Mitgliedstaaten festgelegten Schwellenwerten bzw. Kriterien" festzulegen. Die Mitgliedstaaten können entscheiden, ob Verfahren a) oder b) angewandt wird.

Unabhängig von dieser Entscheidung sind die relevanten Auswahlkriterien des neuen Anhangs III anzuwenden. Somit werden die Anhänge I, II und III der UVP-RL durch die Anhänge I, II, III und IV der UVP-Änderungsrichtlinie ersetzt.

Die Konkretisierung und deutliche Erweiterung der Anhänge I und II ist von besonderer Bedeutung. Generell einer UVP zu unterziehende Projekte nennt Anhang I. Bei den in Anhang II genannten Projekten können die Mitgliedstaaten jeweils - wie bereits erwähnt, über eine Einzelfallprüfung bzw. über festgelegte Schwellenwerte - anhand der im neuen Anhang III genannten relevanten Auswahlkriterien im Sinne des Artikels 4 Abs. 2 entscheiden, ob eine UVP erforderlich ist oder nicht. Bezüglich weiterer Details, auch insbesondere der Anhänge der UVP-Änderungsrichtlinie, wird der interessierte Leser auf den Anhang zu dieser Veröffentlichung verwiesen.

Hinsichtlich der bereits erwähnten UVP in vorgelagerten Verfahren wird in diesem Beitrag vor allem auf Raumordnungsverfahren und die Bauleitplanung hingewiesen. Nach § 16 UVPG können die raumbedeutsamen Auswirkungen eines Vorhabens auf die in § 2 Abs. 1 Satz 2 UVPG genannten Schutzgüter im Raumordnungsverfahren oder in einem anderen raumordnerischen Verfahren entsprechend dem Planungsstand ermittelt und beschrieben werden (vgl. hierzu auch Kap. 1.7).

Holtwick nimmt Bezug auf die Durchführung einer zweistufigen Umweltverträglichkeitsprüfung mit Raumordnungs-UVU bzw. Standort-UVU und Zulassungs-UVU als Instrument der Entscheidungsfindung (vgl. Kap. 4).

Ferner schildert Heuel-Fabianek in Kap. 6 Erfahrungen mit der Standortsuche für Abfallbehandlungsanlagen in Ballungsräumen. Am Beispiel einer durch einen unabhängigen Gutachter durchgeführten Standortsuche für eine thermische Abfallbehandlungsanlage beschreibt er Konzept und Methodik unter besonderer Berücksichtigung immissionsschutzrechtlicher Fragestellungen.

Wie aus den vorangegangenen Ausführungen ersichtlich wurde, ist im Hinblick auf die Umweltverträglichkeit eine Vielzahl weiterer Rechtsvorschriften aus anderen Gebieten, wie beispielsweise dem Bereich des Abfallrechts, dem allgemeinen Bundesbaurecht, dem Bauordnungrecht, dem Fachplanungsrecht oder dem Wasserrecht von Relevanz, von denen ausgewählte nachfolgend angesprochen werden.

1.6
Rechtsgrundlagen des Abfallrechts

Im **Gesetz über die Vermeidung und Entsorgung von Abfällen - Abfallgesetz** (AbfG) vom 27.08.1986 wurde der Begriff der Abfallentsorgung etabliert. Das AbfG enthält den Grundsatz des Vorrangs der Vermeidung vor der Verwertung von Abfällen[16]. Nach der Begriffsdefinition des AbfG sind Abfälle bewegliche Sachen, deren sich der Besitzer entledigen will oder deren geordnete Entsorgung zur Wahrung des Wohls der Allgemeinheit, insbesondere des Schutzes der Umwelt, geboten ist. Sachen, die einer Verwertung zugeführt werden sollen, gelten als Reststoffe.

Die Entsorgung der Abfälle obliegt den Kommunen und die Behandlung, Lagerung und Entsorgung darf nur in dafür zugelassenen Abfallentsorgungsanlagen erfolgen. Die Entsorgung von Abfällen unterliegt der Überwachung der zuständigen Behörde, deshalb unterliegen die Betreiber von Abfallentsorgungsanlagen der Nachweis- und der Auskunftspflicht gegenüber der Überwachungsbehörde. Betreiber von Abfallentsorgungsanlagen haben einen Betriebsbeauftragten für Abfall zu bestellen.

Weiterhin ist im AbfG die Zulassung ortsfester Abfallentsorgungsanlagen, ihre Stillegung sowie die Bestimmungen für den Betrieb bestehender Anlagen geregelt. Wie bereits beschrieben, bedürfen seit dem 01.05.1993 lediglich Deponien

---

[16] Die für Betreiber von nach BImSchG genehmigungsbedürftigen Abfallentsorgungsanlagen bestehenden Pflichten zur Vermeidung und Verwertung von Reststoffen, die in § 5 Abs. 1 Nr. 3 BImSchG geregelt sind, bleiben hiervon unberührt.

einer abfallrechtlichen Genehmigung gemäß § 7 Abs. 1 AbfG (vgl. Kap. 1.2)[17]. Die Errichtung und der Betrieb anderer ortsfester Abfallentsorgungsanlagen bedürfen dagegen einer Genehmigung nach dem BImSchG. Das AbfG galt bis zum Inkrafttreten des Kreislaufwirtschafts- und Abfallgesetzes, wobei bestimmte Übergangsregelungen bestehen.

Das am 07.10.1996 in Kraft getretene **Gesetz zur Förderung der Kreislaufwirtschaft und Sicherung der umweltverträglichen Beseitigung von Abfällen - Kreislaufwirtschafts- und Abfallgesetz (KrW-/AbfG)** umfaßt neben der Entsorgung des Abfalls auch den Bereich der Wiederverwertung.

Der Abfallbegriff wird neu definiert als bewegliche Sache, die zu einer im Anhang I des Gesetzes aufgeführten Abfallgruppe gehört, und derer sich der Besitzer entledigen will oder muß. Das KrW-/AbfG unterscheidet Abfälle zur Verwertung (Ersatz für den immissionsschutzrechtlichen Begriff Reststoffe) und Abfälle zur Beseitigung. Die Grundsätze der Kreislaufwirtschaft beinhalten den Vorrang der Vermeidung von Abfällen vor der Verwertung. Bei der Verwertung stehen stoffliche und energetische Verwertung gleichberechtigt nebeneinander. Die Verwertung hat wiederum Vorrang vor der thermischen Behandlung von Abfällen zur Beseitigung. Der Vorrang der Verwertung von Abfällen entfällt jedoch, wenn die Beseitigung die umweltverträglichere Lösung darstellt. Die Überwachung der Stoffströme nach Art und Menge wird im KrW-/AbfG auf alle Abfälle ausgedehnt.

Das Gesetz stellt darüber hinaus auch Anforderungen an die stofflichen Eigenschaften eines Produktes. Bei der Planung eines neuen Produktes sollen die Verwertungsmöglichkeiten nach Wegfall der Nutzung berücksichtigt werden. Dies hat zur Folge, daß Anforderungen an die stofflichen Eigenschaften des Produkts bei einer Anlagengenehmigung nach BImSchG gestellt werden können. Die öffentlich-rechtlichen Entsorgungsträger werden von der Entsorgungspflicht für bestimmte Abfälle befreit, für deren Entsorgung der Erzeuger dann selbst verantwortlich ist. Weiterhin wird dem Erzeuger von Abfällen die Pflicht zur Erstellung eines Abfallwirtschaftskonzeptes für bestimmte Abfälle auferlegt.

Wie bereits in der Beschreibung des AbfG erwähnt, bedürfen gemäß § 31 Abs. 2 KrW-/AbfG die Errichtung und der Betrieb von Deponien sowie die wesentliche Änderung einer solchen Anlage oder ihres Betriebes der Planfeststellung

---

[17] Durch Artikel 2 des Genehmigungsverfahrensbeschleunigungsgesetzes ergab sich 1996 eine Änderung. § 7 Abs. 3 Satz 1 erster Halbsatz und Nr. 1 AbfG: „§ 74 Abs. 6 WvVfG gilt mit der Maßgabe, daß die zuständige Behörde nur dann anstelle eines Planfeststellungsbeschlusses auf Antrag oder von Amts wegen eine Plangenehmigung erteilen kann, wenn 1. Die Errichtung und der Betrieb einer unbedeutenden Deponie beantragt wird, soweit die Errichtung und der Betrieb keine erheblichen nachteiligen Auswirkungen auf ein in § 2 Abs. 1 Satz 2 des UVPG genanntes Schutzgut haben kann, oder ...". Eine Plangenehmigung nach Satz 1 Nr. 1 kann nicht für Anlagen zur Ablagerung von besonders überwachungsbedürftigen Abfällen erteilt werden; für diese Anlagen kann eine Plangenehmigung nach Satz 1 Nr. 3 höchstens für einen Zeitraum von einem Jahr erteilt werden."

durch die zuständige Behörde, wobei in dem Planfeststellungsverfahren eine UVP nach den Vorschriften des UVPG durchzuführen ist[18].

An dieser Stelle werden zur Verdeutlichung der Verfahrensunterschiede zu einem immissionsschutzrechtlichen Genehmigungsverfahren nach § 10 BImSchG (vgl. Kap. 1.1) kurz die grundlegendsten Eigenschaften eines Planfeststellungsverfahrens beschrieben. Im Planfeststellungsverfahren, welches durch die Verwaltungsverfahrensgesetze des Bundes (§§ 72 - 78 VwVfG) und der Bundesländer weitgehend einheitlich geregelt ist, wird die Zulässigkeit eines Vorhabens geprüft und einer rechtsverbindlichen Entscheidung, dem Planfeststellungsbeschluß, zugeführt.

Die Prüfung erfolgt unter Abwägung und Ausgleichung der Interessen des Trägers des Vorhabens und der von der Planung berührten öffentlichen und privaten Belange. Es besteht kein Anspruch auf eine positive Entscheidung für den Träger des Vorhabens[19]. Die Planfeststellung ersetzt alle anderen für das Vorhaben erforderlichen behördlichen Entscheidungen. Gleichzeitig regelt die Planfeststellung rechtsgestaltend alle öffentlich-rechtlichen Beziehungen zwischen dem Träger des Vorhabens und durch den Plan betroffenen Dritten.

Wesentliche Merkmale des Planfeststellungsverfahrens sind das Anhörungsverfahren mit öffentlicher Bekanntmachung, Behördenbeteiligung, Einwendungsmöglichkeit für betroffene Dritte und Erörterungstermin. Im Planfeststellungsbeschluß wird über diejenigen Einwendungen entschieden, über die bei der Erörterung von der Anhörungsbehörde keine Einigkeit erzielt wurde. Im Interesse der Allgemeinheit oder zur Vermeidung nachteiliger Wirkungen des Vorhabens auf Rechte Dritter kann der Planfeststellungsbeschluß Auflagen enthalten.

Als weitere relevante Rechtsgrundlagen wird nachfolgend auf abfallrechtliche Verwaltungsvorschriften eingegangen, die die wesentliche Grundlage behördlichen Handelns darstellen.

Die **Technische Anleitung zur Lagerung, chemisch/physikalischen, biologischen Behandlung, Verbrennung und Ablagerung von besonders überwachungsbedürftigen Abfällen** (TA Abfall) in der Fassung vom 12.03.1991 wurde als zweite allgemeine Verwaltungsvorschrift zum Abfallgesetz (§ 4 Abs. 5 AbfG) erlassen. In der TA Abfall sind eine Fülle verschiedenster Vorschriften enthalten. Hierzu zählen der Anwendungsbereich (Nr. 1), allgemeine Vorschriften (Stand der Technik, Begriffsbestimmungen, Probenahme-, Meß- und Analyseverfahren, Ausnahmeregelungen) sowie Vorschriften über die Zulassung von Abfallentsorgungsanlagen (Nr. 3). Ferner ist die Zuordnung von Abfällen zu Entsorgungsverfahren und -anlagen (Nr. 4) geregelt und es werden Anforderungen an die Organisation und das Personal von Abfallentsorgungsanlagen sowie an die Information und Dokumentation (Nr. 5), übergreifende Anforderungen an Zwischenlager, Behandlungsanlagen und Deponien (Nr. 6), besondere Anforderungen an Zwischenlager (Nr. 7) und Behandlungsanlagen (Nr. 8) gestellt. Desweiteren enthält

---

[18] Durch Artikel 3 des Genehmigungsverfahrensbeschleunigungsgesetzes ergab sich 1996 eine Änderung. Der Wortlaut des § 31 Abs. 3 Satz 1 erster Halbsatz und Nummer 1 KrW-/AbfG entspricht in Analogie dem in Fußnote 17.

[19] Dies steht im Gegensatz zur gebundenen Entscheidung im Rahmen eines förmlichen Verfahrens nach § 10 BImSchG unter Beteiligung der Öffentlichkeit, für welches die §§ 63ff. VwVfG gelten.

die TA Abfall besondere Anforderungen an oberirdische Deponien (Nr. 9) und an Untertagedeponien in Salzgestein (Nr. 10) und schließlich an Altanlagen (Nr. 11). Schließlich sind die 8 Anhänge für die Konkretisierung der verschiedenen Anforderungen maßgeblich.

Die **Technische Anleitung zur Verwertung, Behandlung und sonstigen Entsorgung von Siedlungsabfällen** (TA Siedlungsabfall) vom 14.05.1993 wurde als dritte allgemeine Verwaltungsvorschrift zum Abfallgesetz (§ 4 Abs. 5 AbfG) erlassen. Die TA Siedlungsabfall hat neben Zielen und Anwendungsbereich (Nr. 1), allgemeine Vorschriften (Nr. 2), die Zulassung von Abfallentsorgungsanlagen (Nr. 4), die Zuordnung zu Entsorgungsverfahren (Nr. 4), allgemeine Anforderungen an die stoffliche Verwertung und Schadstoffentfrachtung (Nr. 5), schließlich Anforderungen an die Organisation und das Personal von Abfallentsorgungsanlagen sowie an die Information und Dokumentation (Nr. 6) zum Inhalt. Ferner enthält die TA Siedlungsabfall übergreifende Anforderungen an Zwischenlager, Behandlungsanlagen und Deponien (Nr. 7), besondere Anforderungen an Zwischenlager (Nr. 8), an Behandlungsanlagen (Nr. 8) und an Siedlungsabfall-Deponien (Nr. 10) sowie Anforderungen an Altanlagen (Nr. 11).

Auf die besonderen Anforderungen an Deponien, wie sie in TA Abfall und TA Siedlungsabfall formuliert sind, nimmt Heuel-Fabinanek in Kap. 6 bezug.

1.7
Rechtsgrundlagen des Raumordnungsrechts

Die Raumordnung umfaßt als zusammenfassende überörtliche und überfachliche Planung des Raumes die Bundesraumordnung und die Landesraumordnung bzw. Landesplanung. Die Bundesraumordnung ist im Bundesraumordnungsprogramm, welches ein unverbindliches Programm der Koordination zwischen den Fachplanungen der Bundesressorts und der Landesplanung darstellt, und im zuletzt am 23.11.1994 geänderten **Raumordnungsgesetz** (ROG) rahmenrechtlich geregelt.

§ 1 ROG enthält generelle Planungsziele und Leitvorstellungen. Mit insgesamt 13 formulierten Grundsätzen der Raumordnung ist dagegen § 2 ROG von größerer Bedeutung für den Umweltschutz, insbesondere der Grundsatz nach § 2 Abs. 1 Nr. 8 ROG: Für den Schutz, die Pflege und Entwicklung von Natur und Landschaft, insbesondere des Naturhaushalts, des Klimas, der Tier- und Pflanzenwelt sowie des Waldes, für den Schutz des Bodens und des Wassers, für die Reinhaltung der Luft sowie für die Sicherheit der Wasserversorgung, für die Vermeidung und Entsorgung von Abwasser und Abfällen und für den Schutz der Allgemeinheit vor Lärm ist zu sorgen. Dabei sind auch die jeweiligen Wechselwirkungen zu berücksichtigen. Für die sparsame und schonende Inanspruchnahme der Naturgüter, insbesondere von Wasser, Grund und Boden, ist ebenfalls zu sorgen.

Im Bereich der Raumordnung ist nicht der Einzelne betroffen, sondern die Verwaltung in ihren verschiedenen Planungsträgern ist Adressat der Planung. Die in § 2 ROG formulierten Grundsätze gelten für die Verwaltungen und Planungsträger des Bundes sowie die Landesplanung in den Ländern unmittelbar, haben jedoch dem einzelnen gegenüber keine Rechtswirkung (§ 3 ROG). Die Länder haben für ihre Gebiete übergeordnete und zusammenfassende Programme und

Pläne aufzustellen und für die Landesplanung Rechtsgrundlagen zu schaffen (§ 5 ROG). Über § 5 Abs. 4 ROG ergibt sich die Verpflichtung, die Ziele der Raumordnung und Landesplanung bei Planungen und allen sonstigen Maßnahmen, durch die Grund und Boden in Anspruch genommen oder die räumliche Entwicklung eines Gebietes beeinflußt wird, zu beachten.

§ 6a ROG stellt eine Rahmenregelung für das Raumordnungsverfahren dar, welches durch Bestimmungen der Bundesländer auszufüllen ist. Gemäß § 6a ROG werden im Raumordnungsverfahren raumbedeutsame Planungen und Maßnahmen untereinander und mit den Erfordernissen der Raumordnung und Landesplanung abgestimmt. Das Ergebnis des Raumordnungsverfahrens hat gegenüber dem Träger des Vorhabens und gegenüber einzelnen keine unmittelbare Rechtswirkung: es ersetzt nicht die Genehmigungen, Planfeststellungen oder sonstigen behördlichen Entscheidungen nach anderen (als die des ROG) Rechtsvorschriften (§ 6a Abs. 10 ROG). § 6a Abs. 9 ROG enthält jedoch ein Berücksichtigungsgebot, nach dem das Ergebnis sowohl in raumbedeutsamen Planungen und im Bauleitplanverfahren in der Abwägung (§ 1 Abs. 5 und 6 BauGB) als auch bei Genehmigungen, Planfeststellungen und sonstigen behördlichen Entscheidungen über die Zulässigkeit des Vorhabens zu berücksichtigen ist.

Bis zum 01.05.1993 war entsprechend der alten Fassung des § 6a ROG im Raumordnungsverfahren die Durchführung einer Umweltverträglichkeitsuntersuchung (Raumordnungs-UVU) erforderlich. Nunmehr ist es den Ländern überlassen, zu bestimmen, ob im Rahmen von Raumordnungsverfahren eine Umweltverträglichkeitsprüfung nach § 16 UVPG durchzuführen ist.

In Kap. 4 nennt Holtwick die betreffenden Bundesländer, in denen im Vorfeld eines Zulassungsverfahrens eine raumordnerische UVP durchgeführt wird, und betont weiter, daß bei Durchführung einer zweistufigen Umweltverträglichkeitsprüfung zur Vermeidung von Doppelarbeiten bzw. Wiederholungen bereits im scoping für das Raumordnungsverfahren eine Abgrenzung zu den Untersuchungsschritten der Zulassungs-UVU festgelegt werden sollte.

Die übrigen Regelungsinhalte des ROG betreffen die Pflicht zur gemeinsamen Beratung grundsätzlicher Fragen der Raumordnung und Landesplanung durch Bund und Länder (§ 8 ROG) und die gegenseitige Unterrichtung über raumbedeutsame Planungen und Maßnahmen (§ 10 ROG). Schließlich berät gemäß § 9 ROG der Beirat für Raumordnung den für die Raumordnung zuständigen Bundesminister; § 11 ROG regelt die Unterrichtung des Deutschen Bundestages.

1.8
Rechtsgrundlagen des Baurechts

Als wesentliche Rechtsgrundlage des Baurechts wird auf das zuletzt am 20.12.1996 geänderte **Baugesetzbuch** (BauGB) eingegangen, von dessen übergroßer Anzahl von Vorschriften im Rahmen dieses Beitrags jedoch nur eine kleine Auswahl berücksichtigt werden kann. Regelt das BauBG überwiegend planungsrechtliche Aspekte des Bauens, behandeln die Baugesetze bzw. Bauordnungen der Länder neben dem bauaufsichtlichen Verfahren vor allem technische bzw. gestalterische Aspekte.

Das 1. Kapitel des Baugesetzbuches (§§ 1 - 135 BauGB) regelt den Bereich des allgemeinen Städtebaurechts. Darin sind u. a. neben dem vorbereitenden Bauleitplan bzw. Flächennutzungsplan (§§ 5 - 7 BauGB), dem verbindlichen Bauleitplan (§§ 8 - 13 BauGB), der Veränderungssperre (§§ 14 - 18 BauGB), der Teilungsgenehmigung (§§ 19 - 23 BauGB), den gesetzlichen Vorkaufsregelungen der Gemeinden (§§ 24 - 28 BauGB) die Regelung der baulichen Nutzung (§§ 29 - 44 BauGB) enthalten. Das zweite Kapitel (§§ 136 - 191 BauGB), regelt u. a. städtebauliche Sanierungs- und Entwicklungsmaßnahmen, Erhaltungssatzung und städtebauliche Gebote und enthält Vorschriften zu Sozialplan und Härteausgleich sowie zu Miet- und Pachtverhältnissen. Das 3. Kapitel (§§ 192 - 232 BauGB) enthält Bestimmungen über die Wertermittlung von Grundstücken, über Zuständigkeiten, Verwaltungsverfahren und das Verfahren vor den Kammern für Baulandsachen; Überleitungs- und Schlußvorschriften sind im 4. Kapitel des Gesetzes (§§ 233 - 247 BauGB) zu finden.

Gemäß § 1 BauGB ist es die Aufgabe der Bauleitplanung, die bauliche und sonstige Nutzung der Grundstücke durch Bauleitpläne vorzubereiten und zu leiten. Die Bauleitplanung ist also ein Instrument zur Ordnung der städtebaulichen Entwicklung. Die Bauleitpläne sind gemäß § 1 Abs. 4 BauGB den Zielen der Raumordnung und der Landesplanung anzupassen (vgl. Kap. 1.7). Im vorbereitenden Bauleitplan, dem Flächennutzungsplan, wird die beabsichtigte Art der Bodennutzung (u. a. Bauflächen, Baugebiete, Verkehrs- und Versorgungsflächen) in Grundzügen dargestellt. Aus dem Flächennutzungsplan ist der Bebauungsplan abzuleiten, der als verbindlicher Bauleitplan die rechtsverbindlichen Festsetzungen für die städtebauliche Ordnung enthält. Unterschieden werden „einfacher" Bebauungsplan und „qualifizierter" Bebauungsplan, der - im Gegensatz zum erstgenannten - mindestens Festsetzungen über die Art und das Maß der baulichen Nutzung, die überbaubaren Grundstücksflächen und die örtlichen Verkehrsflächen enthält. Der von der Gemeinde als Satzung beschlossene Bebauungsplan ist Gesetz im materiellen Sinn. Gesichert wird die Bauleitplanung durch die Bestimmungen des BauGB über die Veränderungssperre während einer Planaufstellung, die Genehmigungspflicht für den Bodenverkehr sowie das Vorkaufsrecht der Gemeinden bei Grundstücksverkäufen.

Grundsätzlich sind Bauvorhaben nur dann zulässig, wenn sie den Festsetzungen des Bebauungsplans nicht widersprechen, was eine Voraussetzung für die Erteilung einer Baugenehmigung ist, die wiederum in andere Zulassungsverfahren eingeschlossen sein kann (z. B. über § 13 BImSchG in die Genehmigung für eine thermische Abfallbehandlungsanlage nach § 4 BImSchG).

1.9
Rechtsgrundlagen des Naturschutzrechts

Zweck des zuletzt am 06.08.1993 geänderten **Bundesnaturschutzgesetzes** ist der Schutz, die Pflege und die Entwicklung von Natur und Landschaft in besiedeltem und unbesiedeltem Bereich als Lebensgrundlage für den Menschen und seine Erholung. Dabei sollen in gleicher Weise Naturhaushalt, Naturgüter, Pflanzen- und Tierwelt sowie Vielfalt, Eigenarten und Schönheit der Natur erhalten und gefördert werden (§ 1 BNatSchG). In § 2 BNatSchG werden insgesamt 13 Grundsätze genannt, nach deren Maßgabe die Ziele des Naturschutzes und der Landschaftspflege zu verwirklichen sind. Das BNatSchG ist überwiegend ein Rahmengesetz, welches der Ausführung durch die Bundesländer bedarf.

Der Naturschutz wird gemäß § 5 BNatSchG durch überörtliche Landschaftsprogramme (für das Gebiet eines Landes) und durch Landschaftsrahmenpläne (für Teile eines Landes) - unter Beachtung der Grundsätze der Raumordnung und Landesplanung - sowie lokal durch Landschaftspläne (§ 6 BNatSchG) verwirklicht. Die Landschaftsprogramme und Landschaftsrahmenpläne sind zur Integration in die Regionalplanung bestimmt: gemäß § 5 Abs. 2 BNatSchG sollen die raumbedeutsamen Erfordernisse und Maßnahmen der Landschaftsprogramme und Landschaftsrahmenpläne unter Abwägung mit anderen raumbedeutsamen Planungen und Maßnahmen nach Maßgabe der landesplanungsrechtlichen Vorschriften der Länder in die Programme und Pläne im Sinne des § 5 Abs. 1 Satz 1 und 2 und Abs. 3 ROG aufgenommen werden (vgl. Kapitel 1.7). Die Aufstellung der Programme und Pläne nach §§ 5 und 6 BNatSchG soll unter Zusammenwirken der Länder bei der Planung (§ 7 BNatSchG) erfolgen.

Neben dem bereits genannten Instrument der Landschaftsplanung stellen die in den §§ 8-11 BNatSchG genannten allgemeinen Schutz-, Pflege- und Entwicklungsmaßnahmen weitere Mittel zur Umsetzung des Naturschutzes dar. Als wesentliche Vorschrift ist hier die Eingriffsregelung des § 8 BNatSchG zu nennen, in der Eingriffe in Natur und Landschaft definiert sowie Vermeidungspflichten, Ausgleichspflichten, Ersatzpflichten und Unterlassungspflichten vorgeschrieben werden. Die Anwendung der genannten, in einem Stufenverhältnis vorgesehenen, Rechtsfolgen des § 8 BNatSchG richtet sich danach, ob der Eingriff vermeidbar ist und - soweit nicht vermeidbar- ob er ausgeglichen werden kann oder nicht.

Da über die Zulässigkeit von Eingriffen in Natur und Landschaft zugleich mit einer Genehmigung, einem Planfeststellungsbeschluß etc. nach **anderen** Rechtsvorschriften entschieden wird, stellt die Eingriffsregelung zusätzliche Voraussetzungen für die Rechtmäßigkeit des beabsichtigten Vorhabens auf. Hierüber ergibt sich beispielsweise die Verbindung über die Baugenehmigung zum Baurecht (vgl. Kapitel 1.8) bzw. im zweiten Schritt über die Konzentrationswirkung des § 13 BImSchG zur immissionsschutzrechtlichen Genehmigung für thermische Abfallbehandlungsanlagen (vgl. Kap. 1.1) oder zum Planfeststellungsbeschluß für Deponien (vgl. Kap. 1.6). Gemäß § 8 Abs. 10 BNatSchG muß das Verfahren, in dem Entscheidungen über Ausgleichsmaßnahmen, Untersagung oder Ersatzmaßnahmen getroffen werden, den Anforderungen des UVPG entsprechen, wenn es sich bei dem Eingriff um ein Vorhaben handelt, das nach § 3 UVPG einer Umweltverträglichkeitsprüfung unterliegt.

In die Planung werden naturschutzrechtliche Belange im Rahmen der Eingriffsregelung nach § 8 BNatSchG eingebracht, wobei auf der Grundlage der Landschaftsplanung Ausgleichs- und Ersatzmaßnahmen getroffen werden. Der Landschaftsplan ergänzt also die Bauleitplanung mit naturschützenden Zielsetzungen. Das Verhältnis zum Baurecht wird in § 8a BNatSchG geregelt (Entscheidungen über Eingriffe in Natur und Landschaft aufgrund der Aufstellung, Änderung, Ergänzung oder Aufhebung von Bauleitplänen erfolgen nach baurechtlichen Vorschriften).

Der vierte Abschnitt des Gesetzes (§§ 12 - 19 BNatSchG) enthält schließlich Vorschriften, die Schutz, Pflege und Entwicklung bestimmter Teile von Natur und Landschaft betreffen (§ 12 allgemeine Vorschriften; § 13 Naturschutzgebiete; § 14 Nationalparke; § 15 Landschaftsschutzgebiete; § 16 Naturparke; § 17 Naturdenkmale; § 18 Geschützte Landschaftsbestandteile). Weiter ist der Schutz und die Pflege wildlebender Tier- und Pflanzenarten im 5. Abschnitt des Gesetzes (§§ 20 - 16 BNatSchG), die Erholung in Natur und Landschaft im 6. Abschnitt (§§ 27, 28) und die Mitwirkung von Verbänden im 7. Abschnitt (§ 29) geregelt.

1.10
Rechtsgrundlagen des Wasserrechts

Das Wasserrecht hat - unterschieden in Wasserwegerecht und Wasserwirtschaftsrecht - den Zustand der Gewässer und deren Nutzung zum Regelungsgegenstand. Das den Wasserhaushalt in seiner Gesamtheit schützende Wasserwirtschaftsrecht regelt die Inanspruchnahme des Wassers und beinhaltet wesentliche Vorschriften zum Gewässerschutz.

Nachdem sich Rechtsgrundlagen zum Gewässerschutzrecht im EG-Recht finden lassen, stellt sich - neben landesrechtlichen Vorschriften - aus dem Bereich des Bundesrechts als wichtiger „Stützpfeiler" das **Gesetz zur Ordnung des Wasserhaushalts - Wasserhaushaltsgesetz (WHG)** in der Fassung der Bekanntmachung vom 12.11.1996 dar. Innerhalb Teil 1 des WHG, den gemeinsamen Bestimmungen für die Gewässer, sind allgemeine Grundsätze geregelt. Gemäß § 1a WHG sind Gewässer als Bestandteil des Naturhaushalts so zu bewirtschaften, daß sie dem Wohl der Allgemeinheit und im Einklang mit ihm auch dem Nutzen einzelner dienen und das jede vermeidbare Beeinträchtigung unterbleibt. Mit wenigen Ausnahmen unterliegen Gewässerbenutzungen einem Erlaubnis- und Bewilligungserfordernis (§ 2 Abs. 1 WHG). Im Rahmen der Gewässerbenutzung kann entsprechend § 7 Abs. 1 Satz 3 WHG die Erlaubnis für ein Vorhaben, das nach § 3 des UVPG einer UVP unterliegt, nur in einem Verfahren erteilt werden, das den Anforderungen des UVPG entspricht.

Das WHG regelt weiter die Abwasserbeseitigung mit Anforderungen an das Einleiten von Abwasser (§ 7a WHG), Pflichten und Pläne zur Abwasserbeseitigung (§ 18a WHG), den Bau und Betrieb von Abwasseranlagen (§ 18b WHG) sowie die Zulassung von Abwasserbehandlungsanlagen (§ 18c WHG). Für den Bau und Betrieb sowie die wesentliche Änderung einer Abwasserbehandlungsanlage, die einer Zulassung nach § 18c WHG bedarf, ist eine Umweltverträglichkeitsprüfung durchzuführen. Regelungen zu Planfeststellungen und bergrechtlichen Betriebsplänen enthält § 14 WHG.

Das Gesetz enthält ferner Anforderungen an Anlagen zum Lagern, Abfüllen und Umschlagen wassergefährdender Stoffe (§§ 19 g - 19 l). Weiterhin sind zur Umsetzung der wasserwirtschaftlichen Ziele im Rahmen der Gewässerüberwachung (§ 21 WHG) eine staatliche und eine betriebliche Eigenüberwachung vorgeschrieben. Den Gewässerbenutzern obliegen verschiedene Duldungs- und Mitwirkungspflichten. So ist die Bestellung des Betriebsbeauftragten für Gewässerschutz (§ 21a WHG) ein wichtiger Bestandteil der betrieblichen Selbstüberwachung.

Der zweite Teil (§§ 23 - 32) enthält Bestimmungen für oberirdische Gewässer (Erlaubnisfreie Benutzungen, Reinhaltung, Unterhaltung und Ausbau, Überschwemmungsgebiete). Nach § 31 Abs. 1 WHG bedarf der Gewässerausbau (Herstellung, Beseitigung oder wesentliche Umgestaltung eines Gewässers oder seiner Ufer) der vorherigen Durchführung eines Planfeststellungsverfahrens, das den Anforderungen des UVPG entspricht.

Teil 3 enthält Bestimmungen für die Küstengewässer und Teil 4 für das Grundwasser. In Teil 5 des WHG sind die wasserwirtschaftliche Planung (wasserwirtschaftliche Rahmenpläne gemäß § 36 WHG) und die Verpflichtung zur Führung eines Wasserbuchs enthalten (§ 37 WHG).

1.11
Relevante Rechtsgrundlagen des Umweltaudits

Eine Verbindung zwischen EG-Öko-Audit-Verordnung und BImSchG wurde durch das Gesetz zur Beschleunigung und Vereinfachung immissionsschutzrechtlicher Genehmigungsverfahren vom 09.10.1996 geschaffen, indem die 9. BImSchV geändert wurde. Gemäß § 4 Abs. 1 der 9. BImSchV sind dem Antrag die Unterlagen beizufügen, die zur Prüfung der Genehmigungsvoraussetzungen erforderlich sind. Nunmehr ist dabei zu berücksichtigen, ob die Anlage Teil eines Standortes ist, für den Angaben in einer der Genehmigungsbehörde vorliegenden Umwelterklärung gemäß Artikel 5 der **Verordnung (EWG) Nr. 1836/93 des Rates vom 29. Juni 1993 über die freiwillige Teilnahme gewerblicher Unternehmen an einem Gemeinschaftssystem für das Umweltmanagement und die Umweltbetriebsprüfung** enthalten sind. Das Ziel der EG-Öko-Audit-Verordnung ist es, eine dauerhafte und umweltgerechte Entwicklung in den Mitgliedstaaten durch Stärkung der Eigenverantwortung der Industrie zu erreichen. Umweltgerechte Entwicklung bedeutet die Verhütung, Verringerung und die Beseitigung von Umweltbelastungen an ihrem Ursprung nach dem Verursacherprinzip sowie die Einsparung von Rohstoffen und den Einsatz sauberer Technologien. Die Umweltpolitik, die Umweltziele, die Umweltprogramme und das Umweltmanagementsystem des Betriebs sollen in einem aktiven Konzept der gewerblichen Unternehmen festgelegt und dokumentiert werden. Das Umweltmanagementsystem ist durch interne Umweltbetriebsprüfungen regelmäßig zu überprüfen. Das Unternehmen erstellt eine Umwelterklärung für die Öffentlichkeit, die Angaben zu den durch den Betrieb gegebenen Umweltfaktoren enthält. Die Umwelterklärung legt weiterhin Umweltpolitik, -ziele und -programme sowie das Umweltmanagement des Betriebs dar. Die EG-Verordnung sieht eine Zulassungsstelle in jedem Mitgliedstaat vor. Dieser Zulassungsstelle sind Gutachter unterstellt, die das Umweltmanagement auf Übereinstimmung mit der Verordnung überprüfen und die Umwelterklärung für gültig erklären.

Die EG-Verordnung wurde mit dem **Gesetz zur Ausführung der Verordnung (EWG) Nr. 1836/93 des Rates vom 29. Juni 1993 über die freiwillige Beteili-**

gung gewerblicher Unternehmen an einem Gemeinschaftssystem für das
Umweltmanagement und die Umweltbetriebsprüfung (Umweltauditgesetz -
UAG) am 07.12.1995 in bundesdeutsches Recht umgesetzt. Im UAG wird die
Zulassung von Umweltgutachtern und Umweltgutachterorganisationen sowie
deren Aufsicht, die Beschränkung der Haftung, Verwendungsverbote für Teil-
nahmeerklärungen und Grafik sowie die Registrierung geprüfter Betriebsstandor-
te, Kosten, Bußgeld-, Übergangs- und Schlußvorschriften geregelt.

Berücksichtigt die UVP als Instrument zur Umweltvorsorge mögliche Umweltauswirkungen UVP-pflichtiger Anlagen bereits in der Planungsphase, so dient das
sog. Umwelt-Audit als ein weiteres Instrument der Umweltvorsorge bei Anlagen,
die sich bereits in der Betriebsphase befinden. Eine vergleichende Untersuchung
der Gemeinsamkeiten und Unterschiede dieser 2 Instrumente mit gleicher Zielsetzung nimmt Schmitz in Kap. 11 vor. Sie arbeitet dabei heraus, wie der Umweltvorsorgegedanke jeweils umgesetzt wird, ob Synergien vorhanden sind und ob die
UVU ggf. als Basis für das Umwelt-Audit dienen kann.

1.12
Fundstellennachweis

1.12.1
EG-Recht (Richtlinien, Verordnungen)

- Richtlinie des Rates 85/337/EWG über die Umweltverträglichkeitsprüfung bei
  bestimmten öffentlichen und privaten Projekten vom 27. Juni 1985 (ABl. EG
  vom 05.07.1985 Nr. L 175 S. 40)
- Richtlinie des Rates 97/11/EG zur Änderung der Richtlinie 85/337/EWG über
  die Umweltverträglichkeitsprüfung bei bestimmten öffentlichen und privaten
  Projekten vom 3. März 1997 (ABl. EG vom 14.03.1997 Nr. L 73 S. 5)
- Richtlinie des Rates 89/369/EWG über die Verhütung der Luftverunreinigung
  durch neue Verbrennungsanlagen für Siedlungsmüll vom 8. Juni 1989 (ABl.
  EG vom 14.06.1989 Nr. L 163 S. 32)
- Richtlinie des Rates 89/429/EWG über die Verringerung der Luftverunreini-
  gung durch bestehende Verbrennungsanlagen für Siedlungsmüll vom 21. Juni
  1989 (ABl. EG vom 15.07.1989 Nr. L 203 S. 50)
- Richtlinie des Rates 96/82/EG zur Beherrschung der Gefahren bei schweren
  Unfällen mit gefährlichen Stoffen vom 09.12.1996 (ABl. EG vom 14.01.1997)
- Verordnung (EWG) Nr. 3037/90 des Rates vom 9. Oktober 1990 betreffend die
  statistische Systematik der Wirtschaftszweige in der Europäischen Gemeinschaft - NACE-Code. Abl. EG vom 24.10.1990 Nr. L 293 S. 1)
- Verordnung (EWG) Nr. 1836/93 des Rates vom 29. Juni 1993 über die freiwillige Beteiligung gewerblicher Unternehmen an einem Gemeinschaftssystem für
  das Umweltmanagement und die Umweltbetriebsprüfung. (ABl. EG vom
  10.7.1993 Nr. L 168 S. 1)

1.12.2
Bundesgesetze

- Gesetz zum Schutz vor schädlichen Umwelteinwirkungen durch Luftverunreinigungen, Geräusche, Erschütterungen und ähnliche Vorgänge (**BImSchG**) in der Fassung der Bekanntmachung vom 14. Mai 1990 (BGBl. I S. 880) zuletzt geändert am 9. Oktober 1996 durch Artikel 1 des Gesetzes zur Beschleunigung und Vereinfachung immissionsschutzrechtlicher Genehmigungsverfahren (BGBl. I S. 1498)
- Genehmigungsverfahrensbeschleunigungsgesetz (**GenBeschlG**) vom 12. September 1996 (BGBl. I S. 1354)
- Gesetz zur Beschleunigung und Vereinfachung immissionsschutzrechtlicher Genehmigungsverfahren vom 9. Oktober 1996 (BGBl. I S. 1498)
- Gesetz über die Umweltverträglichkeitsprüfung (**UVPG**) vom 12. Februar 1990 (BGBl. I S. 205), zuletzt geändert am 9. Oktober 1996 durch Artikel 2 des Gesetzes zur Beschleunigung und Vereinfachung immissionsschutzrechtlicher Genehmigungsverfahren (BGBl. I S. 1498)
- Abfallgesetz (**AbfG**) vom 27. August 1986 (BGBl. I S. 1410, 1501), zuletzt geändert am 12. September 1996 durch Artikel 2 des Gesetzes zur Beschleunigung von Genehmigungsverfahren (Genehmigungsverfahrensbeschleunigungsgesetz - GenBeschlG) (BGBl. I S. 1354)
- Kreislaufwirtschafts- und Abfallgesetz (**KrW-/AbfG**) vom 27. September 1994 (BGBl. I S. 2705), zuletzt geändert am 12. September 1996 durch Artikel 3 des Genehmigungsverfahrensbeschleunigungsgesetz (BGBl. I S. 1354)
- Raumordnungsgesetz (**ROG**) in der Fassung vom 28.4.1993 (BGBl. I S. 630) mit Änderungen durch Gesetz vom 27.12.1993 (BGBl. I S. 2378) und Art. 2 Abs. 3 des Magnetschwebebahnplanungsgesetzes vom 23.11.1994 (BGBl. I S. 3486)
- Baugesetzbuch (**BauGB**) in der Fassung der Bekanntmachung vom 8. Dezember 1986 (BGBl. I S. 2253) zuletzt geändert am 20. Dezember 1996 durch Artikel 24 des Jahressteuergesetzes (JStG) 1997 (BGBl. I S. 2049)
- Bundesnaturschutzgesetz (**BNatSchG**) in der Fassung vom 12. März 1987 (BGBl. I S. 890), zuletzt geändert am 6. August 1993 (BGBl. I S. 1458)
- Gesetz zur Ordnung des Wasserhaushalts - Wasserhaushaltsgesetz (**WHG**) in der Fassung der Bekanntmachung vom 12. November 1996 (BGBl. I S. 1695)
- Gesetz zur Ausführung der Verordnung (EWG) Nr. 1836/93 des Rates vom 29. Juni 1993 über die freiwillige Beteiligung gewerblicher Unternehmen an einem Gemeinschaftssystem für das Umweltmanagement und die Umweltbetriebsprüfung (Umweltauditgesetz - **UAG**) vom 7. Dezember 1995 (BGBl. I S. 1591)

1.12.3
Rechtsverordnungen, Verwaltungsvorschriften und landesrechtliche Vorschriften

- Vierte Verordnung zur Durchführung des Bundes-Immissionsschutzgesetzes (Verordnung über genehmigungsbedürftige Anlagen - **4. BImSchV**) vom 24.7.1985 (BGBl. I S. 1586), in der Fassung vom 14.3.1997 (BGBl. I S. 505)
- Neunte Verordnung zur Durchführung des Bundes-Immissionsschutzgesetzes (Verordnung über das Genehmigungsverfahren - **9. BImSchV**) in der Fassung vom 29.5.1992 (BGBl. I S. 1001), zuletzt geändert am 9. Oktober 1996 durch Artikel 3 und 4 des Gesetzes zur Beschleunigung und Vereinfachung immissionsschutzrechtlicher Genehmigungsverfahren (BGBl. I S. 1498)
- Zwölfte Verordnung zur Durchführung des Bundes-Immissionsschutzgesetzes (Störfall-Verordnung - **12. BImSchV**) in der Fassung der Bekanntmachung vom 20.09.1991 (BGBl. I S. 1891), zuletzt geändert am 26.10.1993 (BGBl. I S. 1782)
- Siebzehnte Verordnung zur Durchführung des Bundes-Immissionsschutzgesetzes (Verordnung über Verbrennungsanlagen für Abfälle und ähnliche brennbare Stoffe - **17. BImSchV**) vom 23. November 1990 (BGBl. I 1990, S. 2545/2552)
- Zweiundzwanzigste Verordnung zur Durchführung des Bundes-Immissionsschutzgesetzes (Verordnung über Immissionswerte - **22. BImSchV**) vom 26. Oktober 1993 (BGBl. I S. 1819), zuletzt geändert durch Verordnung vom 27.05.1994, BGBl. I S. 1095)
- Dreiundzwanzigste Verordnung zur Durchführung des Bundes-Immissionsschutzgesetzes (Verordnung über die Festlegung von Konzentrationswerten - **23. BImSchV**) vom 16. Dezember 1996 (BGBl. I S. 1962)
- Erste Allgemeine Verwaltungsvorschrift zum Bundes-Immissionsschutzgesetz (**TA Luft**) vom 27. Februar 1986 (GMBl. Nr. 7 S. 95, ber. Nr. 11 S. 202)
- Zweite Allgemeine Verwaltungsvorschrift zum Abfallgesetz - Technische Anleitung zur Lagerung, chemisch/physikalischen, biologischen Behandlung, Verbrennung und Ablagerung von besonders überwachungsbedürftigen Abfällen (**TA Abfall**) vom 12. März 1991 (GMBl. Nr. 8 S. 139)
- Dritte Allgemeine Verwaltungsvorschrift zum Abfallgesetz - Technische Anleitung zur Verwertung, Behandlung und sonstigen Entsorgung von Siedlungsabfällen (**TA Siedlungsabfall**) vom 14. Mai 1993 (BAnz. Nr. 99a vom 29. Mai 1993)
- Allgemeine Verwaltungsvorschrift zur Ausführung des Gesetzes über die Umweltverträglichkeitsprüfung (**UVPVwV**) vom 18. September 1995 (GMBl. Nr. 32 S. 671)
- RdErl. TA Luft (1995) Durchführung der Technischen Anleitung zur Reinhaltung der Luft. Gem. RdErl. d. Ministers für Umwelt- und Raumordnung und Landwirtschaft - V B 1 - 8001.7.25.1 - (V Nr. 08/86) u. d. Ministers für Wirtschaft, Mittelstand und Technologie -133-81-3.7 (19/86); zuletzt geändert am 9. Februar 1995 durch Gem. RdErl. d. Ministeriums für Umwelt, Raumordnung und Landwirtschaft und des Ministeriums für Wirtschaft, Mittelstand und

Technologie zur Durchführung der Technischen Anleitung zur Reinhaltung der Luft (MBl.NW. Nr. 21, S. 364)

2
Die Umweltverträglichkeitsprüfung auf europäischer Ebene

E. Meyer-Rutz

Seit Ende der 80iger Jahre haben sich wesentliche Bereiche der nationalen Umweltrechtsetzung auf die Ebene des europäischen Gemeinschaftsrechts verlagert. Damit ist die EG-Rechtsetzung zu einem Teil der (erweiterten) Innenpolitik geworden. Bereits im Jahr 1988 waren 80% aller Regelungen im Bereich des Wirtschaftsrechts durch das EG-Recht festgelegt und nahezu 50% der deutschen Gesetze durch das EG-Recht veranlaßt. Insbesondere setzt die EG zunehmend Umweltverfahrensrecht, das weit in das deutsche allgemeine Verwaltungsrecht eingreift und erhebliche Systemänderungen erfordert.

Die Bedeutung des EG-Umweltrechts und seine Ausstrahlung auf andere Rechtsbereiche ist in der letzten Zeit an den Beispielen

- UVP-Richtlinien,
- Öko-Audit-Verordnung,
- IVU-Richtlinie,
- Informationszugangsrichtlinie

deutlich geworden.

Das 5. Umweltaktionsprogramm der EG, der Beschluß zur Fortentwicklung des 5. Umweltaktionsprogramms sowie das Arbeitsprogramm der Kommission enthalten eine Reihe weiterer Rechtsetzungsvorhaben, die wegen ihres Regelungsansatzes in erheblichem Maße quer zum deutschen Recht liegen oder liegen können. Zu nennen sind hier z.B. die Einführung einer UVP für Pläne und Programme, die Schaffung eines EU-einheitlichen Umwelthaftungsrechts und Überlegungen zur Ausweitung von Klagerechten (access to justice). In diesem Zusammenhang spielt die „Mitteilung der Kommission zur Durchführung des Umweltrechts der Gemeinschaft" vom Oktober 1996 und die hierzu ergangenen Entschließung des Rates zur Formulierung, Durchführung und Durchsetzung des Umweltrechts der Gemeinschaft vom Juli 1997 eine erhebliche Rolle. So sieht die Kommission insbesondere 3 neue Handlungsbereiche:

- Zunächst bei der Verbesserung der Vollzugskontrolle:
  Hier überlegt die Kommission, Empfehlungen für Kriterien für eine einheitliche Vollzugskontrolle zu erarbeiten
- Dann bei der Kontrolle der Tätigkeit der Umweltbehörden:

Hier überlegt die Kommission die Einführung eines allgemeinen Beschwerderechts gegen Entscheidungen von Umweltbehörden
* Schließlich beim Zugang zu Gerichten:
Hier überlegt die Kommission eine Erweiterung des Zugangsrechts insbesondere für Verbände zu den nationalen Gerichten.

Daraus ergibt sich, daß die EG besonderen Akzent auf Vorschläge zur Verstärkung eines gemeinschaftlichen „Umweltverwaltungsverfahrensrechtes" legt.

2.1
Entwicklung der Umweltverträglichkeitsprüfung (UVP) auf europäischer Ebene

2.1.1
Die UVP-Richtlinie (Richtlinie 85/337/EWG)

Besonders deutlich wird die dargestellte Entwicklung am Beispiel der UVP-Richtlinien (vgl. Winterfeld, Kap. 1). Die UVP ist ein „Querschnittsinstrument". Die in unterschiedlichen Fachgesetzen vorgesehenen Verwaltungsverfahren für die Zulassung eines Vorhabens werden durch ein ihnen gemeinsames Element, eben die UVP, verklammert.

Dies bedeutet, daß eine gemeinschaftsrechtliche Regelung der UVP in weite Bereiche des nationalen materiellen und verfahrensbezogenen Umweltrechts eingreift. Diese Bereiche sind nunmehr einer Steuerung durch die Mitgliedstaaten weitgehend entzogen. Damit wird der wachsende Einfluß des Gemeinschaftsrechts auf bisher unberührt gebliebene Teile des nationalen Rechtes dokumentiert. Dieser Einfluß geht sowohl in die Breite als auch in die Tiefe, d.h. er erfaßt zusätzliche Anwendungsbereiche und zielt gleichzeitig auf eine besonders intensive Regelung, die auch Details des Verfahrensrechts regelt, ab. Die ständige Weiterentwicklung der UVP auf europäischer Ebene soll im folgenden in ihren einzelnen Handlungsbereichen beleuchtet werden.

2.1.2
Die UVP-Änderungsrichtlinie (Richtlinie 97/11/EG)

Ein deutlicher Akzent ist im Jahr 1997 durch die Verabschiedung der „Richtlinie 97/11/EG des Rates vom 3. März 1997 zur Änderung der Richtlinie 85/337/EWG über die Umweltverträglichkeitsprüfung bei bestimmten öffentlichen und privaten Projekten" gesetzt worden. Diese Richtlinie (s. Anhang) ist bis zum 14. März 1999 umzusetzen.
Ihre Bedeutung liegt weniger in der - an sich notwendigen - inhaltlichen Präzisierung des materiellen Inhaltes der UVP. Vielmehr erweitert sie den **Anwendungsbereich** der UVP ganz erheblich. So ist die Liste der Vorhabentypen, für

die eine UVP obligatorisch vorgeschrieben ist (Anhang I der Richtlinie) von bisher 9 auf nunmehr 21 Vorhabentypen erweitert worden. Der Bereich des Anhangs II - hier sind die Vorhabentypen aufgelistet, die nicht in jedem Fall einer UVP zu unterziehen sind - ist zwar nur unwesentlich erweitert worden. Dennoch ist gerade für diesen Bereich nunmehr festgelegt worden, daß eine UVP für alle dort genannten Vorhabentypen - und auch für ihre wesentliche Änderung - „vorzuhalten" ist. Dies bedeutet: Für eine Reihe unterschiedlichster Vorhabentypen, vom Kernkraftwerk über Kläranlagen bis zu Sirupfabriken und Campingplätzen muß nunmehr ein „UVP-haltiges" Zulassungsverfahren vorgesehen werden. Bei der Beurteilung, welche Vorhabentypen des Anhangs II der UVP zu unterziehen sind, ist Anhang III zu beachten, der einzelne Auswahlkriterien darüber vorgibt, welche Vorhabentypen oder einzelne Vorhaben der UVP zu unterziehen sind.

Damit wird des bisherige, durchaus sinnvolle Konzept verlassen, nach welchem die anspruchsvolle UVP eben nur für anspruchsvolle, d.h. aus Umweltsicht besonders bedeutsame Vorhabentypen vorzusehen ist. Die jetzt erfolgte „Inflationierung" der UVP kann durchaus auch zu ihrer inhaltlichen „Abwertung" führen.

Durch die Ausweitung des Anwendungsbereichs der UVP erreicht das Gemeinschaftsrecht nunmehr das Verfahren der Zulassung und auch der Planung für fast alle Vorhaben mit einiger Umweltrelevanz. Von besonderer praktischer Bedeutung wird hierbei die Durchführung der UVP für **Vorhabenänderungen sein.**

2.1.3
Weiterentwicklung der UVP aufgrund von Kontrollverfahren auf europäischer Ebene

Eine Weiterentwicklung der UVP findet auch durch laufende gemeinschaftsrechtliche vorgesehene Verfahren der Information der Kommission und der Kontrolle durch Kommission und Europäischen Gerichtshof statt.

Im Bereich der bisherigen UVP-Richtlinie aus dem Jahr 1985 sind der Bundesregierung knapp 100 Beschwerden, zumeist über die Anwendung der UVP in einem konkreten Fall, von der Kommission zugeleitet worden. Diese Verfahren haben 2 Funktionen: Zum einen dienen sie der Information der Kommission über die nationale Anwendungspraxis. Zum anderen können sie die gemäß Artikel 169 EG-Vertrag mögliche Klage der Kommission gegen einen Mitgliedstaat wegen Verstoß gegen Gemeinschaftsrecht vorbereiten.

Eine Reihe von Beschwerdeverfahren ist als „Vertragsverletzungsverfahren" von der Kommission weiter verfolgt worden. Mehrere dieser Vertragsverletzungsverfahren sind z.Z. gegen Deutschland anhängig. In 3 Fällen ist es bisher zu Verfahren vor dem Europäischen Gerichtshof gekommen:

• In einem Urteil vom 9.8.1994 zu einem Vorab-Entscheidungsersuchen des Bayerischen Verwaltungsgerichtshofes hat der Europäische Gerichtshof entschieden, daß für Vorhaben, die der UVP-Richtlinie unterfallen und für die das Zulassungsverfahren nach dem 3. Juli 1988 (Ablauf der Umsetzungsfrist der

UVP-Richtlinie aus dem Jahr 1985) eingeleitet wurde, eine UVP erforderlich ist. Die Übergangsvorschrift des § 22 UVPG muß damit neu gefaßt werden.

- In einem Urteil vom 11.8.1995 hat der Europäische Gerichtshof nach Klage der Kommission entschieden, daß das immissionschutzrechtliche Zulassungsverfahren für das Kraftwerk Großkrotzenburg (das ohne ausdrückliche Durchführung der UVP erfolgte) den Anforderungen der UVP-Richtlinie entsprach. Entsprechend dem deutschen Antrag wurde deshalb die Klage der Kommission abgewiesen.

- Bei einer zur Zeit vor dem Europäischen Gerichtshof anhängigen Klage der Kommission gegen Deutschland geht es insbesondere um die Frage, unter welchen Bedingungen für die in Anhang II enthaltenen Vorhabentypen eine UVP-Pflichtigkeit festzulegen ist. Die Kommission geht davon aus, daß durch gesetzliche Regelungen sicherzustellen ist, daß im einzelnen Fall vor der Genehmigung eines Vorhabens konkret zu prüfen ist, ob für dieses Vorhaben eine UVP wegen seiner Merkmale erforderlich ist. Die Bundesregierung geht dagegen davon aus, daß für die Vorhabentypen des Anhangs II die UVP-Pflichtigkeit in generell-abstrakter Form bejaht oder verneint werden kann.

Die Rechtsprechung des Europäischen Gerichtshof hat also erheblichen Einfluß auf die nationale Rechtsetzung. Das gilt auch für die Rechtsprechung des Europäischen Gerichtshofs gegenüber anderen Mitgliedstaaten. So haben 2 Urteile des Europäischen Gerichtshofs, die in den letzten Jahren gegen Belgien und gegen die Niederlande ergangen sind, erhebliche Bedeutung für das Verständnis des Anhangs II der UVP-Richtlinie und die Festsetzung von Schwellenwerten für die Bestimmung der UVP-Pflichtigkeit von Anhang II-Vorhaben.

2.1.4
Weiterentwicklung der UVP durch Ausdehnung auf neue Handlungsbereiche

Eine Weiterentwicklung im Bereich der UVP findet schließlich durch Ausdehnung der UVP auf neue Handlungsbereiche statt. So hat die Kommission im März 1997 den „Vorschlag für eine Richtlinie des Rates über die Prüfung der Umweltauswirkungen bestimmter Pläne und Programme" vorgelegt. Durch eine zusätzliche UVP auf Planungsebene für Pläne und Programme der Raumordnung sowie der Bereiche Verkehr, Energie, Abfallbewirtschaftung, Wasserwirtschaft, Industrie, Telekommunikation und Tourismus wird das deutsche Planungsverfahren erheblich geändert.

Die erforderliche Umweltprüfung ist durchzuführen, bevor die jeweils zuständige Behörde einen Plan/ein Programm beschließt oder den Entwurf eines Plans/Programmes im Gesetzgebungsverfahren zur Beschlußfassung vorlegt. Die Umweltprüfung erfordert eine Umwelterklärung durch die zuständige Behörde, in der die erheblichen Auswirkungen des Plans/Programms auf die Umwelt im einzelnen dargestellt und bewertet werden müssen. Bei den Vorarbeiten für die Erstellung der Umwelterklärung hat die zuständige Behörde die Umweltbehörden zu beteiligen. Der Entwurf der Umwelterklärung ist dann wiederum den Umweltbehörden sowie der betroffenen Öffentlichkeit für Stellungnahmen zugänglich zu machen.

Das hier dargestellte Verfahren wird zu einer Formalisierung und „Einebnung" der zahlreichen unterschiedlichen Planungsverfahren im Bund und in den Ländern führen. Planung ist ein Kernbereich staatlicher Tätigkeit, die sich hierbei - anders als bei den meisten konkreten Vorhaben - an den Staat selbst richtet, also als eine Art „staatlicher Selbstregelung" zu verstehen ist. Dieser Bereich ist traditionell in den einzelnen Mitgliedstaaten - je nach Staatsverständnis - sehr unterschiedlich ausgeprägt. Um so größer ist die Bedeutung einer gemeinschaftsrechtlichen Regelung einzuschätzen.

Die Bundesregierung hat sich bereits zu einem Vorentwurf des jetzigen Richtlinienvorschlages kritisch geäußert. Auch der Bundesrat hat in einem Beschluß vom Juni 1997 den Richtlinienvorschlag deutlich kritisiert: die Einführung einer UVP für Pläne und Programme laufe sämtlichen Bemühungen um Verfahrensbeschleunigung und Deregulierung der letzten Jahre zuwider und führe zu einem enormen Verwaltungsaufwand, der in deutlichem Mißverhältnis zu dem durch die Richtlinie erreichbaren Nutzen stehe.

Nach Auffassung von Bundesregierung und Bundesrat müssen jedenfalls die Rechtsgrundlagen für den Erlaß einer derartigen Richtlinie genau geprüft werden:

- Hier geht es zunächst um die Kompetenz der Gemeinschaft für eine derartige Richtlinie im Lichte der Artikel 3ff EG-Vertrag sowie unter dem Gesichtspunkt des Subsidiarität gemeinschaftlichen Handelns.
- Zu prüfen ist aber auch, ob gemäß Artikel 130s Abs. 1 EG-Vertrag ein Beschluß des Ministerrates mit **Mehrheit** gefaßt werden kann oder ob nicht doch gemäß § 130s Abs. 2, der „u.a. Maßnahmen im Bereich der Raumordnung" als Beispielsfall ausdrücklich nennt, die **Einstimmigkeit** bei der Beschlußfassung erforderlich ist.

Die Beratungen über den Richtlinienvorschlag sind noch nicht aufgenommen worden.

2.2
Ausblick

Das Beispiel „UVP" zeigt, daß das Gemeinschaftsrecht bereits jetzt weite Teile des nationalen Umweltrechtes überlagert und weiter im Vordringen begriffen ist. Hervorzuheben ist die Dynamik dieser Entwicklung, die vermuten läßt, daß in nicht allzu ferner Zeit das gesamte deutsche Vorhabenzulassungsrecht gemeinschaftsrechtlichen Kriterien entsprechen muß. In diesem Zusammenhang muß auch auf die Richtlinie 96/61/EG des Rates vom 24.9.1996 über die integrierte Vermeidung und Verminderung der Umweltverschmutzung (IVU-Richtlinie) hingewiesen werden (vgl. Winterfeld, Kap. 1), die wesentliche Anforderungen an das Genehmigungsverfahren im Bereich der Industrieanlagen festlegt, sich damit teilweise mit der UVP-Richtlinie überschneidet, allerdings mit dieser im einzelnen nicht abgestimmt ist.

Das Gemeinschaftsrecht geht naturgemäß seine eigenen Wege; zumeist ist es nicht gelungen, Strukturen des deutschen Verwaltungsrechts in ihm „unterzubringen". Hierzu kommt, daß Gemeinschaftsrecht in seiner Verfahrensbezogenheit häufig Tendenzen des deutschen Umweltrechtes, z.B. der Deregulierung und Entbürokratisierung, widerspricht. Zu berücksichtigen ist auch, daß der Europäische Gerichtshof die objektive unmittelbare Wirkung des Gemeinschaftsrechts verstärkt hat: Behörden wie Gerichte der einzelnen Mitgliedstaaten sind verpflichtet, die Notwendigkeit der Durchführung von Umweltverträglichkeitsprüfungen auch **im Wege des unmittelbaren Rückgriffs auf die Vorgaben der UVP-Richtlinie** zu beurteilen.

Die gemeinschaftsrechtliche Fortentwicklung und Auslegung der UVP wird deshalb in Zukunft noch steigende Bedeutung erhalten. Dies macht es erforderlich, daß Deutschland sich stärker als bisher schon im Vorfeld der gemeinschaftsrechtlichen Meinungsbildung engagieren muß, wenn es sinnvolle und bewährte Traditionen des deutschen Umweltrechtes auch weiterhin erhalten will.

3
Die Umweltverträglichkeitsprüfung in der behördlichen Praxis

J. Schwab

Der Leser eines Beitrags über die Umweltverträglichkeitsprüfung (UVP) in der behördlichen Praxis erwartet zu Recht, daß der Autor Geschichtliches beiseite läßt und über Aktuelles aus dem Vollzug berichtet. Dennoch ist ein kurzer Rückblick unverzichtbar, weil die Vollzugspraxis der letzten Jahre ohne Kenntnis der historischen Entwicklung der UVP kaum verständlich ist.

Als 1971 mit dem Umweltprogramm der damaligen Bundesregierung der „Rohbau" für unser heutiges Umweltrechtssysstem fertiggestellt wurde, ahnte wohl niemand, daß die unscheinbare Forderung, „technischen Fortschritt umweltschonend zu verwirklichen", die Keimzelle für eine mehr als zwanzig Jahre andauernde fachliche und politische Auseinandersetzung über die UVP in sich bergen könnte. Der Höhepunkt dieser Auseinandersetzung fällt zweifellos in die Jahre 1988 bis 1993. Erinnert sei nur an Schlagworte wie „Stein der Weisen oder Stolperstein", „Königsweg oder Holzweg" und „administrativer Wildwuchs oder ökologische Keule", mit denen die Umsetzung der EU-Richtlinie über die Umweltverträglichkeitsprüfung bei bestimmten öffentlichen und privaten Projekten (UVP-RL) in nationales Recht und die Verabschiedung der Allgemeinen Verwaltungsvorschrift zur Ausführung des Gesetzes über die Umweltverträglichkeitsprüfung (UVPVwV) begleitet wurde.

Für die Vollzugsbehörden begann in den Jahren 1990/1992 mit Inkrafttreten des Gesetzes über die Umweltverträglichkeitsprüfung (UVPG) bzw. der novellierten Neunten Verordnung zur Durchführung des Bundes-Immissionsschutzgesetzes (9. BImSchV) eine Experimentierphase der Anlagenzulassung, die in folgende Randbedingungen eingebettet war. Rechtswissenschaftliche Literatur war anfangs nur spärlich verfügbar, später unüberschaubar, aber nie einheitlich. Tendenzen in der Rechtsprechung konnte man allenfalls erahnen und Verwaltungsvorschriften wurden nicht verabschiedet, sondern statt dessen als Entwurf andernorts auf ihre Vollzugstauglichkeit hin überprüft. Zu diesen nicht gerade optimalen Startbedingungen gesellte sich noch ein für das Verständnis des Vollzugs entscheidendes Phänomen. Da bis 1990 ohne gesetzliche Verpflichtung in der Bundesrepublik Deutschland bereits rd. 250 sog. Umweltverträglichkeitsprüfungen für die verschiedensten Projekte und überörtlichen Programme und ca. 150 weitere Verfahren auf kommunaler Ebene durchgeführt worden waren, hatte sich in der Zwischenzeit - rechtswissenschaftlich weitgehend unbeobachtet - eine fachspezifische UVP-Kultur mit äußerst heterogenen Vorstellungen, Begriffen, Checklisten und methodischen Anleitungen etabliert. Die UVP-Landschaft war deshalb bei Inkrafttreten des UVPG weder unberührt, noch durch eine einheitliche Vorgehensweise geprägt, ein Umstand, mit dem die weitgehend unvorbereiteten Zulassungsbehörden und Antragsteller in den ersten Jahren erheblich zu kämpfen hatten. Aus dieser Experimentierphase, in der „im Windschatten von Zulassungsverfahren" so manche umweltpolitisch interessante, aber nicht immer umweltrechtlich relevante Erkundung durchgeführt wurde, stammt der schlechte Ruf, den die UVP bis heute genießt. Es verwundert deshalb nicht, daß vor allem immissionsschutzrechtliche Genehmigungsverfahren mit integrierter UVP bei der betroffenen Wirtschaft auf erhebliche Vorbehalte stoßen. Befürchtet werden nach wie vor Verfahrensverzögerungen, Doppelarbeit, Ungleichbehandlungen durch Uminterpretation des materiellen Fachrechts sowie zusätzliche Kosten.

Deshalb soll zunächst der Frage nachgegangen werden, ob diese Vorbehalte gerechtfertigt sind. Im Anschluß daran werden einige zentrale Fragestellungen der UVP und ihre Auswirkungen auf die Anlagenzulassung näher beleuchtet. In einem Resümee soll schließlich eine Bewertung des Instruments durchgeführt und ein (flüchtiger) Blick auf die demnächst anstehende UVPG-Novelle geworfen werden.

3.1
Die Situation in der Bundesrepublik Deutschland

Da weder auf Bundes- oder Länderebene noch auf der Ebene Privater umfassendes belastbares statistisches Datenmaterial über den UVP-Vollzug existiert, ist eine - in positiver wie in negativer Hinsicht - abschließende Bewertung des Einflusses der UVP und ihrer Akteure auf die Anlagenzulassung nicht möglich. Allerdings sind aufgrund einer vom Verfasser durchgeführten Fragebogenaktion nebst persönlichen Gesprächen sowie eigener Erfahrungen im Vollzug verschiedene Grundaussagen gerechtfertigt und Trends erkennbar.

Befragt wurden 51 Verbände, Institutionen, Behörden und Einzelpersonen mit Erfahrungen auf dem Gebiet des Umweltschutzes (Bundesumweltministerium, alle Umweltministerien der Länder, alle Bezirksregierungen in NRW, MWMT NW, Wirtschaftsbehörde Hamburg, VCI, VGB, VDEW, VDI, AwTV, BUND, Öko-Institut, BBU, UVP-Förderverein, 7 UVP-Gutachter, 4 beratende Anwälte, 6 Antragsteller). Die Rücklaufquote lag bei ca. 70 %.

Im Ergebnis zeigt das verfügbare Datenmaterial, daß bei der Zulassung UVP-pflichtiger Projekte klassische Industrieanlagen in Deutschland bislang eine sehr untergeordnete Rolle gespielt haben. Das statistische Material schwankt, genügt aber den Anforderungen an eine Trendaussage. In NRW wurden bis Mitte 1996 121 Verfahren im Umweltbereich abgeschlossen. Ca. 95 % betrafen Projekte aus den Bereichen Wasser- und Abfallwirtschaft. Ähnliche Trends zeigen sich in Niedersachsen, Hamburg und Bremen. Nach Angaben der Antragsteller und Gutachter betrafen 70 - 80 % aller Projekte solche aus dem Bereich Wasser- und Abfallwirtschaft.

Bis heute wurden nur vereinzelt Chemieanlagen, Kraftwerke, Stahlwerke und Tierhaltungsanlagen einer UVP unterzogen, z.T. sogar nur „auf freiwilliger Basis", um das Instrument zu testen. Die Gesamtzahl der Verfahren für klassische Industrieanlagen wird vom Verfasser bundesweit auf max. 20 Verfahren geschätzt. Diese Aussage gilt uneingeschränkt für die alten und mit geringfügigen Modifikationen für die neuen Bundesländer. Aufgrund der erhöhten Investitionstätigkeit dürfte es in den neuen Bundesländern etwas mehr Verfahren geben. Die Quote der Wasser- und Abfallprojekte liegt z.B. in Brandenburg bei ca. 70 %.

Änderungsgenehmigungsverfahren mit integrierter UVP für Anlagen im Sinne des Bundes-Immissionsschutzgesetz (BImSchG) sind kaum auszumachen. Identifiziert wurden im Rahmen der Fragebogenaktion lediglich 3 Projekte, bei denen die Voraussetzungen für die UVP-Pflicht anhand einer Umwelterheblichkeitsstudie überprüft wurde.

Bundesweit gesehen dominieren offenbar Vorhaben aus den Bereichen Wasser- und Abfallwirtschaft sowie Straßenbau und Verkehr. Daneben bilden in einigen Bundesländern Raumordnungsverfahren mit integrierter UVP einen weiteren Schwerpunkt. Dieser Befund läßt den Schluß zu, daß viele der am immissionsschutzrechtlichen Genehmigungsverfahren Beteiligten, die der UVP skeptisch gegenüberstehen, über (noch) keine eigenen Erfahrungen im Umgang mit dem Instrument verfügen. Das gilt gleichermaßen für Antragsteller, Genehmigungsbehörden, Fachbehörden und Gutachter. Die Auswertung des statistischen Materials läßt ferner den Schluß zu, daß die Qualifikation der UVP als Anlagenverhinderungsinstrument durch nichts belegt ist. Der formale Verfahrensablauf der UVP ist gesetzlich eindeutig geregelt und in der Praxis akzeptiert. In der Öffentlichkeit bzw. bei Erörterungsterminen spielt die UVP so gut wie keine Rolle. Bundesweit ist bislang nicht eine Ablehnung eines Zulassungsantrags als Folge einer UVP bekannt geworden.

Projektmodifikationen und Nebenbestimmungen in Genehmigungsbescheiden sind eine Folge des geschärften Umweltbewußtseins, wozu die UVP in positiver Hinsicht beigetragen hat. Verfahrensverzögerungen, Doppelarbeit und die Beschäftigung mit nicht entscheidungserheblichen Unterlagen sind Begleiterscheinungen der Experimentierphase und im wesentlichen auf Rechtsunsicherheiten, mangelnde Erfahrung und fehlende Steuerung und Koordinierung zurückzuführen. Diese Phänomene sind gleichermaßen in der allgemeinen Zulassungspraxis anzutreffen, nicht UVP-spezifisch und werden von den UVP-Anwendern der zweiten Generation im wesentlichen beherrscht.

Trotz dieser Konsolidierungsphase kann allerdings 6 Jahre nach Inkrafttreten des UVPG nicht von einem bundeseinheitlichen Vollzug bei der Zulassung UVP-pflichtiger Projekte gesprochen werden. Mangels umfassender systematischer Darstellung des „state of the art" zur Durchführung von Verfahren mit integrierter UVP variieren die inhaltlichen und methodischen Anforderungen an Umweltverträglichkeitsprüfungen und (noch) die Auffassungen über ihren materiell-inhaltlichen Gehalt zwischen den einzelnen Bundesländern, und innerhalb der Länder zwischen den einzelnen Behörden. Niedersachsen (s. Literaturempfehlung) bekennt sich zum veränderten materiellen Fachrecht, empfiehlt die Vorlage einer eigenständigen Umweltverträglichkeitsstudie (UVS) durch den Antragsteller und verwirft die Nutzwertanalyse als Bewertungsmethode. Bremen (s. Literaturempfehlung) hält die Nutzwertanalyse für geeignet und fordert eine Bewertung der Umweltauswirkungen durch den Antragsteller. Letztere wird von Brandenburg (s. Literaturempfehlung) abgelehnt und im übrigen ein Bekenntnis zum unveränderten Fachrecht abgegeben. Daß dieses Bekenntnis wohl mehr zähneknirschend erfolgt, zeigt sich daran, daß Brandenburg - wie auch Schleswig-Holstein (s. Literaturempfehlung) - bei der Bewertung der Umweltauswirkungen eine Gegenüberstellung von gefahrenabwehr- und vorsorgeorientierten Maßstäben empfiehlt, um den positiven oder negativen Abweichungsgrad und damit das Maß an Umweltverträglichkeit zu dokumentieren.

Solche als Empfehlungen, Informationen oder Hinweise gekennzeichneten Meinungen über die UVP sind zwar rechtlich unbeachtlich, können aber faktisch einen erheblichen Einfluß auf die Verwaltung ausüben, zumal sie meist „von höchster Stelle" stammen. Entsprechend unterschiedlich können das Aufgabenverständnis der Zulassungsbehörde und die Anforderungen an die UVP im Verfahren ausfallen.

Ähnlich inhomogen ist die Vorgehensweise der Antragsteller bei der Ermittlung und Beschreibung der Umweltauswirkungen. Da zur Bewältigung dieser Aufgabe fast ausnahmslos externe Gutachter eingeschaltet werden, hängen Inhalt, Umfang und Schwerpunkt der Untersuchung nicht selten von der jeweiligen Spezialisierung des gewählten Gutachters, dessen Vorverständnis bzw. Sicherheitsbedürfnis oder den Wünschen des Auftraggebers ab. Geologen haben bekanntlich andere Neigungen als Biologen und Verfahrensingenieure. So erklärt es sich, daß in dem einen Antrag der Schwerpunkt beim Schutzgut Boden liegt, während in dem anderen Antrag die Wildbienen oder Fragen der Anlagensicherheit im Vordergrund stehen. Externe haben im übrigen oft eine Vorstellung von Gefahr, Vorsorge und Restrisiko, die von der des Gesetzgebers oder des Rechtsanwenders abweicht, Antragsteller tendieren aus Gründen der vermeintlichen Rechtssicherheit oder Akzeptanzverbesserung entgegen weit verbreiteter Meinung meist zu mehr als zu weniger Betrachtungen. Anders sind die beliebten „Worst-Case"-Abschätzungen kaum zu erklären. Welchen tieferen Sinn sollte es ansonsten haben, wenn im Rahmen der Beurteilung von Immissionen über die Nahrungskette unterstellt wird, daß sich der Mensch 70 Jahre nur von Grünkohl aus dem hauptbelasteten Immissionsquadrat, der Säugling 50 Jahre nur von Muttermilch oder das Kleinkind ausschließlich von Sand auf Kinderspielplätzen ernährt? Werden Betrachtungen dieser Art erst einmal „empfohlen", besteht selbstverständlich Bedarf nach einer vertieften Darstellung der individuellen Ernährungsgewohnheiten und der frühkindlichen Grabeaktivitäten. Abgestimmte Regelwerke von Gutachterorganisationen, die durch anerkannte Handlungsempfehlungen oder Standardisierungen zur Qualitätssicherung und Vereinheitlichung beitragen könnten, fehlen bzw. beschränken sich auf einzelne Gutachterbüros. Der festgestellte Befund ist für erfahrene UVP-Anwender nicht besorgniserregend, birgt aber die Gefahr der Überforderung unerfahrener Zulassungsbehörden, Antragsteller und Gutachter, die im Zuge der Umsetzung der novellierten UVP-RL vermehrt mit der Thematik konfrontiert werden. Wenngleich die Bezeichnung als „Orientierungschaos" übertrieben sein dürfte, ist nicht zu übersehen, daß mit der Überforderung in der Regel ein Verlust an administrativer Verfahrenssteuerung bei gleichzeitiger Zunahme des Zeitbedarfs, der Kosten und des Einflusses Externer korrespondiert.

Diese Entwicklung widerspricht dem Leitbild moderner Verwaltung, die schnell, kompetent und von äußeren Einflüssen unabhängig sein sollte. Darüber hinaus tragen permanente Diskussionen über wesentliche Elemente der UVP und ihre Wirkungsweise zur Verfahrensverzögerung bei und beeinträchtigen damit die Leistungsfähigkeit des Instruments, das in seiner Grundkonzeption auf Verfahrensbeschleunigung angelegt ist.

3.2
Rahmenbedingungen und UVP-Weichenstellungen bei der Anlagenzulassung

Zur Vermeidung möglicher Defizite bei der Verfahrensabwicklung gibt es bekanntlich keine Patentrezepte. Das gilt schon deshalb, weil kein Genehmigungsverfahren dem anderen „wie ein Ei" gleicht. Allerdings zeigt die Zulassungspraxis, daß die Verfahrenseffizienz maßgeblich von einigen Rahmenbedingungen und UVP-Weichenstellungen abhängt, die im folgenden beleuchtet werden. Zunächst ist daran zu erinnern, daß Verfahren für UVP-pflichtige Projekte und solche herkömmlicher Art in mehr oder weniger identische Bedingungen eingebettet sind. Ob das Verfahren zeitnah durchgeführt oder verzögert wird, hängt hier wie dort maßgeblich vom Vorverständnis des Rechtsanwenders, seiner Erfahrung im Umgang mit der Materie, seinem Gestaltungsspielraum und seinen Durchsetzungsmöglichkeiten innerhalb der Verwaltung sowie seiner Entscheidungsfreude ab. Diese Aufzählung klingt banal, ihre Aspekte wurden aber in den letzten Jahren bei der Bekämpfung von real existierenden oder mentalen Vollzugsdefiziten weitgehend ignoriert.

Unabhängig davon wird die Abwicklung von Zulassungsverfahren mit integrierter UVP maßgeblich durch einige spezifische UVP-Weichenstellungen beeinflußt. Es liegt auf der Hand, daß die jeweilige Vorstellung der Verfahrensbeteiligten über die Wirkungsweise der UVP, die notwendigen Hauptschritte, die Einbindung in das Genehmigungsmanagement und die Aufgabenverteilung der UVP-Akteure das Verfahren entweder beschleunigen oder verzögern kann. Die frühzeitige und verbindliche Klärung solcher „Schlüsselfragen" zählt zu den vornehmlichsten Aufgaben eines modernen Genehmigungsmanagements und erfordert - je nach Rollenzuweisung im Verwaltungsverfahren - mal Entscheidungen der Zulassungsbehörde bzw. der beteiligten Fachbehörden und mal solche des Antragstellers. Wer entscheidet, ist bereit, Verantwortung zu übernehmen, was angesichts der Komplexität des geltenden Rechts und der zu beurteilenden Lebenssachverhalte in der Verwaltungspraxis nicht immer einfach ist, wie die folgenden Ausführungen exemplarisch verdeutlichen.

3.2.1
Phase der Informationsgewinnung

Die UVP ist ein Verfahrensinstrument zur frühzeitigen Abschätzung von Umwelt-
folgen bestimmter Maßnahmen und steuert im Rahmen von Zulassungsverfahren
die Phasen der Informationsgewinnung und der Informationsverarbeitung. Insoweit konkretisieren und ergänzen die Regelungen des UVPG bzw. der 9.
BImSchV die bestehenden Grundsätze des Verwaltungsverfahrensgesetzes
(VwVfG). Die UVP hat darüber hinaus einen fachlichen Bezug, da spätestens die
Phase der Informationsverarbeitung kognitiv-subsumierende Elemente aufweist.

In der Phase der Informationsgewinnung können vielfältige umweltbezogene
Untersuchungen notwendig sein, die gewissermaßen „arbeitsteilig" vom Antragsteller und der Genehmigungsbehörde durchgeführt werden. Aufgrund des in § 6
UVPG bzw. § 4e 9. BImSchV festgelegten Beibringungsgrundsatzes liegt allerdings die Hauptlast solcher Untersuchungen, mit denen ein Teil des für die Bewertung erforderlichen Tatsachenmaterials ermittelt wird, beim Antragsteller.

Sowohl dieser Teil der Informationsgewinnung als auch dessen im weiteren
Verfahren durch die Zulassungsbehörde auf der Grundlage von § 24 VwVfG
vorzunehmende Ergänzung und Verdichtung stellt die Verfahrensbeteiligten deshalb vor nicht unerhebliche Probleme, da mit der ausdrücklichen Verpflichtung
im UVPG bzw. der 9. BImSchV, auch die Wechselwirkungen zwischen den
Schutzgütern zu untersuchen, der sog. integrative, medienübergreifende Ansatz
der UVP seinen normativen Ausdruck gefunden hat. Diesem Ansatz liegt der
ökosystemare Umweltbegriff zugrunde, nach dem die Umwelt ein Bezugsobjekt
von Lebewesen ist, die von bestimmten, selektiv wahrgenommenen Eigenschaften
und Vorgängen ihrer Umwelt abhängen, die sie ihrerseits beeinflussen und ein
Beziehungsgefüge schaffen. Diese Beziehungen haben oft den Charakter von
gegenseitigen Abhängigkeiten oder Wechselwirkungen, die auch mit Rückkopp-
lungen verbunden sind.

Die Umschreibung erhellt, daß der ökosystemare Umweltbegriff nicht nur au-
ßerordentlich komplex, sondern auch einem permanenten Wandel unterworfen ist.
Das zeigt sich beispielhaft im Phänomen des Wetters, dessen zahlreiche Bedingt-
heiten eine sichere Voraussage sehr erschweren oder auch bei den unzähligen
Reaktionen, die chemische Verbindungen miteinander eingehen können.

Zu dieser schwierigen Überschaubarkeit im unbelebten Bereich gesellt sich die
Abschätzung der Verhaltensweisen und Eigenschaften von Millionen von Pflanzen und Tierarten, die z.T. noch nicht einmal wissenschaftlich beschrieben sind.
Dementsprechend ist die Zahl der im Rahmen der Sachverhaltsaufklärung einzu-
beziehenden Auswirkungen potentiell unendlich, wie die folgende Tabelle 3.1
zeigt.

Tabelle 3.1: Wechselbeziehungen zwischen den Schutzgütern des UVP-Gesetzes

Wirkung auf/ Wirkung von	Menschen	Tiere	Pflanzen	Boden	Wasser	Luft	Klima	Landschaft
Tieren	Ernährung Erholung Naturerlebnis	Konkurrenz Minimalareal Populations-dynamik Nahrungskette	Fraß, Tritt Düngung Bestäubung Verbreitung	Düngung Bodenbildung (Bodenfauna)	Nutzung Stoffein- u. austrag (N, CO_2,...)	Nutzung Stoffein- u. austrag (O_2, CO_2)	Beeinflussung durch CO_2-Produktion etc. Atmosphärenbildung (zus. mit Pflanzen)	Gestaltende Elemente
Pflanzen	Schutz Ernährung Erholung Naturerlebnis	Nahrungs-grundlage O_2-Produktion Lebensraum, Schutz	Konkurrenz Pflanzen-gesellschaften Schutz	Durchwurzelung (Erosionsschutz) Nährstoffentzug Schadstoffentzug Bodenbildung	Nutzung Stoffein- u. austrag (O_2, CO_2) Reinigung Regulation Wasserhaushalt	Nutzung Stoffein- u. austrag (O_2, CO_2) Reinigung	Klimabildung Beeinflussung durch O_2-Produktion CO_2-Aufnahme Atmosphärenbildung (zus. mit Tieren)	Strukturelemente Topographie, Höhen
Boden	Lebensgrundlage Lebensraum Ertragspotential Landwirtschaft Rohstoff-gewinnung	Lebensraum	Lebensraum Nährstoff-versorgung Schadstoff-quelle	Trockene Deposition Bodeneintrag	Stoffeintrag Trübung Sedi-mentbildung Filtration von Schadstoffen	Staubbildung	Klimabeeinflussung durch Staubbildung	Strukturelemente
Wasser	Lebensgrundlage Trinkwasser Brauchwasser Erholung	Lebens-grundlage Trinkwasser Lebensraum	Lebens-grundlage Lebensraum	Stoffverlagerung nasse Deposition Beeinflussung der Bodenart und der Bodenstruktur	Regen Stoffeintrag	Aerosole Luft-feuchtigkeit	Lokalklima Wolken, Nebel etc.	
Luft	Lebensgrundlage Atemluft	Lebens-grundlage Atemluft Lebensraum	Lebens-grundlage z.T. Bestäu-bung	Bodenluft Bodenklima Erosion Stoffeintrag	Belüftung trockene Deposition (Trägermedium)	Chem. Reaktionen von Schadstoffen Durchmischung O_2-Ausgleich	Lokal- und Kleinklima	Luftqualität Erholungseignung
Klima	Wohlbefinden Umfeld-bedingungen	Wohlbefinden Umfeld-bedingungen	Wuchs-bedingungen Umfeld-bedingungen	Bodenklima Bodenentwicklung	Gewässer-temperatur	Strömung, Wind Luftqualität	Beeinflussung verschie-dener Klimazonen (Stadt, Land...)	Element der gesam-tästhetischen Wir-kung
Landschaft	Ästhetisches Empfinden Erholungs-eignung Wohlbefinden	Lebensraum-struktur	Lebensraum-struktur	Ggf. Erosionsschutz	Gewässerverlauf Wasserscheiden	Strömungsverlauf	Klimabildung Reinluftbildung Kaltluftströmung	Naturlandschaft vs. Stadt-/Kultur-landschaft
(Menschen) Vorbelastung	Konkurrierende Raumansprüche	Störungen (Lärm etc.) Verdrängung	Nutzung Pflege Verdrängung	Bearbeitung, Düngung Verdichtung, Versiegelung, Umlagerung	Nutzung (Trinkwasser, Erholung) Stoffeintrag	Nutzung (Schad-)Stoffein-trag	Z.B. Aufheizung durch Stoffeintrag „Ozonloch" etc.	Nutzung z.B. durch Erholungssuchende Überformung Gestaltung

Nun entspricht es einem vielfach geäußerten Wunsch, der Gefahr uferloser Sachverhaltsaufklärung durch möglichst frühzeitige Verfahrenssteuerung seitens der Genehmigungsbehörde entgegenzuwirken. Der zu diesem Zweck notwendige Selektionsprozeß wird allerdings dadurch erschwert, daß schon auf der Ebene der abstrakten Interpretation des Rechts vielfältige Deutungen anzutreffen sind, aus denen Unterbegriffe, methodische Anleitungen und Bewertungsmaßstäbe abgeleitet werden, die ihrerseits wiederum interpretationsbedürftig sind. Diese Schwierigkeiten lassen sich beispielhaft an der Diskussion über den sibyllinischen Begriff der Wechselwirkungen und die Pflicht zur medienübergreifenden Gesamtermittlung verdeutlichen, die auf der theoretischen Ebene eine Spitzenposition einnimmt, für die praktische Rechtsanwendung bislang aber keinen nennenswerten Erkenntnisgewinn hervorgebracht hat. So wird gefordert, die Umweltauswirkungen „gesamthaft", „integrativ", „multidimensional", „polysektoral", „sternförmig" und „sequentiell" zu ermitteln und zu beschreiben. Was daraus konkret für die Verwaltungspraxis zu folgern ist, bleibt weitgehend im Dunkeln.

Kaum aufschlußreicher ist die der UVPVwV zugrundeliegende Vorstellung von Wechselwirkungen, die als Problemverschiebungen und Grenzbelastungen charakterisiert werden. Abgesehen davon, daß das Beispiel der Problemverschiebungen nur eine einfache Wirkungskette kennzeichnet und unklar ist, was eigentlich Grenzbelastungen sind, stellt sich die Frage, ob beide Beispiele nur stellvertretend für viele theoretische Varianten stehen oder den Begriff abschließend definieren.

Man wird sich wohl zunächst von der Vorstellung lösen müssen, dem Begriff der Wechselwirkungen irgendeinen isolierten Aussagegehalt entnehmen zu können. Wie bereits dargestellt wurde, sind Wechselwirkungen immanenter Bestandteil des ökosystemaren Umweltbegriffs, die zum Ausdruck bringen sollen, daß im Rahmen der UVP Wirkungsketten mit Rückwirkungen auf das Ökosystem einschließlich der Auswirkungen auf die ökosystemaren Beziehungen zwischen den einzelnen Elementen untersucht werden sollen. Es geht also nicht nur um einfache Wirkungsketten, sondern um mehr.

Diesen theoretischen Ansatz kann man allerdings auch wesentlich einfacher ausdrücken: weil in Ökosystemen nahezu alles mit allem zusammenhängt, sind auch sämtliche Zusammenhänge zu ermitteln und zu beschreiben. Daß derartige Ansprüche mit dem Gebot eines zeitnahen und effektiven Verwaltungsverfahrens kollidieren, liegt auf der Hand. Genauso offensichtlich ist allerdings auch, daß bislang keine klare Grenze zwischen den sinnvollerweise noch ermittelbaren und den spekulativen ökosystemaren Zusammenhängen gefunden werden konnte.

Es verwundert deshalb nicht, daß die bisherige Praxis wegen der Unklarheiten auf der theoretischen Ebene und der daraus resultierenden Rechtsunsicherheit in der Vergangenheit meist bemüht war, dem Gebot der medienübergreifenden Gesamtermittlung durch möglichst intensive Umweltbestandsaufnahmen Rechnung zu tragen. Der dahinterstehende Wunsch, die Umwelt „vorsorglich" bis ins letzte Detail erforschen zu wollen, dokumentiert sich beispielsweise in folgenden Passagen eines Genehmigungsantrags: „um eventuell vorkommende Baumbewohner nachzuweisen, wurde im Waldbereich die Klopfmethode angewendet. Herunterfallende Tiere waren dann auf einem ausgebreiteten Laken gut sichtbar. Es wurde ferner versucht, früh im Jahr fliegende Arten als Raupen an den Futterpflanzen im Gelände nachzuweisen. Hierzu wurden entsprechende Futterpflanzen tagsüber und einmal bei Dunkelheit mit einer Taschenlampe abgesucht". In einem Planfeststellungsantrag wird einem „ansonsten nicht gefährdeten Grünspecht akuter Brutverdacht" attestiert und in einem atomrechtlichen Änderungsgenehmigungsverfahren eine „Gesamtbetrachtung der Umweltauswirkungen vom Uranabbau bis zur Entsorgung von Atomkraftwerken" gefordert.

Mit solchen Untersuchungen und Forderungen, die meist argumentativ damit unterstützt werden, daß anderweitig keine aussagekräftige „gesamthafte Wirkungsprognose" möglich sei, ist die Gefahr der Schaffung nicht entscheidungserheblicher und kostenintensiver Datenfriedhöfe verbunden. Vor derartigen Folgen wurde vereinzelt schon 1988 gewarnt und der UVP die „Tendenz zur Selbstüberforderung" attestiert bzw. dafür plädiert, „die faktischen Möglichkeiten und Grenzen der Verwaltungspraxis im Auge zu behalten". Da allerdings vertiefte Untersuchungen in den vergangenen Jahren mangels praktischer Erfahrung ausblieben, blieb die entscheidende Frage, wo genau die Verwaltung an ihre Grenzen gerät und wann ein Verwaltungsverfahren nicht mehr durchführbar ist, ungeklärt. Eine abschließende Antwort ist wegen der Vielzahl der dem Zulassungsverfahren unterworfenen Fallgestaltungen weder heute noch zukünftig möglich. Allerdings zeigt die Erfahrung der vergangenen 6 Jahre, daß die Grenze der Verwaltungspraktikabilität vor allem dann einzuhalten ist, wenn bereits auf der abstrakten Auslegungsebene stärker als bisher die Nichtaufklärbarkeit sämtlicher Wirkungszusammenhänge im Verwaltungsverfahren akzeptiert wird. Dieses ist nicht etwa ein Zeichen von Resignation, sondern zollt naturwissenschaftlichen Gegebenheiten den notwendigen Respekt und entspringt dem Gebot praktischer Vernunft.

Ein Indiz für die Richtigkeit dieses Ansatzes ist auch daraus abzuleiten, daß die Sachverhaltsaufklärung in der Praxis - entgegen anderslautenden Bekundungen - immer nur medienbezogen-additiv und nicht medienübergreifend erfolgt. Wechselbeziehungen werden aus den dargelegten Gründen so gut wie nie identifiziert, geschweige denn bewertet. Abgesehen davon sind für die notwendige Verfahrenssteuerung vor allem inhaltliche, zeitliche, methodische und räumliche Kriterien von grundlegender Bedeutung. Zulassungsbehörden und Antragsteller müssen festlegen bzw. wissen, welche Auswirkungen bezogen auf welche Schutzgüter, wie lange, wie intensiv, mit welcher Methodik und in welchem Raum zu erfassen sind. Nur anhand von Kriterien ist es möglich, beispielsweise darüber zu entscheiden, ob Vorbelastungsermittlungen überhaupt notwendig sind, ob die Untersuchungen über eine oder 2 Vegetationsperioden durchgeführt werden müssen und ob das gesamte Arteninventar eines Beurteilungsgebietes zu ermitteln ist oder ob die Ermittlung von Indikatoren genügt. Die dafür notwendigen Kriterien sind, und auch das ist eine zentrale Weichenstellung, aus dem unveränderten materiellen Fachrecht abzuleiten und können je nach Zulassungstyp zu unterschiedlichen Anforderungen im Hinblick auf die Informationsgewinnung führen.

In der Vergangenheit war allerdings die praktische Umsetzung einer effektiven und an einheitlichen Maßstäben ausgerichteten Verfahrenssteuerung nur unter erschwerten Bedingungen möglich. Da verbindliche Relevanzkriterien, Bewertungskriterien und methodische Anleitungen zur Sachverhaltsermittlung fehlten und zum Teil regelrecht „ausgehandelt" wurden, setzte der notwendige Selektionsprozeß entweder überhaupt nicht, nur unzureichend und meist zu spät ein. Aufgrund dessen wurde in der Phase der Informationsgewinnung ungefiltert gesammelt und in der Phase der Informationsverarbeitung kaum noch gesiebt. Wer hatte schon den Mut, die zu Beginn des Verfahrens von wem auch immer als notwendig eingestuften Datenerhebungen, Gutachten etc. nachträglich in Frage zu stellen?

Diese unbefriedigende Situation, die vor allem Zeit kostet und Antragsunterlagen bzw. Genehmigungsbescheide aufbläht, wurde durch Verabschiedung der UVPVwV nur teilweise entschärft. Positiv hervorzuheben ist die Begrenzung der Sachverhaltsaufklärung durch die UVPVwV auf den entscheidungserheblichen Sachverhalt. Damit wird eine Maßstabsidentität zwischen Informationsgewinnung und Informationsverarbeitung sichergestellt. Begrüßenswert sind auch die Irrelevanzansätze im Anhang 1 der Verwaltungsvorschrift sowie die Klarstellung bzgl. der Prüfungsnotwendigkeit von Vorhabenvarianten. Aber es sind eben nur Ansätze, die vor allem als unverbindliche Orientierungshilfen normiert wurden und überdies eine zusätzliche Ausstiegsmöglichkeit für Sonderfälle enthalten, ohne diese allerdings konkret zu benennen.

Vor allem vermißt der Leser methodische Anleitungen zur Ermittlung der Umweltauswirkungen. Eine Auseinandersetzung mit der beeindruckenden Methodenvielfalt der Praxis, geschweige denn eine Überprüfung der Vollzugstauglichkeit der jeweiligen Spielart findet nicht statt. Statt dessen wird auf den „allgemeinen Kenntnisstand und die allgemein anerkannten Prüfungsmethoden" bzw. darauf verwiesen, daß „alle im Einzelfall geeigneten und rechtlich zulässigen qualitativen oder quantitativen Verfahren (Methoden) herangezogen werden können".

Für die Praxis wäre ein rechtsverbindliches und geschlossenes Konzept hilfreich gewesen, das mehr Aussagen über die Relevanz von Stoffen, vor allem aber Aussagen über die zeitlichen und räumlichen Dimensionen der Untersuchung, die Untersuchungstiefe, die Meß- und Erhebungsmethodik sowie die Prognosemethoden beinhaltet. Demgegenüber abstrahiert die UVPVwV an vielen Stellen das ohnehin schon abstrakte Amtsermittlungsprinzip, so daß alles dafür spricht, daß auch zukünftig wesentliche Fragen einzelfallbezogen unter Beteiligung der jeweiligen Fachbehörden in einem iterativen Prozeß festgelegt oder von externen Gutachtern empfohlen werden.

Trotz dieser kritischen Anmerkungen besteht kein Grund zu Resignation. Das gilt vor allem für das immissionsschutzrechtliche Genehmigungsverfahren, das sich mit Hilfe der vorhandenen untergesetzlichen Regelwerke praktikabel und, von Besonderheiten abgesehen, in ausreichendem Maße steuern läßt. Sind beispielsweise die prognostizierten Auswirkungen, soweit es um die Frage schädlicher Umwelteinwirkungen geht, bei Anwendung dieser Regelwerke unbeachtlich, was z.B. bei einer Zusatzbelastung unter 1 % von Wirkungsschwellen bzw. Risikoschwellen der Fall sein dürfte (vgl. Stormanns, Kap. 7), ist eine zeit- und kostenintensive Bestandsaufnahme der Umwelt und ihrer ökosystemaren Zusammenhänge entbehrlich. Gleiches gilt, wenn Relevanzkriterien fehlen, aber dennoch eine sichere Prognose aufgrund allgemein gültiger Erkenntnisse möglich ist.

So dürfte z.B. eine rechtliche Notwendigkeit von Untersuchungen über die Auswirkungen einer Müllverbrennungsanlage auf das Klima angesichts der eindeutigen Aussagen im Klimabericht des Landes NRW kaum ableitbar sein. Dort heißt es nämlich, daß die moderne Sielungsabfallverbrennung zu einer CO_2-Minderung beiträgt, zumindest aber klimaneutral ist. Bei der Festlegung des Ermittlungsaufwandes zur Beurteilung sonstiger Auswirkungen können z.B. realitätsbezogene Störfallszenarien und eine Orientierung am Erheblichkeitskriterium zur Aufwandsreduzierung beitragen. Soweit es um die für die Beurteilung eines Eingriffs in Natur und Landschaft notwendige Datenerhebung geht, sollte erwogen werden, die Erhebungen auf bestimmte Leit- oder Indikatorarten zu beschränken.

Vor allem spricht aus der Sicht der Praxis alles dafür, daß allein der Hinweis auf das unveränderte Fachrecht, gepaart mit der Bitte, Sonderwünsche nicht nur fachlich, sondern vor allem auch rechtlich zu begründen, die eingeleitete Konsolidierungsphase fortsetzen wird. Wird der aus Zeitgründen nur holzschnittartig beschriebene Selektionsprozeß konsequent und mit dem notwendigen Vollzugsmut durchgeführt, ergibt sich in aller Regel ein auf den entscheidungserheblichen Kern reduzierter Anforderungskatalog, der dem Antragsteller Rechtssicherheit verschafft, mit vertretbarem Aufwand bearbeitet werden kann und zur Entlastung der Bewertungsphase beiträgt.

Ob der Antragsteller das Ergebnis seiner Untersuchungen als geschlossenes Dokument oder in Form mehrerer Teildokumente vorlegt, schreibt ihm der Gesetzgeber nicht vor. Die bisherige Praxis präferiert die Dokumentation in einer eigenständigen Studie, die gemeinsam mit den sonstigen Antragsunterlagen vorgelegt wird und für die es viele Namen gibt: Umweltverträglichkeitsuntersuchung (UVU), Umweltverträglichkeitsstudie (UVS), Umweltverträglichkeitsanalyse (UVA) und Umweltverträglichkeitsbericht (UVB), um nur die gebräuchlichsten zu nennen (vgl. Appel, Kap. 5). Der mit solchen Studien verbundene Aufwand ist beträchtlich, wie ein Blick auf den „Regelinhalt" verdeutlicht.

Eine UVU/UVS enthält üblicherweise:

- eine Projektbeschreibung (Projektsteckbrief),
- eine Umweltbeschreibung nebst Beurteilung der Empfindlichkeit und Schutzwürdigkeit (Gebietssteckbrief),
- eine Prognose der Auswirkungen des Vorhabens (Wirkungsprognose),
- eine fachliche Bewertung der Ist-Situation und der zu erwartenden Auswirkungen und
- Maßnahmen zur Vermeidung, Verminderung, zum Ausgleich bzw. Ersatz von erheblichen Beeinträchtigungen.

Die bisherige Praxis bedarf der Korrektur, da solche Studien in vielen Fällen nicht über eine Zusammenfassung anderer Teildokumente hinausgehen, geschweige denn, medienübergreifende Erkenntnisse beinhalten, gleichwohl aber den Eindruck erwecken, diesem Gebot inhaltlich Rechnung zu tragen. Letzteres zeigt sich wiederum exemplarisch am Kapitel über die Wechselwirkungen, das selten mehr als eine halbe Seite umfaßt. In den meisten Verfahren, vor allem aber im immissionsschutzrechtlichen Genehmigungsverfahren, dürften solche Studien entbehrlich sein, weil die notwendigen umweltbezogenen Informationen in der Regel integrierter Bestandteil der sonstigen Unterlagen sind, wie folgende Tabelle 3.2 zeigt.

Tabelle 3.2: Inhalt eines Zulassungsantrages

Ordner	Kapitel	Inhalt
1	**1.**	**Allgemeines, Einführung**
	1.1	Antragsgegenstand und Geltungsbereich
	1.2	Angaben zum Antragsteller
	1.3	Aufbau des Antrags-/Inhalts-/Stichwortverzeichnis
	1.4	Angaben zum Betreiber
	1.5	Angaben zum Entwurfsverfasser/Beteiligte Unternehmen
1	**2.**	**Beschreibung des Vorhabens**
	2.1	Notwendigkeit des Vorhabens
	2.2	Art und Umfang des Vorhabens
	2.3	Standort
1	**3.**	**Bauvorlagen**
	3.1	Bemessungsgrundlagen Bauteil
	3.2	Lageplan
	3.3	Baubeschreibung
	3.4	Bauzeichnungen
	3.5	Nachweis der Standsicherheit
2 - 11	**4.**	**Angaben zur Anlage**
	4.1	Beschreibung der Anlage
	4.2	Vorgesehene Verfahren, Anlagenmerkmale
4	**5.**	**Auswirkungen des Vorhabens auf die Umwelt**
4	**6.**	**Allgemeinverständliche Kurzfassung**
	6.1	Allgemeines, Einführung
	6.2	Beschreibung des Vorhabens
	6.3	Architektur
	6.4	Angaben zur Anlage
	6.5	Auswirkung des Vorhabens auf die Umwelt
12 - 22	**7.**	**Fachbeiträge/Sachverständigengutachten**
	7.1	Abfallwirtschaftskonzept
	7.2	Fortschreibung Abfallwirtschaftskonzept
	7.3	Gutachten zur Klärschlammentsorgung
	7.4	Standortvorauswahl
	7.5	Standortvergleich
	7.6	Aktualisierte Überprüfung der Standortfindung
	7.7	Umweltverträglichkeitsuntersuchung
	7.8	Realnutzung/räumliche Planung Orts- und Landschaftsbild
	7.9	Transport
	7.10	Biologie/Ökologie
	7.11	Klimagutachten
	7.12	Beschreibung der Böden und Beprobung
	7.13	Bodenanalyse und Bewertung
	7.14	Geotechnische Grunddaten
	7.15	Schichtenaufbau und Untergrundvorbelastung
	7.16	Grundwassermodell
	7.17	Hydrogeologisches Gutachten
	7.18	Schornsteinhöhenberechnung
	7.19	Immissionsvorbelastung Luft
	7.20	Immissionsprognose
	7.21	Emissionsminderung durch Wärmenutzung
	7.22	Lärm
	7.23	Umweltmedizinisches Gutachten
	7.24	Immissions- Wirkungsuntersuchungen mit Bioindikatoren
	7.25	Sicherheitsanalyse
	7.26	Projektbegleitendes und medienübergreifendes Umweltmonitoring
	7.27	Festlegung von Meßplätzen für die Überwachung von Grenzwerten
	7.28	Baugrund
	7.29	Landschaftspflegerischer Begleitplan
	7.30	Architektonische Einbindung in die Umgebung

Sind die bisherigen Überlegungen vielleicht noch eine Frage des persönlichen Geschmacks oder des Geldbeutels, ist die bisweilen anzutreffende Praxis, in derartigen Studien die ermittelten Umweltauswirkungen gleich mit zu bewerten, wesentlich kritischer zu sehen. Dadurch wird nicht nur contra legem der Eindruck erweckt, die Bewertung sei eine Aufgabe des Antragstellers, sondern oftmals der Erfindung eigener gutachterlicher Maßstäbe Tür und Tür geöffnet, was z.B. in eigenen Punkte- oder Skalierungssystemen zur Bewertung der Umweltverträglichkeit zum Ausdruck kommt. Unabhängig davon, daß Aussagen wie, „die geplante Anlage ist gut umweltverträglich" oder „sie erreicht 5 von 10 möglichen Punkten" im immissionsschutzrechtlichen Verfahren niemandem nützen, wurden eigene Bewertungssysteme in der Vergangenheit nicht selten zur Korrektur gesetzlicher Standards ohne ausreichende Legitimation benutzt.

Soweit solche Studien neben der reinen Sachverhaltsdarstellung bewertende Elemente enthalten, ist zumindest eine Harmonisierung mit den der behördlichen Bewertung zugrunde zu legenden Maßstäben unverzichtbar.

3.2.2
Phase der Informationsverarbeitung

Die vom Antragsteller vorgelegte Ermittlung und Beschreibung der Umweltauswirkungen bildet zusammen mit den im Rahmen der nachvollziehenden Amtsermittlung nach § 24 VwVfG gewonnenen Erkenntnissen den Gegenstand der Bewertung. Um die „richtige" Bewertung und die dabei anzuwendenden Maßstäbe wurde viele Jahre mit „Herzblut" gekämpft, was bekanntlich auf die unglückliche Formulierung in § 12 UVPG zurückzuführen ist. Mit dem Bekenntnis zum unveränderten materiellen Fachrecht als Bewertungsmaßstab ist der Streit obsolet. Damit erledigen sich gleichzeitig eine Reihe von Problemen, die in der Vergangenheit die beschleunigte Abwicklung von Zulassungsverfahren beeinträchtigt haben.

Forderungen, mit denen via UVP in Rechtsverordnungen oder Verwaltungsvorschriften festgelegte Emissionsgrenzwerte als nicht UVP-adäquate Bewertungsmaßstäbe vorsorgeoptimiert nach unten korrigiert oder dem Antragsteller ein nicht aus dem materiellen Immissionsschutzrecht oder dem sonstigen Fachrecht ableitbarer Anlagenoptimierungsaufwand aufgebürdet wird, dürften rechtlich nicht haltbar sein. Wegen der Identität der der Bewertung und der davon getrennten Genehmigungsentscheidung zugrundezulegenden Maßstäbe dürfte damit allerdings gleichzeitig feststehen, daß ein Einfluß der UVP auf die immissionsschutzrechtliche Genehmigung im Regelfall ausgeschlossen ist. Zwar ist es vorstellbar, daß die Bewertung der Umweltauswirkungen das Bewußtsein für die beispielsweise im Rahmen der Erheblichkeit von Nachteilen zu berücksichtigenden und zu gewichtenden Belangen weckt oder schärft. Die eher seltenen Fälle, in denen sich eine solche Bewußtseinserweiterung konkret auf die Genehmigungsentscheidung auswirkt, rechtfertigen allerdings nach Auffassung des Verfassers keine stereotype Bewertungssituation. Aus Gründen der Verwaltungspraktikabilität und zur Vermeidung von Mißverständnissen sollte deshalb, zumindest für den Bereich der gebundenen Entscheidung, eine Klarstellung im UVPG bzw. in der UVPVwV erfolgen.

3.2.3
Unterrichtung über den voraussichtlichen Untersuchungsrahmen

Verfahren lassen sich nur dann rechtssicher, zeitnah und auf den entscheidungserheblichen Kern reduziert durchführen, wenn die notwendige Steuerung frühzeitig und permanent stattfindet. Insofern kommt dem Verfahrensschritt Unterrichtung über den voraussichtlichen Untersuchungsrahmen, auch Scoping genannt, herausragende Bedeutung zu (s. auch Holtwick, Kap. 4). Inhaltlich ist der Unterrichtungsschritt als ausgebaute Beratung des Antragstellers zu qualifizieren, die im wesentlichen Art und Umfang, Häufigkeit und Methodik der Ermittlungen sowie ihre Darstellung im Rahmen des Zulassungsantrags zum Gegenstand haben sollte. Der Scoping-Schritt deckt damit als Teil des Genehmigungsmanagements den Aspekt der frühzeitigen Verfahrenssteuerung ab. Dagegen ist die verfahrensbegleitende Korrektur Gegenstand anderer Instrumente des Genehmigungsmanagements, dessen Gesamtstruktur an dieser Stelle aus Zeitgründen nicht dargestellt werden kann. Für eine erfolgreiche Durchführung des Scoping-Verfahrens ist eine optimale Vorbereitung durch die Zulassungsbehörde und den Antragsteller ebenso notwendig, wie die frühzeitige Einbindung der beteiligten Fachbehörden. Vor einer Entscheidung über die Hinzuziehung Dritter sollten die damit verbundenen Vor- und Nachteile sorgfältig abgewogen werden. Entgegen vielfach anzutreffender Meinung garantieren in diesem Zusammenhang weder umfangreiche „Runde-Tische" noch Mediationsprozesse zügige und akzeptierte verwaltungsbehördliche Entscheidungen. Wegen der vielfältigen Überschneidungen mit den nicht UVP-spezifischen Aspekten des Genehmigungsverfahrens empfiehlt es sich, den Unterrichtsschritt zusammen mit der allgemeinen Beratung des Antragstellers durchzuführen. Da sich im Rahmen des Scoping-Verfahrens, wie bei jedem UVP-Arbeitsschritt, Bewertungen kaum vermeiden lassen - selbst die Wahl einer Untersuchungsmethode oder die Auswahl von Daten mit Indikatorfunktion setzt wertende Schritte voraus - sollte das der UVPVwV zugrundeliegende und in der Literatur verbreitete Postulat der strikten Trennung zwischen der Informationsgewinnung und der Informationsverarbeitung aufgegeben werden.

3.2.4
Zusammenfassende Darstellung

Nach § 11 UVPG bzw. § 20 Abs. 1 a 9. BImSchV erarbeitet die Zulassungsbehörde eine zusammenfassende Darstellung der zu erwartenden Auswirkungen des Vorhabens auf die Schutzgüter einschließlich der Wechselwirkungen. Die zusammenfassende Darstellung ist damit die (Teil-)feststellung des für die Rechtsanwendung maßgeblichen Sachhalts. In der bisherigen Praxis wurde die zusammenfassende Darstellung meist stiefmütterlich behandelt, obwohl sie in positiver Hinsicht zur Verbesserung der Qualität von Genehmigungsbescheiden und damit zur Transparenz und Akzeptanz staatlicher Entscheidungen beitragen kann. Zur Vermeidung überzogener Anforderungen ist allerdings auch insoweit eine Steuerung im Hinblick auf den Inhalt und die Bearbeitungstiefe notwendig. Diese

Steuerung kann durch Anknüpfung an die Kriterien der Entscheidungserheblichkeit, der Verhältnismäßigkeit und des Charakters der Zusammenfassung erreicht werden. Da auch bei der Erstellung der zusammenfassenden Darstellung Bewertungen nicht immer zu vermeiden sind, wirkt allerdings die hinter der UVPVwV stehende Konzeption der „wertneutralen Darstellung" wenig anwenderfreundlich, so daß eine Korrektur im Rahmen der Fortschreibung der Verwaltungsvorschrift erwogen werden sollte.

3.3
Resümee und Ausblick

Resümierend ist nach einigen Jahren praktischer Erprobung festzuhalten, daß die UVP die hochgesteckten Erwartungen eher moderat erfüllt hat. Das ist einerseits darauf zurückzuführen, daß die UVP ihre Wirkung ausschließlich auf der Basis fachgesetzlicher Maßstäbe entfalten kann. Andererseits ist es geübte Praxis, Projekte im Rahmen der behördlichen Beratung und des Kooperationsprinzips schon vor offiziellem Verfahrensbeginn auch im Hinblick auf ihre Umweltauswirkungen zu optimieren. Aus den genannten Gründen dürfte ein kausaler Einfluß der UVP auf die Zulassungsentscheidung kaum nachweisbar sein.

Es wäre aber falsch, die UVP als verfehltes Instrument zu bezeichnen. Neben ihrem Bündelungseffekt und den zu begrüßenden Regelungen über das Scoping-Verfahren und die zusammenfassende Darstellung hat sie durch ihren übergreifenden Ansatz zu einer Schärfung des Umweltbewußtseins bei den am Zulassungsverfahren Beteiligten geführt und zur differenzierten Sachverhaltsermittlung beigetragen. Diese Bewußtseinserweiterung hat oft zu kritischem Nachfragen animiert.

Ungeachtet dessen gibt es eine Reihe offener Fragen, die nicht zuletzt deshalb systematisch untersucht und diskutiert werden sollten, da der Stellenwert der Projekt-UVP aufgrund der inzwischen verabschiedeten UVP-Änderungsrichtlinie (s. Anhang) in der Vollzugspraxis zunehmen wird und die Europäische Union bekanntlich an einer Richtlinie über die Plan-UVP arbeitet. Zu nennen sind in diesem Zusammenhang die bisherigen Anforderungen an Form, Inhalt und Umfang von Umweltverträglichkeitsprüfungen und die Steuerungsfähigkeit des Instruments. Diskussionsbedürftig sind ferner die im Zusammenhang mit der UVP anfallenden Kosten und vor allem die Frage, ob es nicht ein positiver Nebeneffekt von Umweltverträglichkeitsprüfungen sein kann oder sogar muß, deutlich zu machen, wo geforderte oder vorgesehene Umweltschutzmaßnahmen in ökologischer Hinsicht nichts mehr bewirken können und damit besser unterbleiben oder in andere Richtung gelenkt werden sollten.

Auf den Prüfstand gehören daneben Fragen der Gutachterqualifikation und das bisherige „Gutachterselbstverständnis", das i.d.R. zu stark fachlich geprägt und zu wenig auf eine Harmonisierung mit dem Genehmigungsmanagement ausgerichtet ist.

Und nicht zuletzt sollte im Rahmen der anstehenden Umsetzung der UVP-Änderungsrichtlinie in nationales Recht der gesetzliche Anwendungsbereich des

UVPG überprüft werden. Das gilt u.a. für Chemieanlagen, die im verfahrenstechnischen Verbund betrieben werden.

Der bisher im UVPG verankerte Verbundbegriff und seine restriktive Auslegung haben dazu geführt, daß nahezu alle großen Werkskomplexe aus dem Anwendungsbereich des UVPG ausgeklammert wurden. Diese Handhabung ist europarechtlich Ausdruck einer überholten Isolationspolitik und der Sache nach nicht gerechtfertigt. Eine am geltenden Recht orientierte UVP braucht niemand zu scheuen.

Literaturempfehlung

Bundesamt für Umwelt, Wald und Landschaft, Schweiz (1990) Handbuch Umweltverträglichkeitsprüfung.

Der Senator für Frauen, Gesundheit, Jugend und Soziales, Bremen (1996) Hinweise zur Durchführung der gesetzlichen Umweltverträglichkeitsprüfung (UVP).

Die Ministerin für Natur und Umwelt des Landes Schleswig-Holstein (1994) Wechselwirkungen in der Umweltverträglichkeitsprüfung

Die Ministerin für Natur und Umwelt des Landes Schleswig-Holstein (1995) Umweltauswirkungen in der Umweltverträglichkeitsprüfung

Erbguth W, Schinck A (1992) Gesetz über die Umweltverträglichkeitsprüfung. Verlag C. H. Beck

Feldhaus G (1992) Bundesimmissionsschutzrecht (Bd. 2, 9. BImSchV). Verlag C. H. Beck

Hoppe W (1995) Gesetz über die Umweltverträglichkeitsprüfung (UVPG). Carl Heymanns Verlag

Hübler H, Otto-Zimmermann K (1991) Bewertung der Umweltverträglichkeit. Eberhard Blottner Verlag

Jaras H D (1995) Bundes-Immissionsschutzgesetz (3. Auflage). Verlag C. H. Beck

Ministerium für Umwelt, Naturschutz und Raumordnung des Landes Brandenburg (1995) Umweltverträglichkeitsprüfung.

Ministerium für Umwelt, Raumordnung und Landwirtschaft Nordrhein-Westfalen (1996): Umweltverträglichkeitsprüfung in Nordrhein-Westfalen.

Niedersächsisches Umweltministerium (1993) UVP-Leitlinie Niedersachsen

Pfaff-Schley H (1992): Die Umweltverträglichkeitsprüfung als Planungsinstrument: Planungs-UVP - Anlagen-UVP. Eberhard Blottner Verlag

Schwab J (1991) Die rechtlichen Randbedingungen sogenannter Scoping-Verfahren nach § 5 UVPG - Eine kritische Bilanz der bisherigen Praxis. Abfallwirtschaftsjournal: 644 ff.

Schwab J (1992) Die Umweltverträglichkeitsprüfung in der Genehmigungspraxis. Abfallwirtschaftsjournal: 501 ff.

Schwab J (1992) Die zusammenfassende Darstellung der Umweltauswirkungen nach § 11 UVPG. Abfallwirtschaftsjournal: 330 ff.

UVP-Förderverein (1992) UVP-Gütesicherung. Dortmunder Vertrieb für Bau- und Planungsliteratur

4
Die Umweltverträglichkeitsprüfung aus der Sicht der Antragsteller in Genehmigungsverfahren für Abfallentsorgungsanlagen

A. Holtwick

Aus der Sicht der Antragsteller ist die Umweltverträglichkeitsuntersuchung im Genehmigungsverfahren für Abfallentsorgungsanlagen, ähnlich wie in anderen Zulassungsverfahren, eine Zeit- und Kostenfrage. Die Erfahrung aus der anwaltlichen Begleitung von Genehmigungsverfahren seit Inkrafttreten des UVPG hat gezeigt, daß das Ergebnis von Umweltverträglichkeitsuntersuchungen bislang in keinem Fall zu einer Nichtgenehmigungsfähigkeit des Projektes geführt hat; wohl aber sind im Laufe des Verfahrens Planänderungen vorgenommen und entsprechende Nebenbestimmungen in die Genehmigungsbescheide aufgenommen worden.

Für die Projektplanung von Bedeutung ist in der Regel nicht die im Genehmigungsverfahren vorgelegte und von der Zulassungsbehörde geprüfte Umweltverträglichkeitsuntersuchung, sondern vielmehr die Ergebnisse von Umweltverträglichkeitsuntersuchungen im Vorfeld des Genehmigungsantrages, zum einen bei der Standortsuche, zum anderen im Raumordnungsverfahren. In beiden Fällen hat sich die sog. Standort-UVU oder Raumordnungs-UVU insbesondere für den Vergleich mehrerer Alternativstandorte als hilfreich erwiesen.

Die rechtlichen Rahmenbedingungen hierfür, insbesondere die Festlegung des Untersuchungsrahmens für die UVU im sog. Scoping-Verfahren (§ 5 UVPG) sollen im folgenden beleuchtet werden.

In einem zweiten Teil geht es um die Rolle der Umweltverträglichkeitsprüfung bei der gerichtlichen Überprüfung UVP-pflichtiger Zulassungsbescheide.

Dieser Aspekt hat durch ein Urteil des EuGH zur Übergangsregelung des § 22 UVPG[20] sowie immer wieder gerügte Diskrepanzen in der Umsetzung der materiellen Richtlinie in das UVPG in gerichtlichen Verfahren an Bedeutung gewonnen. Hier geht es für den Projektträger um eine entscheidende Frage der Rechtssicherheit, da das Vorhaben aufgrund des sofort vollziehbaren Zulassungsbescheides zum Zeitpunkt der gerichtlichen Hauptsacheentscheidung in der Regel häufig realisiert, teilweise sogar in Betrieb gegangen ist.

---

[20] EuGHE vom 09.08.1994, DVBl 94, 1126

4.1
Die Bestimmung des Untersuchungsrahmens der Umweltverträglichkeitsuntersuchung

Sowohl unter zeitlichen wie auch unter finanziellen Aspekten werden im sog. Scoping-Verfahren die entscheidenden Weichen für den Ablauf des Raumordnungsverfahrens bzw. des nachfolgenden Genehmigungsverfahrens gestellt.

Die Bedeutung des Scoping wird überwiegend in eine Hilfestellung für den Vorhabensträger gesehene, es soll ihn in die Lage versetzen, einerseits möglichst vollständige Antragsunterlagen einzureichen, andererseits überflüssiger Untersuchungen zu ersparen[21].

Letzterem, nämlich der Vermeidung überflüssiger Untersuchungen, wird das Verfahren nicht immer gerecht, worauf Schwab in Kapitel 3 zu Recht hinweist. Dies ist nicht nur auf die zunächst fehlende Erfahrung der Behörden mit dem Instrument UVU/UVP in den ersten Jahren zurückzuführen. Vielmehr wirkt das Phänomen in solchen Genehmigungsanträgen fort, die heute eingereicht werden auf der Basis von Antragsunterlagen, die aufgrund eines Scoping-Verfahren Anfang der neunziger Jahre erstellt wurden. Entscheidend ist nämlich die Zeitspanne zwischen dem Scoping-Termin und dem eigentlichen Zulassungsverfahren. Je schneller das Genehmigungsverfahren dem Scoping folgt, desto eher besteht die Chance, daß die Festlegung des Untersuchungsrahmens im Scoping tatsächlich noch den potentiellen Konfliktstoff im Genehmigungsverfahren abdeckt.

Angesichts des naturwissenschaftlich-technischen Erkenntnisfortschrittes, der Erfahrung mit bestimmten Untersuchungsmethoden und des Standes von Wissenschaft und Forschung war dies und ist dies im Zulassungsverfahren für Abfallentsorgungsanlagen häufig bereits nach einer Zeitspanne von 2 Jahren nicht mehr der Fall.

Ein typisches Beispiel hierfür ist die - häufig einvernehmliche - Festlegung im Scoping-Verfahren für thermische Abfallentsorgungsanlagen, neben dem TA-Luft-Modell auch das sog. FITNAH/LPDM Modell zu rechnen[22] (vgl. Siebert, Kap. 8). Im Scoping-Termin für die Schwelbrennanlage Fürth am 29.07.1991 wurde mit der Genehmigungsbehörde und Vertretern von Umweltverbänden und Anlagengegnern der Untersuchungsrahmen festgelegt. Der ZAR als Vorhabensträger erklärte sich damals bereit, auch Untersuchungen durchzuführen, die rechtlich nicht normiert waren, darunter klimatologische Untersuchungen, Immissionsberechnungen für besondere Wetterlagen (FITNAH/LPDM), Biomonitoring u.a.

Die Auslegung der eingereichten Unterlagen erfolgte Ende 1992/ Anfang 1993. Im Erörterungstermin im November 1993 stellt sich der Antragsteller auf den Standpunkt, die freiwillig durchgeführten Untersuchungen nach dem FIT-NAH/LPDM-Modell, deren Ergebnisse ausgelegt waren, seien für den Antrag nicht genehmigungsrelevant. Im Unterschied zum FITNAH/LPDM-Modell, daß

---

[21] Hoppe, Gesetz über die Umweltverträglichkeitsprüfung, § 5 Rdn 3; Erbgut/Schink, UVPG, § 5 Rdn 24.

[22] z.B. bei der Schwelbrennanlage Fürth; vgl. Hierzu Mayer, Iblher, Holtwick, Kreiser: Genehmigungsverfahren: Planfeststellung für die Schwelbrennanlage in Fürth, Müll- und Abfall 1994, S. 121 ff. (121).

nur für einzelne, genau definierte Klimasituationen Gültigkeit besitze, sei allein das TA-Luft-Modell in der Lage die Zusatzbelastungen über das gesamte Jahr repräsentativ zu ermitteln[23].

Diese Auffassung entsprach der ständigen Rechtssprechung des BayVGH sowie des BVerwG und ist in zahlreichen nachfolgenden Gerichtsentscheidungen über thermische Abfallentsorgungsanlagen, unter anderem in der Beschwerdeentscheidung zur Schwelbrennanlage Fürth durch die Gerichte bestätigt worden.[24]

Da vom BVerwG die normkonkretisierende Funktion der TA-Luft sowohl für die Schutzpflicht des § 5 I Nr.1 BImSchG[25] als auch für das Vorsorgegebot des § 5 I Nr. 2 BImSchG[26] anerkannt ist, sind die Vorschriften der TA-Luft auch in gerichtlichen Verfahren mit der Folge beachtlich, daß Dritte gegen eine Genehmigung mit der Begründung vorgehen können, die Anforderungen der TA-Luft seien entweder nicht eingehalten oder zwar eingehalten, aber durch Erkenntnisfortschritte in Wissenschaft und Technik überholt.

In seiner Entscheidung zur Schwelbrennanlage Fürth hat der BayVGH die bisherige Auffassung bestätigt, wonach das FITNAH/LPDM-Modell Immissionskonzentrationen nur für einen geringen Teil der Jahresstunden ermittle und keine Schlüsse im Hinblick auf die Beurteilung der Jahresmittelwerte zulasse, die nach der TA-Luft zu ermitteln seien[27].

Das oben diskutierte Beispiel der Immissionsprognose verdeutlicht, daß bei der Bestimmung des Untersuchungsumfanges im Sinne von § 5 UVPG stets darauf geachtet werden sollte, ob die durch die geforderte Untersuchung erbrachten Ergebnisse im Hinblick auf die Genehmigungsfrage zielführend sind. Auf diesem Hintergrund hat Schwab (siehe. Kap. 3) zu Recht vor der Gefahr der Schaffung „nicht entscheidungserheblicher und kostenintensiver Datenfriedhöfe" gewarnt. Aus der Sicht der Antragsteller ist hinzuzufügen, daß, gerade nicht entscheidungserhebliche, sog. freiwillige Untersuchungen in hohem Maße geeignet sind, Konfliktstoff für das nachfolgende Genehmigungsverfahren, insbesondere für den Erörterungstermin zu liefern, ohne daß die Behörde hieraus Erkenntnisse für die Entscheidung erhält. Es bleibt zu wünschen, daß sich die behördliche Praxis, insbesondere in den neuen Bundesländern, dieser Auffassung anschließt.

4.2
Standort-UVU und Raumordnungs-UVU

Während die Umweltverträglichkeitsuntersuchung/-prüfung im Zulassungsverfahren eine getroffene Standort- und Verfahrensentscheidung begründet, also im Sinne der Zulassungsvoraussetzungen rechtfertigt, kann die Umweltverträglichkeitsuntersuchung in vorgeschalteten Verfahren, insbesondere bei der Standortsu-

---

[23] Mayer, Iblher, Holtwick, Kreiser; aaO, S. 125 ff.
[24] BayVGH, Beschluß vom 23.12.1996, Az: 20 Cs 95.585.
[25] BVerwG, Beschluß vom 21.03.1996, BVerwGE 65, 306 ff (313/320).
[26] BVerwG, Beschluß vom 10.01.1995, UPR 1995, 196.
[27] BayVGH, Beschluß vom 23.12.1996; AZ: 20 Cs 95.585.

che, aber auch in vergleichenden Raumordnungsverfahren der *Entscheidungsfindung* dienen.

Mit Inkrafttreten des Investitionserleichterungs- und Wohnbaulandgesetzes zum 01.05.1993 und der damit verbundenen Umstellung auf das immissionsschutzrechtliche Genehmigungsverfahren für alle Abfallentsorgungsanlagen außer den Deponien, hat die sog. Standort-UVU an Bedeutung verloren. Eine Standortrechtfertigung im Sinne einer gerichtlich überprüfbaren Standortsuche ist ebenso wie eine Planrechtfertigung nur noch für die Deponien erforderlich (vgl. Heuel-Fabianek, Kap. 6).

Mit der Änderung des § 6 a ROG hat der Bundesgesetzgeber - ebenfalls zum 01.05.1993 - auf die bis dahin notwendige Umweltverträglichkeitsuntersuchung im Raumordnungsverfahren verzichtet und es damit den Ländern überlassen, ob diese im Rahmen des Raumordnungsverfahrens eine Umweltverträglichkeitsprüfung nach § 16 UVPG durchführen wollen. Diese haben hiervon in unterschiedlicher Weise Gebrauch gemacht:

In den Ländern Baden-Württemberg, Brandenburg, Mecklenburg-Vorpommern, Niedersachsen, Sachsen, Sachsen-Anhalt, Schleswig-Holstein und Thüringen werden jeweils Raumordnungsverfahren mit raumordnerischer UVP durchgeführt[28].

Die Raumordnungs-UVU kann dem Vorhabensträger, auch dann wenn keine Vorhabensalternativen geprüft werden sollen, wichtige Hinweise im Rahmen der sich regelmäßig erst nach Durchführung des Raumordnungsverfahrens konkretisierenden Planungen (z.B. im Hinblick auf die zu wählende Anlagentechnik, Erschließung des Standortes usw.) geben. Darüber hinaus kann das Verfahren einer Umweltverträglichkeitsprüfung erster Stufe - im Raumordnungsverfahren - und zweiter Stufe - im Genehmigungsverfahren - einen entscheidenden Zeitvorteil darstellen.

Gemäß § 16 III 1 UVPG soll im nachfolgenden Zulassungsverfahren hinsichtlich der im Raumordnungsverfahren ermittelt und beschriebenen (raumbedeutsamen) Umweltauswirkungen von den Anforderungen der §§ 5 - 8 und 11 insoweit abgesehen werden, als diese Verfahrensschritte bereits im Verfahren nach Abs. 1, also bei der raumordnerischen UVP erfolgt sind. Die im Raumordnungsverfahren durchgeführten Verfahrensschritte (Scoping, Behördenbeteiligung) müssen im nachfolgenden Zulassungsverfahren nicht noch mal durchgeführt werden, wenn und soweit sich der Vorhabensträger und die Landesplanungsbehörde bereits bei der raumordnerischen UVP an den vorgegebenen Standards für die UVP im Zulassungsverfahren orientiert haben. Im Zulassungsverfahren hat der Vorhabensträger seine Unterlagen lediglich noch im Hinblick auf die für die Beurteilung der *nicht raumbedeutsamen* Umweltauswirkungen zusätzlich erforderlichen Untersuchungen zu ergänzen.

Da die Regelung des § 16 III UVPG lediglich als Sollvorschrift ausgestaltet ist, sollte bereits im Scoping vor Einleitung des Raumordnungsverfahrens zwischen dem Vorhabensträger, der Landesplanungsbehörde und der Zulassungsbehörde

---

[28] § 13 LandesplanungsG Baden-Württemberg, § 17 LandesplanungsG Mecklenburg-Vorpommern, § 17, 19 LandesplanungsG Niedersachsen, § 14 LandesplanungsG Sachsen, § 13 LandesplanungsG Sachsen-Anhalt, § 14 LandesplanungsG Schleswig-Holstein und § 17 Landesplanungsgesetz Thüringen.

verbindlich abgesprochen werden, auf welche Gesichtspunkte sich die Raumordnungs-UVU konzentriert und welche weiteren Untersuchungen im Zulassungsverfahren geprüft werden[29].

4.3
Die UVP in der gerichtlichen Überprüfung
- Der Rechtsschutz Dritter bei UVP-pflichtigen Vorhaben -

4.3.1
Bei Fehlen einer Umweltverträglichkeitsprüfung

Das UVPG ist in seinen wesentlichen Bestimmungen am 01.08.1990 in Kraft getreten. Für genehmigungsbedürftige Anlagen nach dem BImSchG hat sich das Inkrafttreten bis zur Anpassung der 9. BImSchV verzögert, so daß eine UVP-Pflicht für immissionsschutzrechtlich zu genehmigende Anlagen erst seit dem 01.06.1992 besteht.

Nach der Übergangsregelung des § 22 UVPG sind bereits begonnene Verfahren nach den Vorschriften des UVPG, also mit Umweltverträglichkeitsprüfung, zu Ende zu führen, wenn das Vorhaben bis zum Inkrafttreten des Gesetzes (01.08.1990) oder bis zu seiner erstmaligen Anwendbarkeit (01.06.1992 für immissionsschutzrechtliche Genehmigungsverfahren) noch nicht öffentlich bekannt gemacht worden war.

Durch einen Vorlagebeschluß des BayVGH hat der EuGH anhand von 2 Planfeststellungsbeschlüssen zugunsten von Bundesstraßenabschnitten entschieden, daß die Übergangsregelung in § 22 UVPG jedenfalls insoweit gegen Art. 12 I UVP-RL verstoße, als mit ihr Vorhaben, die nach Ablauf der in Art. 12 I UVP bestimmten Umsetzungsfrist aber vor Inkrafttreten des verspätetet umgesetzten UVPG eingeleitet wurden, von der UVP-Pflicht ausgenommen werden[30]. Danach mußten bzw. müssen alle nach Ablauf der Umsetzungsfrist (03.07.1988) neu eingeleiteten UVP-pflichtigen Verfahren einer UVP unterzogen werden.

Die Folgen der EG-Rechtswidrigkeit der Übergangsregelung sind unterschiedlich: Bei bereits bestandskräftig abgeschlossenen Verfahren kommt eine Neuauflage mit Umweltverträglichkeitsprüfung nicht in Betracht. Für die nicht bestandskräftig abgeschlossenen Verfahren ist die Rechtslage im Zeitpunkt der letzten behördlichen Entscheidung maßgebend (für den Fall, daß das Verwaltungsverfahren noch nicht abgeschlossen ist oder die Zulassungsentscheidung durch eine Anfechtungsklage noch nicht bestandskräftig ist). Dies bedeutet, daß für immissionsschutzrechtliche Genehmigungsverfahren, die nach dem 01.08.1990 erstmals bekanntgemacht wurden - unter Änderung der 9. BImSchV - eine Umweltverträglichkeitsprüfung gegebenenfalls *nachträglich* durchzuführen ist.

---

[29] Hoppe, aaO, § 16 Rdn 85 ff
[30] EuGHE vom 09.08.1994, DVBl 1994, 1126 ff.

Daraus folgt jedoch noch nicht, daß sich Dritte auf die Nichtdurchführung der Umweltverträglichkeitsprüfung mit Aussicht auf Erfolg berufen können. Vielmehr kommt es nach der „Kausalitätsrechtssprechung„ des BVerwG darauf an, ob die konkrete Möglichkeit besteht, daß ohne den Verzicht auf die UVP eine andere Entscheidung ergangen wäre[31].

Hinzu kommt jedoch eine weitere Voraussetzung: Da die unmittelbare Wirkung einer Richtlinienbestimmung, hier Art. 12 I UVP-RL, voraussetzt, daß die in ihr enthaltene Regelung ein subjektives Recht begründet, ist für eine erfolgreiche Klage gegen einen Genehmigungsbescheid für ein UVP-pflichtiges Vorhaben ohne UVP Voraussetzung, daß durch das Vorhaben unmittelbar in Rechte Dritter eingegriffen wird. Den Mangel einer rechtswidrig unterlassenen UVP können daher lediglich Eigentümer, deren Flächen von einer Planung unmittelbar in Anspruch genommen werden, im Rahmen einer Anfechtungsklage rügen[32].

Zusammenfassend kann daher festgestellt werden, daß aus der gemeinschaftsrechtlich begründeten Verpflichtung, eine UVP durchzuführen, eine selbständig durchsetzbare Verfahrensposition nicht hergeleitet werden kann[33]

4.3.2
Rechtsverletzung durch mangelhafte Umsetzung der UVP-RL in das UVPG

Klagen gegen Planfeststellungsbeschlüsse/ immissionsschutzrechtliche Genehmigungsbescheide sowie Anträge auf Aussetzung der sofortigen Vollziehbarkeit solcher Entscheidungen (§ 80 V VwGO) sind in den vergangenen Jahren zunehmend auch damit begründet worden, die UVP-RL sei durch das UVPG in materieller Hinsicht (z.B. hinsichtlich der Betrachtung der Wechselwirkungen, Verpflichtung zur Alternativenprüfung) nicht hinreichend umgesetzt worden. Zur Entscheidung dieser Frage wurden gleichzeitig Vorlageanträge an den EuGH gemäß Art. 177 III EG-Vertrag gestellt. Hierdurch sind bei den Vorhabensträgern nicht unerhebliche Zweifel an der Rechtssicherheit der Zulassungsentscheidungen, von denen im Rahmen der sofortigen Vollziehbarkeit Gebrauch gemacht wurde, entstanden.

Zwischenzeitlich hat das BVerwG jedoch festgestellt, daß weder aus dem UVPG noch aus der UVP-RL eine Verpflichtung zur Prüfung von Standortalternativen folgt[34]. Die Behörde darf daher auch nicht unter Berufung auf Art. 3, Art. 6 II und Art. 8 der UVP-RL einem genehmigungsfähigen Vorhaben die Zulassung verweigern, wenn Alternativen zu dem Projekt geringere Umweltbeeinträchtigungen bewirken würden. Das BVerwG hat insoweit festgestellt, daß das Umweltrecht durch die UVP-RL vom 27.06.1985 (85/337/EWG) keine materielle Anreicherung erfahren hat[35]. In materieller Hinsicht kommt es deshalb darauf an,

---

[31] BVerwG, DVBl 1994, 763 ff.

[32] BayVGH, DVBl 1993, 165 ff und BayVGH, DVBl 1994, 1198 ff.

[33] BVerwG, Urteil vom 25.01.1996, DVBl 1996, 677/681 ff

[34] BVerwG, BayVBl 1996, 666 ff.

[35] BVerwG, aaO, 678

daß die aus dem Abwägungsgebot sich herausleitenden Anforderungen eingehalten werden[36].

Das BVerwG führt dann weiter aus, daß die durch die UVP-RL getroffenen Verfahrensvorkehrungen zwar die Chance erhöhen, daß die Behörde die Kenntnisse über die Umwelt, die sie für eine sachgerechte Entscheidung benötigt, auch tatsächlich enthält. Dies rechtfertigt aber nicht den Schluß, daß sich ohne eine derartige Verfahrensgestaltung eine den Anforderungen des Abwägungsgebotes genügende Entscheidung nicht treffen lasse. Die in einer förmlichen UVP zu behandelnden Umweltauswirkungen gehen über die in der Abwägung zu bewältigenden Umweltbelange nicht hinaus[37].

Für gebundene Entscheidungen, wie im immissionsschutzrechtlichen Genehmigungsverfahren hat Schwab (s. Kap. 3) zu Recht darauf hingewiesen, daß eine Klarstellung im UVPG bzw. in der UVPVwV erfolgen sollte.

In verfahrensrechtlicher Hinsicht ist schließlich darauf hinzuweisen, daß in summarischen Verfahren, wie dem Verfahren nach § 80 V VwGO nach herrschender Auffassung ohnehin keine Verpflichtung zur Vorlage gemäß Art. 177 III EG-Vertrag besteht. Im Hauptsacheverfahren kann eine solche Vorlage angeregt werden[38].

Eine Vorlagepflicht besteht aus materiellen Gründen dann nicht, wenn die zur Entscheidung gestellte Frage bereits geklärt ist und/oder das UVPG den vom Antragsteller problematisierten Anforderungen genügt[39].

4.4
Zusammenfassung

Der Wert einer Umweltverträglichkeitsprüfung wird wesentlich durch eine an den Genehmigungsvoraussetzungen orientierte Festlegung des Untersuchungsrahmens bestimmt.

Sofern das Zulassungsverfahren dem Scoping-Verfahren nicht zeitnah folgt, sollte bei der Zusammenstellung der Unterlagen (Untersuchungsergebnisse) im Zulassungsverfahren nochmals unter dem Gesichtspunkt der Genehmigungsvoraussetzungen die Notwendigkeit der Einführung einzelner Untersuchungen in das Verfahren geprüft und gegebenenfalls auf sie verzichtet werden.

Bei der Durchführung einer zweistufigen Umweltverträglichkeitsprüfung (Raumordnungs-UVU und Zulassungs-UVU) sollte im Hinblick auf § 16 III UVPG bereits im Scoping für das Raumordnungsverfahren die in diesem und dem weiteren Verfahren durchzuführenden Untersuchungsschritte im einzelnen festgelegt werden, um Wiederholungen zu vermeiden.

Die UVP-Pflichtigkeit eines Vorhabens begründet keine selbständig einklagbare Verfahrensposition der vom Vorhaben betroffener Dritter. In Fällen der Inanspruchnahme des Eigentums Dritter durch das Vorhaben werden subjektive Kla-

---

[36] BayVGH, Beschluß vom 23.12.1996, AZ: 20 Cs 95.585
[37] BVerwG, aaO, 679 ff.
[38] EuGH 1977, 957, 972 ff.; 1992, 3723, 3734 ff.
[39] BayVGH, Beschluß vom 23.12.1996, AZ: 20 Cs 95.585

gerechte begründet, die zu einer Aufhebung der Zulassungsentscheidung führen können.

5
Durchführung einer Umweltverträglichkeitsuntersuchung am Beispiel thermischer Abfallbehandlungsanlagen

P. Appel

Bei vielen Planungen von Industrieanlagen und Abfallbehandlungsanlagen besteht auf seiten der Investoren noch immer Skepsis in bezug auf die bevorstehende Umweltverträglichkeitsuntersuchung bzw. Umweltverträglichkeitsprüfung. Das Instrumentarium zur Prüfung der Umweltverträglichkeit des geplanten Vorhabens wird einerseits als die Ursache für zu lange und kostenintensive Genehmigungsverfahren gesehen, andererseits bedingt die UVP-Pflicht die Beteiligung der Öffentlichkeit. Diese Beteiligung der Öffentlichkeit wird nicht deshalb gescheut, weil man etwas zu verbergen hat, sondern hauptsächlich, weil die meist unter (umwelt)technischen und wirtschaftlichen Gesichtspunkten getroffenen Entscheidungen politisch und emotional diskutiert werden. Die Erfahrung hat gezeigt, daß die „Scheu" auf Antragstellerseite häufig daher rührt, daß keine Erfahrungen mit UVU/UVP bestehen und von vergleichbaren Verfahren „Horrormeldungen" bekannt werden. Am Beispiel einer thermischen Abfallbehandlungsanlage sollen im folgenden die Inhalte einer Umweltverträglichkeitsuntersuchung sowie der Verfahrensablauf mit seinen markanten Meilensteinen dargestellt werden. Eine strikte Abtrennung zum BImSchG-Genehmigungsverfahren läßt sich, wie nachfolgend deutlich wird, dabei nicht bewerkstelligen.

5.1
Rechtliche Einordnung

Thermische Abfallbehandlungsanlagen unterliegen seit dem Inkrafttreten des Investitionserleichterungs- und Wohnbaulandgesetzes im Jahr 1993 nicht mehr dem Abfallrecht, sondern dem Bundes-Immissionsschutzrecht. Diese Zuordnung zum BImSchG bedeutet aber noch nicht gleichzeitig eine UVP-Pflicht. Wann aber sind genehmigungsbedürftige Anlagen nach dem BImSchG UVP-pflichtig?

Eine Pflicht zur Durchführung einer UVP besteht, wenn die Anlage in Spalte 1 des Anhangs der 4. Verordnung zum Bundes-Immissionsschutzgesetz und gleichzeitig in Nummer 1 der Anlage zu § 3 UVPG aufgeführt ist. Thermische Abfallbehandlungsanlagen sind unter Punkt 8.1, Spalte 1, der 4. BImSchV aufgeführt, ferner fallen die Anlagen unter Pkt. 27 des Anhanges zu Nr. 1 der Anlage zu § 3 des UVPG.

Zur Begriffsbestimmung der Worte „Umweltverträglichkeitsprüfung" (UVP) und „Umweltverträglichkeitsuntersuchung" (UVU) ist festzustellen, daß die UVP (gemäß § 1 Abs. 2 sowie § 1a der 9. BImSchV) als unselbständiger Teil verwaltungsbehördlicher Verfahren definiert ist, der die Ermittlung, Beschreibung und Bewertung der Auswirkungen eines Vorhabens umfaßt. Die UVP ist seitens der Genehmigungsbehörde durchzuführen.

Von seiten des Antragstellers sind für die Prüfung der Auswirkungen entscheidungserhebliche Unterlagen beizubringen. Diese werden häufig in Form eines eigenständigen Gutachtens, einer UVU, vorgelegt.

Die Zuordnung zu einem neuen Fachrecht, dem BImSchG, brachte auch Veränderungen für die UVU mit sich. Waren bisher die Anforderungen an eine UVU im UVPG, dem Gesetz über die Umweltverträglichkeitsprüfung, geregelt, so ist nun die 9. BImSchV, die Verordnung über das Genehmigungsverfahren, aufgrund des Subsidiaritätsprinzips in § 4 UVPG (Vorrang anderer Rechtsvorschriften) anzuwenden. In der 9. BImSchV sind in § 4 die Unterlagen aufgeführt, die zur Prüfung der Genehmigungsvoraussetzungen nach § 6 BImSchG vorzulegen sind. Hierbei handelt es sich jedoch um die insgesamt im Rahmen der Antragsunterlagen vorzulegenden Unterlagen; für UVP-pflichtige Vorhaben werden im § 4e zusätzliche Unterlagen für die Prüfung der Umweltverträglichkeit gefordert.

5.2
Einleitung des Verfahrens und Scoping-Termin

Hat sich der Vorhabensträger für das Vorhaben entschieden, sollte er mit der zuständigen Genehmigungsbehörde Kontakt aufnehmen und ihr seine Planungen mitteilen. Dieser erste Kontakt ist besonders zu sehen vor dem Hintergrund, daß der § 2 der 9. BImSchV für die Genehmigungsbehörde vorsieht, den Antragsteller zu beraten. In dieser Beratung, die bei einigen Genehmigungsbehörden als „Antragskonferenz" bezeichnet wird, soll die Genehmigungsbehörde mit dem Antragsteller den zeitlichen Ablauf sowie sonstige für die Durchführung des Genehmigungsverfahrens erhebliche Fragen erörtern. Die Erörterung dient u.a. der Klärung,

- welche Antragsunterlagen vorgelegt werden müssen,
- welche voraussichtlichen Auswirkungen durch das geplante Vorhaben resultieren können,
- welche Gutachten somit voraussichtlich erforderlich sind,
- welche Vereinfachungen im Verfahren getroffen werden können und
- wie eine Beschleunigung des Verfahrens erzielt werden kann.

Darüber hinaus ist gemäß § 2a der 9. BImSchV eine gesonderte Beratung hinsichtlich der Durchführung der UVP vom Gesetzgeber vorgesehen, in der die zuständige Behörde zusammen mit dem Träger des Vorhabens Gegenstand, Umfang und Methoden der Umweltverträglichkeitsprüfung sowie sonstige für die Durchführung der UVP erhebliche Fragen auf der Grundlage geeigneter, vom Träger des Vorhabens vorgelegter Unterlagen erörtern. Andere Behörden, Sachverständige und Dritte können hierzu hinzugezogen werden. Hierbei handelt es sich um den sog. Scoping-Termin.

Die Erfahrung hat gezeigt, daß sich eine intensive Vorbereitung von seiten des Antragstellers auszahlt (vgl. auch Schwab, Kap. 3, Holtwick, Kap. 4). Die Vorstellung der vorgesehenen Art, der Methodik und der Inhalte/des Umfanges der UVU sollte in einem Konzeptpapier vorbereitet werden. Da es von seiten des Gesetzgebers bzw. der Vollzugsbehörden keine Mustergliederung und keine konkret vorgeschriebenen Inhalte der UVU gibt, ist der Aufbau einer UVU und eines solchen Konzeptpapieres meist vom beauftragten Gutachter abhängig. Was ist also bei den Inhalten zu berücksichtigen?

Die UVP hat gemäß der 9. BImSchV und dem UVPG die Aufgabe, die Auswirkungen eines Vorhabens auf die Umwelt zu ermitteln, zu beschreiben und zu bewerten, und zwar auf die Schutzgüter:

- Menschen, Tiere und Pflanzen, Boden, Wasser, Luft, Klima und Landschaft, einschließlich der jeweiligen Wechselwirkungen;
- Kultur- und sonstige Sachgüter.

Der § 4e der 9. BImSchV fordert vor diesem Hintergrund zum Genehmigungsantrag zusätzliche Angaben zur Prüfung der Umweltverträglichkeit, soweit diese für die Entscheidung über die Zulassung des Vorhabens erforderlich sind. Da zur Prüfung der Umweltverträglichkeit das gesamte Vorhaben mit seinen technischen Details, seinen Ausmaßen, seinen Input- und Outputstoffen bekannt sein und teilweise berücksichtigt werden muß, ist es ratsam, sich mit den §§ 4, 4a - e der 9. BImSchV auseinanderzusetzen, da hier die gesamten beizubringenden Unterlagen im Rahmen des Genehmigungsantrages aufgeführt sind. Hierbei handelt es sich insbesondere um:

- Angaben zur Anlage und zum Anlagenbetrieb (§ 4a)
  (dies beinhaltet neben einer Beschreibung der Technik auch Angaben über den Bedarf an Grund und Boden, Emissionsquellen, entstehende Wärme, Einsatzstoffe oder -stoffgruppen, anfallende Reststoffe, Störungen)
- Angaben zu den Schutzmaßnahmen (§ 4b)
  (zur Vermeidung und Verminderung schädlicher Umwelteinwirkungen und zum Schutz der Allgemeinheit, Begrenzung und Verhinderung von Störungen des bestimmungsgemäßen Betriebes, Arbeitsschutzmaßnahmen, Maßnahmen bei Betriebsstillegung)
- Plan zur Behandlung der Abfälle (ehem. Reststoffe) (§ 4c)
  (Angaben zur Vermeidung und Verwertung der anfallenden Reststoffe)
- Angaben zur Wärmenutzung (§ 4d)
- Angaben über Ausgleichs- und Ersatzmaßnahmen bei Eingriffen in Natur und Landschaft (§ 4)
- Prognose der zu erwartenden Immissionen (§ 4e)

(nur wenn nach TA Luft erforderlich / dieses gilt auch für eine ggf. nach Nr. 2.2.1.3 der TA Luft durchzuführende Sonderfallprüfung)

- Beschreibung der Umwelt und ihrer Bestandteile sowie der zu erwartenden erheblichen Auswirkungen des Vorhabens auf die in § 1a genannten Schutzgüter: Mensch, Pflanzen und Tiere, Boden, Wasser, Klima, Luft und Landschaft einschließlich der jeweiligen Wechselwirkungen sowie Kultur- und sonstige Sachgüter.
(Die Beschreibung der Auswirkungen muß die Bauphase, den Betrieb, die Störung des bestimmungsgemäßen Betriebes und die Betriebseinstellung berücksichtigen) (§ 4e)
- Übersicht über die wichtigsten vom Träger des Vorhabens geprüften technischen Verfahrensalternativen. Die wesentlichen Auswahlgründe sind darzulegen.
- Hinweise auf Schwierigkeiten, die bei der Zusammenstellung der Angaben aufgetreten sind, z.B. technische Lücken oder fehlende Kenntnisse

Da, wie bereits erwähnt, keine verbindliche Form für die für die UVP beizubringenden Unterlagen vorgegeben ist, sollte der Antragsteller mit dem von ihm beauftragten UVU-Gutachter zunächst festlegen, ob die Unterlagen für die Prüfung der Umweltverträglichkeit im Rahmen der Antragsunterlagen vorgelegt werden sollen (die sog. integrierte UVU) oder eine separate UVU erstellt werden soll.

In der integrierten UVU wird für die Darstellung verschiedener Sachverhalte auf die entsprechenden Kapitel im Antrag verwiesen. Es erfolgt z.B. keine Darstellung mehr, welche Annahmen im Rahmen der Sicherheitsanalyse für die Berechnung der Immissionskonzentrationen bei Störung des bestimmungsgemäßen Betriebes getroffen wurden. Um hier den genauen Sachverhalt erfassen zu können, muß das entsprechende Kapitel zunächst gelesen werden, um dann den weiteren Ausführungen im „UVU-Kapitel" folgen zu können. Vorteil dieser Art der UVU ist somit, daß Wiederholungen/Mehrfachdarstellungen entfallen, jedoch steht dem der Nachteil gegenüber, daß die Übersichtlichkeit und z.T. die Nachvollziehbarkeit verloren geht. Die separate UVU stellt eine eigenständige, in sich geschlossene Untersuchung dar, in der alle für die Beurteilung der Umweltrelevanz und der Ermittlung der erheblichen Auswirkungen des Vorhabens erforderlichen Aspekte und Daten dargestellt und beurteilt werden. Sie kann losgelöst vom Genehmigungsantrag gelesen werden, ist jedoch Bestandteil des Antrags. Dies birgt den Nachteil, daß Teile des Antrags in der UVU aufgegriffen werden müssen und somit Wiederholungen unerläßlich sind.

Ein UVU-Gutachter, der auch über essentielle Erfahrungen mit der ursprünglich für thermische Abfallbehandlungsanlagen durchzuführenden Planfeststellung verfügt, wird sicherlich die separate UVU bevorzugen, da der nach damaliger Regelung anzuwendende § 6 UVPG diese Vorgehensweise preferiert und dem Gutachter deutliche inhaltliche Vorgaben an die Hand gibt.

Nach „interner Klärung" der Form sollte das vorzulegende Konzeptpapier, das der Genehmigungsbehörde Aufschluß über Gegenstand, Umfang und Methodik der UVU gibt, die folgenden Punkte enthalten:

- Gliederungsvorschlag für die UVU mit Erläuterung der jeweils vorgesehenen Untersuchungstiefe der einzelnen Gliederungspunkte

- Darstellung der Gutachten- und Datenlage (für die Bestandsaufnahme der ökologischen Ausgangsdaten sowie für die Betrachtung der Auswirkungen)
- Beschreibung des vorgesehenen Untersuchungsgebietes und Begründung für dessen Abgrenzung (für die Bestandsaufnahme der ökologischen Ausgangsdaten sowie für die Betrachtung der Auswirkungen)
- Kurze Beschreibung der umweltrelevanten Aspekte der geplanten Anlage auf der Grundlage des aktuellen Planungsstandes des Vorhabens
- Darstellung der potentiell betroffenen Umweltbereiche/Schutzgüter
- Kurzdarstellung der Vorgehensweise bei der Beschreibung der Umweltauswirkungen und bei der Erarbeitung ihrer Erheblichkeit.

Für den eigentlichen Scoping-Termin hat sich eine gut vorbereitete Präsentation der Inhalte des Konzeptpapieres und der vorgesehenen Vorgehensweise bewährt. Dabei ist es sinnvoll, auf die zu erwartende Immissionszusatzbelastung eingehen zu können, da sich gezeigt hat, daß viele Forderungen gestellt werden, weil z.T. nicht bekannt ist, in welcher Größenordnung die Zusatzbelastung einer modernen thermischen Abfallbehandlungsanlage liegt.

Eine Entscheidung von seiten der Genehmigungsbehörde wird am Scoping-Termin nicht gefällt. Die Entscheidung fällt nach einem behördeninternen Abwägungsprozeß (hierbei wird geprüft, welche Forderungen berechtigt sind und den entscheidungserheblichen Sachverhalt voran bringen und welche nicht) und wird gemäß § 2a der 9. BImSchV im Unterrichtungsschreiben über den voraussichtlichen Untersuchungsrahmen dem Antragsteller mitgeteilt.

Auf dieser Basis erfolgt die eigentliche Erstellung der UVU.

5.3
Erarbeitung der UVU

Basierend auf o. g. Anforderungen wurde im Rahmen der UVU-Gutachtertätigkeit die in Abb. 5.1 dargestellte Methodik zur Erstellung einer separaten UVU entwickelt. Alle nachfolgenden Ausführungen beziehen sich ebenfalls auf eine separate UVU.

Die Bestandsaufnahme der ökologischen Ausgangsdaten für die einzelnen Umweltbereiche (Klima und Luft, Boden und Untergrund, Grundwasser und Oberflächengewässer, Pflanzen- und Tierwelt, Landschaft und Erholung sowie Kultur- und sonstige Sachgüter) erfolgt auf der Basis der Ergebnisse der entsprechenden Fachgutachten sowie auf Basis allgemein zugänglicher Daten/Informationen, die gemäß Nr. 0.4.8 der allgemeinen Verwaltungsvorschrift zur Ausführung des Gesetzes über die Umweltverträglichkeit (UVPVwV) auch von der Behörde zur Verfügung gestellt werden können.

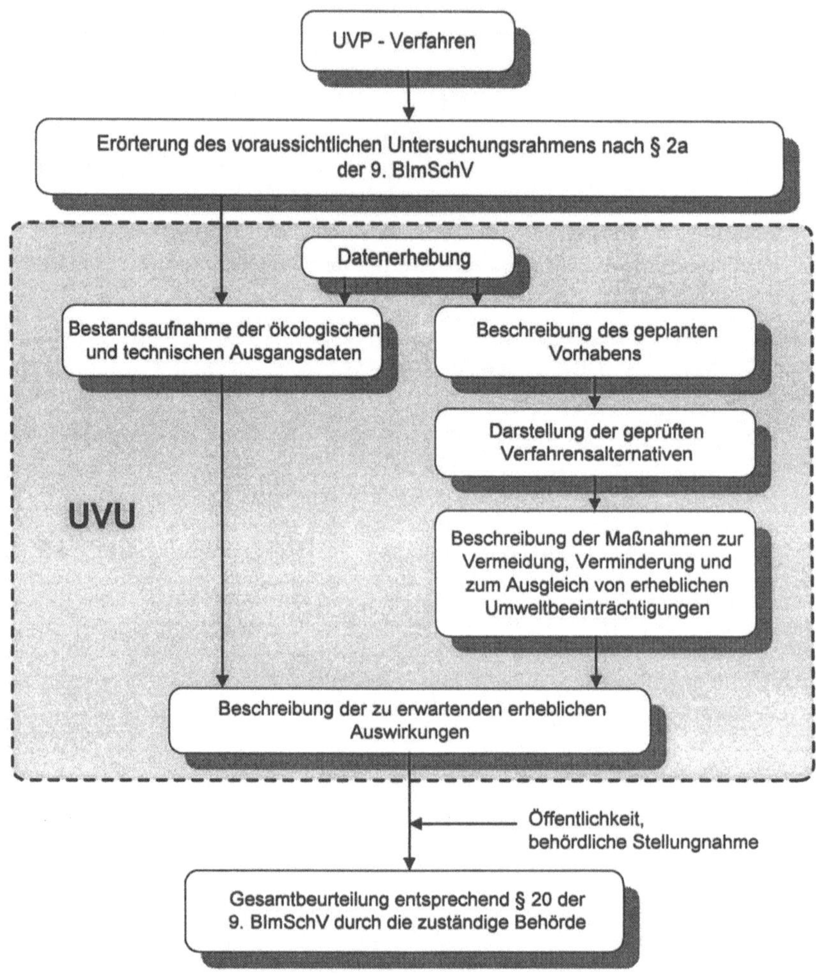

Abb. 5.1: Übersichtsschema zum methodischen Vorgehen

Diese Informationsquellen können im einzelnen sein:

- topographische Karten
- geologische Karten
- Bodengütekarten
- Gewässergütekarten
- Immissionsdaten aus kontinuierlichen Meßprogrammen der Landesbehörden (z.B. in NRW LIMES- und TEMES-Meßstationen, in Bayern LÜB-Meßstationen) sowie Luftreinhaltepläne
- Klimaatlanten
- Boden-/Schwermetallkataster
- Biotopkartierungen

- Artenschutzprogramme
- Waldfunktionspläne
- Regionalpläne
- Bebauungspläne inkl. Grünordnungsplan
- Flächennutzungspläne inkl. Landschaftsplan
- Altlastenkataster

Als Fachgutachten für die Beschreibung des Ist-Zustandes, die im Rahmen von Genehmigungsverfahren erstellt werden, sind zu nennen:

- Immissionsvorbelastungsmessungen
- Immissionswirkungsuntersuchungen mit pflanzlichen Bioindikatoren
- Landschaftspflegerischer Begleitplan
- Bodenuntersuchungen
- Ökotoxikologisches Gutachten
- Humantoxikologisches Gutachten
- Klimagutachten
- Hydrogeologische Untersuchungen
- Schallgutachten
- Geruchsmessungen
- Verkehrsgutachten
- Baugrundgutachten

Die Einarbeitung der Fachgutachten und der vorhandenen Pläne und Karten erfolgt zielgerichtet in Form einer interpretierenden Darstellung mit Bezug auf die ökosystemaren Zusammenhänge.

Für jeden Umweltbereich wird somit der Ist-Zustand bzw. die Vorbelastung ermittelt und anerkannten Grenz-, Richt- und Zielwerten, soweit vorhanden, gegenübergestellt sowie die Empfindlichkeit ermittelt.

Zur Erstellung der Fachgutachten sind noch einige Aspekte anzumerken: Bei der Festlegung der zu erstellenden Fachgutachten und deren Inhalte zwischen Genehmigungs- bzw. Fachbehörde und Antragsteller bzw. dessen Gutachtern sollte immer darauf geachtet werden, daß für die Vorbelastung/Ist-Situation nur solche Parameter gemessen bzw. aufgenommen werden sollten, für die auch Beurteilungsmaßstäbe existieren und die den entscheidungserheblichen Sachverhalt verdichten können.

So erscheint es in Genehmigungsverfahren für eine thermische Abfallbehandlungsanlage nicht sinnvoll, z.B. konkret für den Standort die Klimaelemente „tägliche Sonnenscheindauer", „mittlere Zahl der Eistage" und „Tage mit Temperaturen zwischen 10 - 15 °C" zu ermitteln, da diese Daten einerseits nicht deutlich mehr aussagen als die überregional im Klimaatlas niedergelegten Daten und darüber hinaus bei der Bewertung des Vorhabens durch die Genehmigungsbehörde letztlich keine Rolle spielen. (s. auch Schwab, Kap.3)

In Änderungsgenehmigungsverfahren, die ja bekanntlich den größten Teil der Genehmigungsverfahren ausmachen, sollte z.B. in bezug auf die Immissionsvorbelastungsmessungen zunächst einmal geprüft werden, ob nicht bereits Untersuchungen/Messungen vorliegen, die noch verwendet werden können, oder ob evtl. allgemein zugängliche Daten über das Untersuchungsgebiet vorliegen (z.B. Daten, die im Rahmen der Luftreinhaltung erhoben wurden), die ebenfalls die benötigten Daten zur Charakterisierung des Ist-Zustandes liefern können.

Die TA Luft gibt unter Punkt 2.6.1.1 für die Ermittlung der Immissionskenngrößen im Genehmigungsverfahren an, daß eine Bestimmung der Kenngrößen der Vorbelastung, der Zusatzbelastung und der Gesamtbelastung nicht erforderlich ist,

- wenn die dort aufgeführten Massenströme durch die über Schornstein abgeleiteten Emissionen nicht überschritten werden und
- die nicht über Schornstein abgeleiteten Emissionen gering sind und
- soweit sich nicht wegen der besonderen örtlichen Lage oder hoher Vorbelastungen etwas anderes ergibt.

Eine besondere örtliche Lage und hohe Vorbelastungen im Sinne der TA Luft sind für Nordrhein-Westfalen näher spezifiziert in Nr. 13.22 des gemeinsamen Runderlasses des Ministers für Umwelt, Raumordnung und Landwirtschaft und des Ministers für Wirtschaft, Mittelstand und Technologie in der Fassung vom 09.02.1995. Danach liegt eine besondere örtliche Lage dann vor, wenn am Standort besonders schutzbedürftige Einrichtungen, z.B. ein Sanatorium für Atemwegskranke oder besonders empfindliche Tiere, Pflanzen oder Sachgüter oder besondere topographische Verhältnisse vorhanden sind. Eine hohe Vorbelastung liegt vor, wenn mindestens 70% des Immissionswertes IW1 der TA Luft erreicht werden.

Auf den Aspekt der Prüfung besonderer topographischer Verhältnisse geht Siebert in Kap. 8 näher ein.

In den meisten Fällen liegen die Emissionsmassenströme von thermischen Abfallbehandlungsanlagen unterhalb der sog. „Bagatellmassenströme" nach Nr. 2.6.1.1 der TA Luft. Im Rahmen der UVU kann zur Beschreibung des Ist-Zustandes in diesen Fällen die Höhe der Vorbelastung anhand von vorhandenen „alten" Messungen herausgearbeitet werden (auch, wenn sie älter als 4 Jahre sind; s. TA Luft Nr. 2.6.2.1), und mittels Ergebnissen aus den kontinuierlichen Meßstationen, wie z.B. die LIMES-/TEMES-Stationen in Nordrhein-Westfalen oder den LÜB-Meßstationen in Bayern die Tendenz bei der Luftbelastung ermittelt werden. Es kann also die bestehende Luftbelastung abgeschätzt werden, ohne daß neue Vorbelastungsmessungen durchgeführt werden.

Bei der Beschreibung der geplanten Anlage und des Verfahrens auf der Basis der Antragsunterlagen richtet sich letztendlich das Hauptaugenmerk auf die Art und Menge der Emissionen und der Reststoffe. Auf Basis der Emissionen der Anlage werden in Immissionsprognosen die Zusatzbelastungen, die durch den Anlagenbetrieb resultieren, ermittelt. Hierbei handelt es sich insbesondere um:

- Prognose der Luftschadstoffimmissionen
- Geruchsprognose
- Schallprognose
- Prognose der Stoffe, die bei Störung des bestimmungsgemäßen Betriebes freigesetzt werden können

Zusätzlich zur Beschreibung der Anlage erfolgt eine Darstellung der wichtigsten vom Vorhabenträger geprüften technischen Verfahrensalternativen zum Schutz vor und zur Vorsorge gegen schädliche Umwelteinwirkungen sowie zum Schutz der Allgemeinheit und der Nachbarschaft vor sonstigen Gefahren, erheblichen Nachteilen und erheblichen Belästigungen. Hierbei sind gemäß § 4e der 9. BImSchV die wesentlichen Auswahlgründe darzustellen.

Für die letztendlich vorzunehmende Beschreibung der Auswirkungen erfolgt weiterhin eine Beschreibung der Maßnahmen zur Vermeidung, Verminderung und zum Ausgleich erheblicher Umweltbeeinträchtigungen, da z.B. bezogen auf den Schall Schallminderungsmaßnahmen vorgenommen werden können, so daß die Immissionen deutlich geringer ausfallen. Es werden die Bauphase, der bestimmungsgemäße Betrieb, die Störung des bestimmungsgemäßen Betriebes und die Anlagenstillegung betrachtet.

Auf der Grundlage der vorgenannten Erhebungen erfolgt abschließend die Ermittlung der zu erwartenden Umweltauswirkungen und die Abschätzung ihrer Erheblichkeit. Hierzu wird nach der von der PROBIOTEC GmbH entwickelten Vorgehensweise das Vorhaben zunächst in sog. Eingriffstypen unterteilt. D.h. es wird bestimmt, welche Auswirkungen das Vorhaben auf die einzelnen Schutzgüter haben kann.

Bei einer thermischen Abfallbehandlungsanlage sind dies z.B. die Emission von gasförmigen Schadstoffen, Stäuben, Dämpfen und Gerüchen, die Schadstoffanreicherung im Boden, Wasser und Pflanzen, die Flächeninanspruchnahme etc., wie in Abb. 5.2 dargestellt.

Es wäre jedoch zu pauschal, wenn nun diese Eingriffstypen nur in Bezug auf das „Gesamtschutzgut" betrachtet würden, da die Schutzgüter/Umweltbereiche vielfältige Umweltfunktionen erfüllen. Daher werden die Schutzgüter/Umweltbereiche in ihre Umweltfunktionen unterteilt.

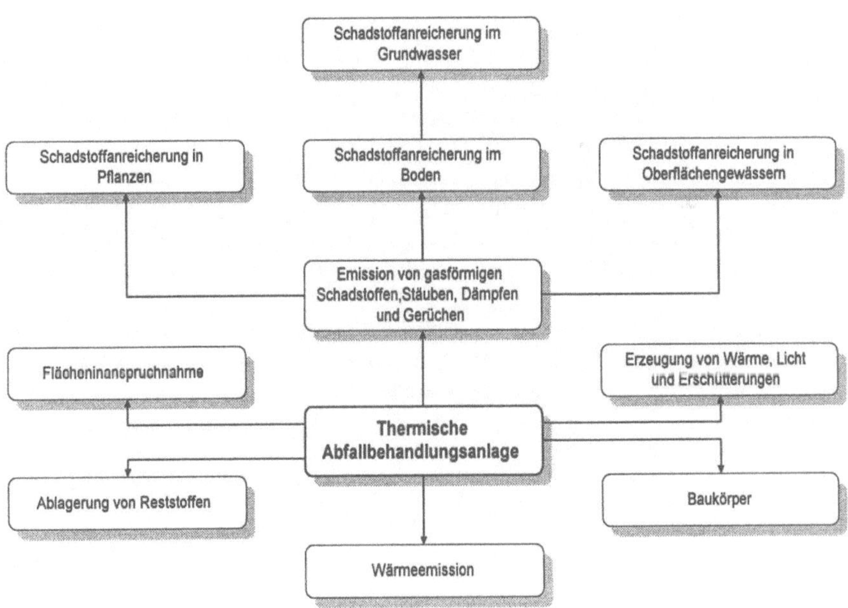

Abb. 5.2: Eingriffstypen einer thermischen Abfallbehandlungsanlage

Umweltfunktionen leiten sich aus den Gegebenheiten des Ökosystems (z.B. Lebensraum für Tiere und Pflanzen) bzw. aus den Nutzungsansprüchen, die durch den Menschen an die Umweltbereiche gestellt werden (z.B. Faktor für land- und forstwirtschaftliche Erträge), ab. Dabei werden, wie auch bei Schwab in Kapitel 3 dargelegt, gleichzeitig Wechselbeziehungen bzw. mögliche Wechselwirkungen der Schutzgüter untereinander offenkundig.

Nach Herleitung der Eingriffstypen und der Umweltfunktionen jedes Schutzgutes wird untersucht, welche möglichen Wirkzusammenhänge von jedem Eingriffstyp zu jeder Umweltfunktion bestehen. So ist z.B. für den Umweltbereich Klima und Luft vor allem die Emission von gasförmigen Stoffen, Stäuben, Dämpfen und Gerüchen zu beachten. Hierdurch kann der Luftbereich u.a. in seinen Funktionen als „Lebensgrundlage für Menschen, Pflanzen und Tiere", „Transport von Frischluft" und „Verdünnung und Verteilung gas- und staubförmiger Emissionen,, sowie „Faktor der Lebensqualität" und „Faktor für land- und forstwirtschaftliche Erträge" betroffen sein.

Ferner bestehen vielfältige Wechselwirkungen zwischen dem Umweltbereich Klima/Luft und anderen Umweltbereichen. Der Eintrag gasförmiger oder fester Schadstoffe könnte zu einer Anreicherung dieser Stoffe im Boden und in Gewässern führen. Vom Boden kann ein Übergang toxikologisch relevanter Stoffe in Nahrungs- und Futterpflanzen stattfinden. Dies wiederum kann über die Nahrungskette den Menschen belasten.

Diese vielfältigen Aspekte finden bei der Abschätzung der Erheblichkeit der Umweltauswirkungen einer Anlage Berücksichtigung. In die Abschätzung der Erheblichkeit fließen die Ergebnisse der Ermittlung der Vorbelastung und der Empfindlichkeit mit ein. Zur Beurteilung der Erheblichkeit werden die durch die geplante Anlage zu erwartenden Belastungen (Vor-, Zusatz- und Gesamtbelastung) anerkannten Grenz- und Richtwerten sowie Vorsorgewerten gegenübergestellt. Eigene Berechnungen auf der Grundlage anerkannter Modelle, z.B. die zusätzliche Belastung des Bodens, ergänzen diese Untersuchungen. Die Beurteilung erfolgt verbal-argumentativ. Auf eine konkrete Darstellung der Beurteilungskriterien und der daraus resultierenden Abschätzung der Erheblichkeit wird an dieser Stelle verzichtet, da dies Inhalt des Artikels von Stormanns in Kapitel 7 ist.

In Abb. 5.3 sind die für eine thermische Abfallbehandlungsanlage zu erwartenden relevanten Eingriffstypen, Umweltbereiche und -funktionen mit den entsprechenden Wirkzusammenhängen dargestellt.

Matrix: **Umweltbereiche / Schutzgüter** (Spalten, Oberbegriff **Mensch**) nach **Umweltfunktionen / Wahrnehmungsfaktoren**, gegenübergestellt den **Eingriffstypen** (Zeilen). Ein ausgefülltes Feld (■) kennzeichnet einen möglichen Wirkzusammenhang.

Klima / Luft

Eingriffstypen	Lebensgrundlage für Menschen, Pflanzen und Tiere	Faktor für land- und forstwirtschaftliche Erträge	Verdünnung und Verteilung gas- und staubförmiger Emissionen	Transport von Frischluft	Faktor der Lebensqualität
Emission von gasf Schadstoffen, Stäuben, Dämpfen und Gerüchen	■	■			■
Schadstoffanreicherung im Boden					
Schadstoffanreicherung im Grundwasser					
Schadstoffanreicherung im Oberflächengewässer					
Schadstoffanreicherung in Pflanzen					
Erzeugung von Lärm, Licht und Erschütterungen					■
Wärmeemission			■	■	
Baukörper			■	■	
Ablagerung von Abfällen (ehem Reststoffe)					
Flächeninanspruchnahme			■	■	

Boden / Untergrund

Eingriffstypen	Lebensgrundlage für Pflanzen und Tiere	Faktor für land- und forstwirtschaftliche Erträge	Filter für das Grundwasser	Untergrund für Aktivitäten, z.B. Baugrund, Sport	Klimatischer Wirkfaktor
Emission von gasf Schadstoffen, Stäuben, Dämpfen und Gerüchen					
Schadstoffanreicherung im Boden	■	■	■	■	
Schadstoffanreicherung im Grundwasser					
Schadstoffanreicherung im Oberflächengewässer					
Schadstoffanreicherung in Pflanzen					
Erzeugung von Lärm, Licht und Erschütterungen					
Wärmeemission					
Baukörper					
Ablagerung von Abfällen (ehem Reststoffe)	■		■		
Flächeninanspruchnahme	■	■	■	■	■

Grundwasser / Oberflächengewässer

Eingriffstypen	Lebensgrundlage für Menschen, Pflanzen und Tiere	Faktor für land- und forstwirtschaftliche Erträge	Selbstreinigungsvermögen des Wassers	Faktor für Erholungsqualität	Klimatischer Wirkfaktor
Emission von gasf Schadstoffen, Stäuben, Dämpfen und Gerüchen					
Schadstoffanreicherung im Boden					
Schadstoffanreicherung im Grundwasser	■		■		
Schadstoffanreicherung im Oberflächengewässer	■	■	■	■	
Schadstoffanreicherung in Pflanzen					
Erzeugung von Lärm, Licht und Erschütterungen					
Wärmeemission					
Baukörper	■				
Ablagerung von Abfällen (ehem Reststoffe)	■	■	■	■	
Flächeninanspruchnahme	■		■		

Pflanzen- / Tierwelt

Eingriffstypen	Lebensgrundlage für Menschen, Pflanzen und Tiere	Land- und forstwirtschaftliche Erträge	Luft- u Wasserreinigung durch Bindung, Filterung bzw Abbau v Schadstoffen	Klimatischer Wirkfaktor
Emission von gasf Schadstoffen, Stäuben, Dämpfen und Gerüchen			■	■
Schadstoffanreicherung im Boden				
Schadstoffanreicherung im Grundwasser				
Schadstoffanreicherung im Oberflächengewässer				
Schadstoffanreicherung in Pflanzen	■	■	■	
Erzeugung von Lärm, Licht und Erschütterungen	■			
Wärmeemission				
Baukörper				
Ablagerung von Abfällen (ehem Reststoffe)				
Flächeninanspruchnahme	■	■	■	■

Landschaft, Kultur- u. Sachgüter

Eingriffstypen	Optische Wahrnehmungen (Landschaftsästhetik)	Akustische Wahrnehmungen (technisch erzeugter Lärm)	Sonstiges (Atmen, Riechen etc.)	Bewahrung des Kultur- und Sachgutes
Emission von gasf Schadstoffen, Stäuben, Dämpfen und Gerüchen	■		■	■
Schadstoffanreicherung im Boden				
Schadstoffanreicherung im Grundwasser				
Schadstoffanreicherung im Oberflächengewässer				
Schadstoffanreicherung in Pflanzen				
Erzeugung von Lärm, Licht und Erschütterungen	■	■		■
Wärmeemission			■	
Baukörper	■			■
Ablagerung von Abfällen (ehem Reststoffe)				
Flächeninanspruchnahme	■	■	■	

Abb. 5.3: Darstellung möglicher Wirkzusammenhänge

Als Bestandteil des Genehmigungsantrages wird die UVU nach Fertigstellung der zuständigen Behörde zur Vollständigkeitsprüfung eingereicht. Nach der Vollständigkeitserklärung erfolgt die Beteiligung der Öffentlichkeit (öffentliche Auslegung und Erörterungstermin) und die Beteiligung anderer Behörden.

Sind alle Umstände ermittelt, die für die Beurteilung der Umweltverträglichkeit von Bedeutung sind, erfolgt die eigentliche Bewertung der Auswirkungen durch die Genehmigungsbehörde gemäß § 20 der 9. BImSchV. Auf Basis der zusammenfassenden Darstellung, die die erforderlichen Aussagen über die voraussichtlichen Umweltauswirkungen des Vorhabens aus den Antragsunterlagen (§§ 4 bis 4e der 9. BImSchV), den behördlichen Stellungnahmen (gem. §§ 11 und 11a der 9. BImSchV), den Ergebnissen eigener Ermittlungen sowie den Äußerungen und Einwendungen Dritter enthält, bewertet die Genehmigungsbehörde nach den für ihre Entscheidung maßgeblichen Rechts- und Verwaltungsvorschriften die Auswirkungen des Vorhabens auf die in § 1a der 9. BImSchV genannten Schutzgüter.

5.4
Schlußbemerkung

Die vorstehenden Darstellungen zum Vorgehen bei der Durchführung einer UVU basieren - wie mehrfach erwähnt - auf Erfahrungen als UVU-Gutachter bei der PROBIOTEC GmbH. Sie zeichnen das Vorgehen am Beispiel thermischer Abfallbehandlungsanlagen zur leichteren Orientierung nach und verdeutlichen die Notwendigkeit präziser und gewissenhafter Vorbereitung.

Für den Vorhabenträger, auf dessen mögliche Bedenken und Besorgnisse eingangs eingegangen wurde, sollte deutlich geworden sein, daß eine UVU bei systematischer Erarbeitung und frühzeitiger Beteiligung der Genehmigungsbehörde nicht zu unkalkulierbaren Risiken führt, sondern eher auch als Instrument einer offenen Information der Öffentlichkeit betrachtet werden sollte.

Die UVU ist in ihrer Funktion als Instrument der Öffentlichkeitsarbeit und als eine Grundlage der zusammenfassenden Darstellung und Bewertung der Auswirkungen des Vorhabens durch die Behörde zu betrachten. Ihre inhaltliche und sachliche Vollständigkeit, Richtigkeit und Präzision ist darüber hinaus ein mitentscheidender Faktor bei der Betrachtung des Zeitaspektes für die Durchführung der UVP und des gesamten Genehmigungsverfahrens.

6
Standortsuche für Abfallbehandlungsanlagen in Ballungsräumen

B. Heuel-Fabianek

Die Praxis der Festlegung von Standorten für Abfallbehandlungsanlagen führte in den letzten Jahren zu kontroversen Diskussionen in der Öffentlichkeit. Dabei standen nicht nur die fachlich/planerische Umsetzung von Gesetzen, Verwaltungsvorschriften und Abfallwirtschaftskonzepten im Brennpunkt, sondern auch eine Vielzahl von Interessen unterschiedlichster gesellschaftlicher Gruppen (Bürgerinitiativen, Naturschutzverbände, Politik, Wirtschaft etc.). In den Schlagzeilen fanden und finden sich besonders die Planungen von thermischen Abfallbehandlungsanlagen sowie von Deponien.

Seit etwa Mitte der neunziger Jahre ist, bedingt durch Abfallvermeidung und -verwertung, vielfach ein Rückgang der zur Deponierung oder Verbrennung anstehenden Abfallmengen zu beobachten. Darauf reagierten viele öffentliche und private Entsorger mit Planungsstops bei Deponien, thermischen Behandlungsanlagen und anderen Behandlungsanlagen. Zusätzlich wirkt sich die mit den sinkenden Abfallmengen einhergehende Verlängerung der Deponielaufzeiten sowie die in der technischen Anleitung Siedlungsabfall (TA Siedlungsabfall) eingeräumten Übergangsvorschriften für die Zuordnung von Abfällen verzögernd aus. In den nächsten Jahren kann jedoch nach Verfüllung alter Deponien und nach dem „vollständigen Inkrafttreten" der TA Siedlungsabfall mit einem weiteren Bedarf an Kapazitäten, insbesondere für thermische Behandlungsanlagen, gerechnet werden.

Die Frage nach der Rechtmäßigkeit und Sinnhaftigkeit einer Standortwahl bzw.- auswahl für eine Abfallbehandlungsanlage bestimmt schon in einem frühen Planungsstadium maßgeblich den Verlauf der weiteren Planungs- und Genehmigungsschritte. Sie ist deshalb von zentraler Bedeutung für den weiteren Fortgang des Vorhabens. Eine Standortfindung, die eine flächendeckende Standortsuche, die nachvollziehbare Abwägung zwischen mehreren Alternativen und die Erstellung eines plausiblen Berichtes einschließt, stellt aus planerischer Hinsicht einen entscheidenden Ansatz zur Versachlichung von Standortdiskussionen dar. Das Konzept und die Methodik einer solchen Standortsuche durch einen unabhängigen Gutachter werden in diesem Artikel am Beispiel einer thermischen Abfallbehandlungsanlage dargestellt. Dabei wird insbesondere auf die Charakteristika des industriellen Ballungsraumes eingegangen, in dem ein Mangel an Freiflächen

(Wald, Wiese, Äcker, Talauen etc.) herrscht, in dem aber auch eine dichte Besiedlung bei der Standortsuche berücksichtigt werden muß.

6.1
Rechtliche Rahmenbedingungen

6.1.1
Rechtliche Grundlagen

Die bisher in der Bundesrepublik verabschiedeten Gesetze und die gültigen Verordnungen, wie z. B. das Kreislaufwirtschafts- und Abfallgesetz (KrW-/AbfG), das Umweltverträglichkeitsprüfungsgesetz (UVPG) oder das Bundes-Immissionsschutzgesetz (BImSchG), fordern an keiner Stelle definitiv eine Standortsuche vor der Errichtung einer Abfallbehandlungsanlage oder andere Abfallwirtschaftsanlagen.

Bezüglich der Betrachtung bzw. Prüfung möglicher Alternativen geht nur das Raumordnungsgesetz (ROG) auf die Standortalternativenfrage ausdrücklich ein (s. Tabelle 6.1). Hier bleibt jedoch ebenso wie in den in Tabelle 6.1 zitierten Abschnitten des UVPG, der 9. BImSchV sowie der UVPVwV eine entscheidende Einschränkung: Die zu prüfenden Alternativen werden vom Träger des Vorhabens eingeführt. Das Abwägungsgebot in Form einer möglichen Standortalternativenprüfung ist auf alle abfallrechtlichen Verfahren, d. h. bei der Errichtung und dem Betrieb oder der wesentliche Änderung einer Deponie, beschränkt und bleibt der zuständigen Genehmigungsbehörde überlassen.

Tabelle 6.1: Rechtliche Anforderung an die „Alternativenprüfung"

ROG § 6a	(1) ... . Die Feststellung nach Satz 2 schließt die Prüfung vom Träger der Planung oder Maßnahme eingeführter Standort- oder Trassenalternativen ein.
UVPG § 6	(4) ... . 3. Übersicht über die wichtigsten, vom Träger des Vorhabens geprüften Vorhabenalternativen und Angabe der wesentlichen Auswahlgründe unter besonderer Berücksichtigung der Umweltauswirkungen des Vorhabens,
UVPVwV Pkt. 0.2	Gegenstand der Umweltverträglichkeitsprüfung bei der Linienbestimmung und in den vorgelagerten Verfahren nach Buchstabe b sind die raumbedeutsamen bzw. bauplanerisch bedeutsamen Umweltauswirkungen eines Vorhabens, insbesondere hinsichtlich der Eignung des Standortes oder der Linien- oder Trassenführung.
9. BImSchV § 4e	(3) Die Unterlagen müssen ferner eine Übersicht über die wichtigsten vom Träger des Vorhabens geprüften technischen Verfahrensalternativen zum Schutz vor und zur Vorsorge gegen schädliche Umwelteinwirkungen sowie zum Schutz der Allgemeinheit und der Nachbarschaft vor sonstigen Gefahren, erheblichen Nachteilen und erheblichen Belästigungen enthalten. Die wesentlichen Auswahlgründe sind mitzuteilen.

In Kapitel 4 beschreibt Holtwick den Bedeutungsverlust der Standort-UVU für immissionsschutzrechtliche Verfahren, die für alle Abfallentsorgungsanlagen mit Ausnahme von Deponien durchzuführen sind. Hier wird jedoch auf die bundeslandspezifische Ausgestaltung des Raumordnungsverfahrens, gegebenenfalls mit Integration einer UVP, verwiesen.

Im Fall eines Verfahrens nach dem BImSchG stellt sich die Frage der Abwägung nicht, da der Antragsteller bei Erfüllung der rechtlichen Vorschriften und anderer relevanter Vorgaben ein Recht auf Genehmigung hat.

Problematisch stellt sich die Situation für den in der Praxis theoretischen Fall dar, wenn nach erteilter immissionsschutzrechtlicher Genehmigung ein Enteignungsverfahren erforderlich wird, da die zu bebauende Fläche nicht verfügbar ist. Eine Enteignung ist nach Art. 14 (3) des Grundgesetzes jedoch nur zum Wohle der Allgemeinheit zulässig. Sie darf nur durch Gesetz oder auf Grund eines Gesetzes erfolgen, das Art und Ausmaß der Entschädigung regelt. Die Entschädigung ist unter gerechter Abwägung der Interessen der Allgemeinheit und der Beteiligten zu bestimmen. Hier wäre dann von zentraler Bedeutung, ob die genehmigte Anlage dem Wohl der Allgemeinheit dient.

In der Praxis wird daher ein Antragsteller wohl kaum ohne Zugriff auf die benötigte Fläche eine Genehmigung beantragen. Die Genehmigungsbehörde wird im Rahmen des in das BImSchG-Verfahren integrierte Baugenehmigungsverfahrens nach der jeweiligen Landesbauordnung immer die Frage nach der Berechtigung dem Antragsteller stellen, wenn er nicht Grundstückseigentümer ist bzw. nicht Zugriff auf das Grundstück hat. Wenn hier keine Berechtigung nachgewiesen werden kann, wird ein fehlendes Interesse an einer Genehmigung vermutet und das Genehmigungsverfahren wird nicht weiter fortgeführt.

Wegen des Fehlens einer verbindlichen Vorgabe zur Durchführung einer Standortsuche in einschlägigen Verordnungen oder Verwaltungsvorschriften findet die Vorauswahl von Standortalternativen praktisch im „gesetzes- und verordnungsfreien" Raum statt. Trotz des Fehlens dieser rechtlichen Basis stellt das Ergebnis einer Standortsuche in Form eines oder mehrerer Standortalternativen, die in ein Genehmigungsverfahren eingebracht werden, eine die weiteren Schritte im Genehmigungsverfahren maßgeblich beeinflussende Größe dar. Dies gilt insbesondere für Deponien; mit den o. g. Einschränkungen bezogen auf Raumordnungsverfahren auch für andere Abfallwirtschaftsanlagen (vgl. Holtwick, Kap 4).

Eine Standortsuche mit einem abschließenden Standortvergleich greift dem Abwägungsgebot der zuständigen Genehmigungsbehörde im Raumordnungs- oder Planfeststellungsverfahren (für Deponien) in gewisser Weise vor, da fundamentale Entscheidungen über Standortkriterien bereits während der Standortsuche durch die beauftragten Planer getroffen werden müssen.

6.1.2
Abwägungsgebot und flächendeckende Standortsuche

Die Notwendigkeit einer Standortsuche läßt sich rechtlich nur indirekt ableiten. Das Bundesverwaltungsgericht hat in Entscheidungen auf eine Verbindung zwischen Abwägungsgebot und der Standortentscheidung im Planfeststellungsverfahren, das für abfallrechtliche Genehmigungen durchgeführt wird, hingewiesen.

Die ableitbaren rechtlichen Anforderungen an Alternativenprüfungen sowie damit in Verbindung stehende gerichtliche Entscheidungen werden u. a. von Jaeger & Kames (1992), Erbguth (1992) und Beckmann (1993) diskutiert. Die Rechtsprechung des Bundesverwaltungsgerichtes zu näheren Anforderungen an Alternativenprüfung wird u.a. in der genannten Literatur zusammenfassend wiedergegeben.

Folgende allgemeingültige Aussagen werden danach aus gerichtlicher Sicht zum Abwägungsgebot und zu Fragen der Alternativenprüfung im Abfallrecht formuliert:

- Eine Verletzung des Abwägungsgebotes liegt vor, wenn die Planungsbehörde eine von der Sache naheliegende Alternativlösung verworfen hat, durch die die mit der Planung angestrebten Ziele unter geringeren Opfern an entgegenstehenden öffentlichen und privaten Belangen hätten verwirklicht werden können.
- Eine ordnungsgemäße Standortwahl muß ernsthaft in Betracht kommende Alternativstandorte auch ernsthaft in Betracht ziehen.
- Die in Frage kommenden Alternativlösungen müssen sich anbieten oder gar aufdrängen, d. h. sie müssen eindeutig besser als Standort geeignet sein.
- Die planerische Gestaltungsfreiheit ist unter Beachtung des Abwägungsgebotes dann noch rechtmäßig, wenn man über den am besten geeigneten Standort so oder auch anders denken kann.

Daraus läßt sich ableiten, daß eine weitgehende Planungs- und Genehmigungssicherheit in durchzuführenden abfallrechtlichen Verfahren nur dann erzielt werden kann, wenn das Entsorgungsgebiet, in dem der Anlagenstandort gesucht wird, einer flächendeckenden Standortsuche anhand zu entwickelnder Kriterien unterzogen wird. Dieses Vorgehen bezieht durch seine Flächendeckung alle potentiell möglichen Alternativstandorte in die Planungen ein. Das Ziel, das Risiko, zu einem fortgeschrittenen Planungszeitpunkt die Planungen und ggf. eingeleitete Genehmigungsverfahren abbrechen zu müssen, wird so minimiert.

Um dem Abwägungsgebot schon bei der Standortsuche nachzukommen, ist die Aufstellung eines Kriterienkataloges, orientiert an den bestehenden Gesetzen, Verordnungen und Richtlinien, erforderlich. Der Kriterienkatalog umfaßt Kriterien, die den Bau einer Abfallbehandlungsanlage ausschließen („Ausschlußkriterien") sowie „Abwägungskriterien", die nur nach Abwägung aller Belange ggf. den Bau einer entsprechenden Anlage nicht ausschließen. Auf Flächen, die mit Abwägungskriterien belegt sind, kann dann zurückgegriffen werden, wenn ansonsten keine oder nur unzureichende Flächen für die weitere Standortsuche verbleiben.

Anforderungen an einen Standort für eine Abfallbehandlungsanlage sind u. a in den im folgenden beschriebenen Veröffentlichungen zu finden.

Das Rahmenkonzept zur Planung von Sonderabfallentsorgungsanlagen des Ministeriums für Umwelt, Raumordnung und Landwirtschaft des Landes Nordrhein-Westfalen (1994) formuliert für Sonderabfallbehandlungsanlagen - keine Deponien - folgende Mindestanforderungen:

- Lage in Gewerbe-/Industriegebiet, Sondergebiet oder Bestandteil einer Deponie (für deren Laufzeit)
- ausreichender Abstand zur Wohnbebauung

Zusätzlich wird auf ergänzende Standortkriterien verwiesen, deren Vorhandensein bei einem möglichen Standort positiv zu bewerten ist:

- gute verkehrliche Erschließung (überörtliches Straßennetz, Schiene, Wasserwege)
- günstige Lage im Entsorgungsgebiet hinsichtlich anfallender Abfallströme und Energieabgabe; gesicherte Abnahme gewonnener Energie
- günstige Ver- und Entsorgung des Standortes (Wasser, Strom, Abwasser, „Reststoffe")
- räumliche und ggf. auch behandlungstechnische Eingrenzung der Entsorgung
- günstige Einbindung in die Raumstruktur
- Verträglichkeit mit vorhandener/geplanter Umgebungsnutzung
- geringe Immissionsvorbelastung
- Hauptwindrichtung nicht in Richtung zur (geschlossenen) Wohnbebauung
- bautechnische Eignung des Standortes
- Verfügbarkeit der Fläche bzw. Zugriffsmöglichkeit auf die Fläche
- Schaffung (qualifizierter) Arbeitsplätze im strukturschwachen Raum

Weiterhin werden für Sonderabfalldeponien Ausschlußkriterien bzw. Mindestvoraussetzungen und Abwägungskriterien hinsichtlich Deponieuntergrund, Grundwasserstand, Verkehrsanbindung, Landes-/Regionalplanung, Ver-/Entsorgung etc. definiert.

Die TA Siedlungsabfall und die TA Abfall treffen für die Standortsuche wenig hilfreiche Aussagen zur Standortauswahl bzw. zur Standortsuche von Abfallbehandlungsanlagen. Für thermische Behandlungsanlagen werden technische Anforderungen, z. B. bezüglich Rückstände, Abwasser, Behandlungsdauer und Betrieb, genannt.

Besondere Anforderungen an oberirdische Deponien in TA Abfall und TA Siedlungsabfall beziehen sich auf die:

- geologische und hydrogeologische Eignung des Untergrundes
- Deponiebasis- und Deponieoberflächenabdichtung
- Einbautechnik für die Abfälle
- Einhaltung der Zuordnungswerte für die abzulagernden Abfälle

Hinweiskataloge wie zum Beispiel das Merkblatt des Freistaates Bayern (Bayerisches Staatsministerium für Landesentwicklung und Umweltfragen, 1995) oder ein Erlaß des Ministers für Natur, Umwelt und Landesentwicklung des Landes Schleswig-Holstein (1992) beziehen sich nur auf die Standortsuche für Deponien. In Anlehnung an die in den angegebenen Quellen genannten Deponiestandortanforderungen bzw. die dort beschriebene Vorgehensweise lassen sich Kriterien entwickeln, die die für thermische Abfallbehandlungsanlagen charakteristische Emissionssituation einbeziehen. Diese „Werkzeuge" einer Standortsuche können eingebunden in eine suchraumspezifisch angepaßte Standortsuche, zu geeigneten Standorten als Ausgangspunkt für das nachfolgende Genehmigungsverfahren führen.

Allgemein verwendbare Kriterien zur Standortauswahl von Sonderabfallbehandlungsanlagen werden auch von Sloan (1993) genannt. Diese Kriterien sind jedoch auf den spezifischen Fall anzupassen.

Abschließend ist anzumerken, daß trotz des Fehlens einer einheitlichen Vorgabe zur Standortsuche für Deponien, thermische Abfallbehandlungsanlagen und andere Abfallwirtschaftsanlagen das Inkrafttreten einer Verwaltungsvorschrift/Verordnung „Abfallwirtschaftliche Standortsuche" nicht absehbar ist.

6.2
Methodik und Vorgehensweise

6.2.1
Ziel und Methodik

Im folgenden wird die Vorgehensweise bei einer flächendeckenden Standortsuche nach dem „Stand der Technik" beschrieben. Dabei werden insbesondere die Inhalte des Gesetzes über die Umweltverträglichkeitsprüfung (UVPG) hinsichtlich der Auswirkungen auf die Umweltmedien und die Menschen (vgl. Appel, Kap. 5) berücksichtigt. Als Beispiel dient eine Standortsuche für eine thermische Abfallbehandlungsanlage im Ballungsraum Ruhrgebiet.

Bei dieser Standortsuche wurde ein Schwerpunkt auf Fragen des Immissionsschutzes (Abstand zu Wohnbebauung, zu berücksichtigende Flächenmerkmale, Untersuchungsbereiche etc.) gelegt. Dabei spielt derjenige Bereich im Umfeld einer Abfallbehandlungsanlage eine maßgebliche Rolle, der von zu erwartenden Auswirkungen beeinträchtigt werden kann. Ein wichtiges Werkzeug zur räumlichen Festlegung dieses Bereiches sind Immissionsprognosen (vgl. Siebert, Kap. 8) vergleichbarer Anlagen.

Das Grundschema einer Standortsuche für Abfallwirtschaftsanlagen läßt sich als eine Art „Siebkolonne" beschreiben, in der durch das Anwenden von immer strengeren bzw. detaillierteren Kriterien in hintereinandergeschalteten Arbeitsschritten die im Suchraum vorhandenen Flächen reduziert werden. Ausgehend von diesem Suchraum wird so über Ausklammern von bestimmten Flächen, gegebenenfalls Hinzuziehen von geeignet erscheinenden Flächen sowie einer anschließenden Einzelflächenprüfung und dem Standortvergleich das Ziel angestrebt, einen geeigneten Standort zu finden.

6.2.2
Charakteristika des „Untersuchungsgebietes Ballungsraum"

Die Standortsuche im Ballungsraum ist im Unterschied zu ländlichen Regionen dadurch gekennzeichnet, daß an die bestehenden Freiflächen eine Vielzahl von zum Teil sehr unterschiedlichen Nutzungsansprüchen gestellt werden. Nutzungsansprüche, wie der Landschafts- und Naturschutz, die Erholung, die Ausweisung von Wohngebieten oder die industrielle Strukturförderung können hier als wesentliche Elemente des Spektrums konkurrierender Planungen gelten.

Generell erscheint es sinnvoll, Freiflächen, die schon für andere Vorhaben (z.B. Gewerbegebietsausweisung, Sportanlagen) in einem ersten Planungsstadium vorgesehen sind, nicht aus der Standortsuche auszuklammern. Ansonsten könnten geeignete Flächen frühzeitig für die weiteren Planungsschritte nicht mehr zur Verfügung stehen. Ein Abwägungs- und Abstimmungsprozeß mit den hierbei beteiligten Behörden, Verbänden und Bürgern sowie dem künftigen Anlagenbetreiber ist unerläßlich. Die Frage des ausreichenden Abstandes zu sensibler Nutzung, wie sie z.B. in Form einer geschlossenen Wohnbebauung gegeben ist, ist bei Standortfindungen besonders in dicht besiedelten Ballungsräumen sehr gründlich zu diskutieren und in die Entscheidungen einzubeziehen.

Zusätzlich zu den Aspekten des Immissionsschutzes und Fragen der konkurrierenden Nutzung hat die Vorbelastung einer Fläche große Bedeutung.

Durch die lange, vom Bergbau und der Schwerindustrie geprägte industrielle Geschichte des Ruhrgebietes waren Flächen, die sich heute als Frei- oder Brachflächen darstellen, in früheren Zeiten der industriellen Nutzung unterworfen. Daher ist häufig mit einer Belastung des Bodens bzw. des Grundwassers mit anorganischen und organischen Schadstoffen zu rechnen. Eine Sanierung kann erforderlich sein, falls das Ausmaß der Schadstoffbelastung während der geplanten Nutzung eine Gefährdung der Umwelt und der menschlichen Gesundheit darstellen würde. Die Wiedernutzung derartiger Flächen, das sog. „Flächenrecycling", stellt einen wichtigen Bestandteil der Flächenplanung im Ballungsraum dar.

Die Neuerrichtung von Industriebauten, wie sie eine thermische Abfallbehandlungsanlage darstellt, sollte sich demzufolge auch auf „Industriebrachen" konzentrieren, um noch nicht versiegelte bzw. nicht industriell belastete Flächen zu schonen. Der Nutzungsdruck auf noch nicht besiedelte Flächen wird auf diese Weise nicht weiter erhöht.

Ob allerdings eine industrielle Brache den Bau einer Abfallbehandlungsanlage zuläßt, ist u. a. auch von Qualität und Quantität der nutzungsbedingten Verunreinigungen im Untergrund abhängig. Sofern noch keine Informationen zur Art und zum Ausmaß der Verunreinigung vorliegen, muß vor einer konkreten Anlagenplanung am Standort eine Standorterkundung mit Gefährdungsabschätzung und anschließend gegebenenfalls eine Sanierungsplanung durchgeführt werden.

Positiv stellt sich bei der Standortsuche im Ballungsraum die Verkehrserschließung dar. Regional und überregional bedeutsame Straßen (Bundesautobahnen, Bundesstraßen, städtische Ringstraßen etc.) sowie Bahnlinien (Deutsche Bahn AG, Werksbahnen) liegen meist in der Nähe möglicher Standorte. Die dichte Erschließung durch infrastrukturelle Einrichtungen wie Strom- und Wasserversorgung, Gasleitungen oder Fernwärmenetze gehören häufig zu den Standortvorteilen im Ruhrgebiet.

6.2.3
Vorgehensweise

Die Standortsuche für eine thermische Abfallbehandlungsanlage im Ruhrgebiet wurde in 3 Schritten durchgeführt, die auf Erfahrungen mit anderen Standortfindungen beruhen (s. Abb. 6.1).

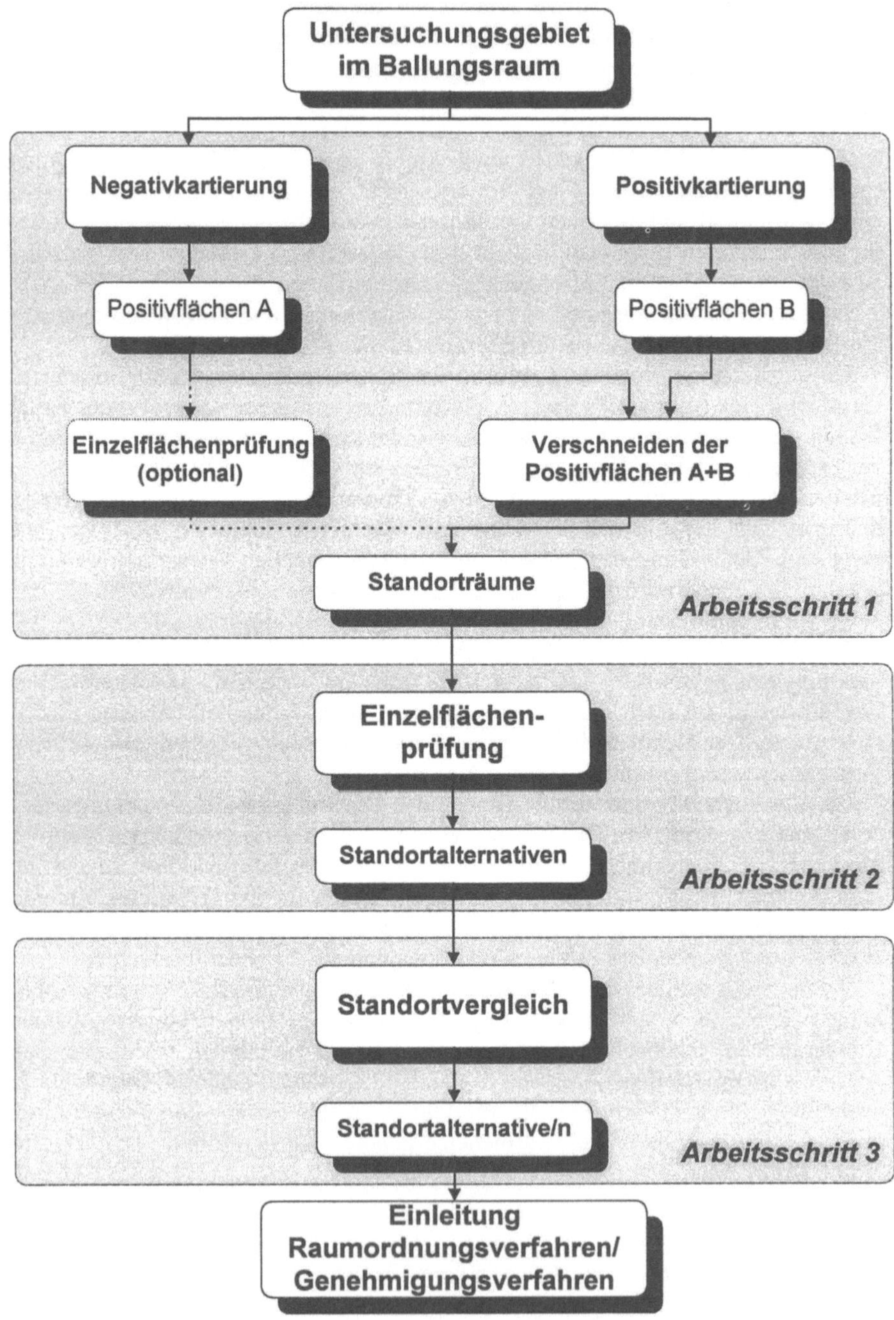

Abb. 6.1: Fließschema einer Standortsuche für eine thermische Abfallbehandlungsanlage im Ballungsraum

Die Vorgehensweise bei der Standortsuche ist durch den schrittweisen Übergang von einer großflächigen, „grobmaschigen" Betrachtung zu einer kleinräumigen und somit „feinmaschigen" Untersuchung gekennzeichnet.

Die Frage nach der Akzeptanz von thermischen Abfallbehandlungsanlagen stellt in der heutigen Zeit einen bedeutenden Punkt in der öffentlichen Diskussion des „Abfallproblems" dar. Gerade in Ballungsgebieten mit hoher Besiedlungsdichte muß deshalb auf die Transparenz und Nachvollziehbarkeit einer Standortsuche für eine Abfallbehandlungsanlage großer Wert gelegt werden.

6.2.3.1
Arbeitsschritt 1 („Kartenarbeit")

Die in Tabelle 6.2 genannten Negativkriterien sowie definierte Positivkriterien sind die Werkzeuge bei der großräumigen Ermittlung möglicher Flächen für den Bau einer thermischen Abfallbehandlungsanlage (vgl. Abb. 6.1).

Um der unterschiedlichen Bedeutung und Wertigkeit der Negativkriterien zu entsprechen, wurden 2 Arten von Kriterien aufgestellt: Die höherrangigen <u>Ausschlußkriterien</u>, die den Bau einer Abfallbehandlungsanlage nicht zulassen und sog. <u>Abwägungskriterien</u>, die den Bau erst nach sorgfältiger Abwägung mit anderen Belangen bzw. Kriterien ggf. ermöglichen.

Die Negativkartierung des Schrittes 1 (s. Abb. 6.1) führt über ein Ausklammern von Flächen aus der weiteren Standortsuche zu den verbleibenden Positivflächen A. Diese stehen für den Bau einer Abfallbehandlungsanlage zu diesem Planungszeitpunkt grundsätzlich noch zur Verfügung.

Generell sollte jedoch im Sinne einer größtmöglichen Umweltverträglichkeit angestrebt werden, mit Abwägungskriterien belegte Flächen bei der weiteren Standortsuche zurückzustellen und sich auf verbleibende „freie" Räume zu konzentrieren.

Tabelle 6.2: Standortsuche im Ballungsraum - Negativkriterien: Großräumig angewandte Ausschluß- und Abwägungskriterien in Arbeitsschritt 1

	Ausschlußkriterien	**Abwägungskriterien**
Natur-/Landschaftsschutz	Naturschutzgebiete[a] Schutzwald/Stufe I Erholungswald/Stufe I	Landschaftsschutzgebiete[c] Schutzwald/Stufe II Erholungswald/Stufe II Waldflächen, allg.
Wasserwirtschaft	Trinkwasserschutzgebiete[a] Heilquellenschutzgebiete[a] Überschwemmungsgebiete	
Immissionsschutz	Wohngebiete, Mischgebiete, Flächen für den Gemeinbedarf (FNP[b]) 300-m-Immissionsschutzbereich um o. g. Flächen herum	300-m-Immissionsschutzbereich um nicht im FNP ausgewiesene Wohnbebauung (Streusiedlungen etc.)

[a]   festgesetzt, einstweilig sichergestellt bzw. geplant

[b]   aus Flächennutzungsplan   [c]   ausgewiesen, geplant

Die nicht mit einem dieser Ausschluß- bzw. Abwägungskriterien belegten Flächen stellen somit Positivflächen dar, die bei der weiteren Standortsuche grundsätzlich noch zu betrachten sind. Falls keine oder nur unzureichende Positivflächen aus der Anwendung sowohl von Ausschlußkriterien als auch von Abwägungskriterien hervorgehen, müssen Flächen, die „nur" von Abwägungskriterien belegt sind, im Rahmen der Standortsuche weiter betrachtet werden.

Diese Art des Rückgriffes auf schon betrachtete Flächen, die mit Abwägungskriterien belegt sind, ermöglicht eine vergleichsweise umweltverträgliche Standortsuche. In diesem Falle können die mit Ausschlußkriterien (z. B. Naturschutzgebiete, Trinkwasserschutzgebiete, Immissionsschutzbereiche) belegten Flächen weiterhin aus der weiteren Standortsuche ausgeklammert bleiben.

Im Falle der beschriebenen Standortsuche im Ruhrgebiet konnten im Rahmen der großräumigen Negativkartierung ermittelte Negativflächen generell von der weiteren Standortsuche ausgeklammert bleiben, weil nach deren „Abzug" noch Restflächen verblieben. Auf diese Weise wurde im Arbeitsschritt 1 (Abb. 6.1) ein hohes Maß an Umweltverträglichkeit noch vor der kleinräumigen, d. h. standortspezifischen Betrachtung, sichergestellt.

Im Sinne einer nachvollziehbaren Standortsuche erfolgte die Darstellung aller Flächen des Arbeitsschrittes 1, die mit Ausschluß- bzw. Abwägungskriterien belegt sind, in Kartenform. Zur übersichtlichen Darstellung wurden dazu thematische Pläne entworfen, die jeweils die Bereiche „Natur-/Landschaftsschutz", „Wasserwirtschaft" und „Immissionschutz" abdecken. Flächen, auf die ein oder mehrere Kriterien zutreffen, wurden mit Signaturen belegt, so daß die grundsätzlich noch zur Verfügung stehenden Flächen „weiß" blieben.

Aufgrund der Emissionen einer thermischen Abfallbehandlungsanlage kommt dem Transferpfad „Luft" und einer vorausschauenden Berücksichtigung möglicher Umweltauswirkungen besondere Bedeutung zu. Bei bestimmungsgemäßem Betrieb ist durch eine nach dem heutigen Stand der Technik gebaute und der 17. BImSchV unterliegende thermische Abfallbehandlungsanlage in der Regel keine erhebliche Immissionszusatzbelastung zu erwarten (Stormanns, Kap. 7).

Daher orientierte sich die Betrachtung des Immissionsschutzes an einer Störung des bestimmungsgemäßen Betriebes (z. B. Müllbunkerbrand, Filterbrand). Erfahrungsgemäß liegt das Immissionsmaximum bei einer derartigen Störung des bestimmungsgemäßen Betriebes zwischen 100 m - 200 m von der Anlage entfernt.

Tabelle 6.3 zeigt für verschiedene thermische Abfallbehandlungsanlagen im Rahmen von Sicherheitsanalysen ermittelten Abstände des Immissionsmaximums bei einer Störung des Betriebs.

Im Hinblick auf den Immissionsschutzabstand zu Wohnbebauung wurde daher aufgrund der zu erwartenden Lage des Immissionsmaximums ein 300 m-Immissionsschutzbereich als Ausschlußkriterium gewählt, welcher sich an Wohn- und Mischgebieten sowie Flächen für den Gemeinbedarf (z. B. Schulen, Krankenhäuser) gemäß Flächennutzungsplan anschließt. Diese Gebiete und Flächen stellen für sich schon Ausschlußbereiche für den Bau einer thermischen Abfallbehandlungsanlage dar.

Tabelle 6.3: Beispiele für Abstände des Immissionsmaximums verschiedener Schadstoffe bei einer Störung des Betriebs, ermittelt im Rahmen von Sicherheitsanalysen (Abstände in m)

Störung, Stoff/ Anlage für	Müllbunkerbrand		Filterbrand (Koks)		Rohgasaustritt	
	HCl	TCDD	HCl	TCDD	HCl	TCDD
Hausmüll A[a]	100	100	100	100	100	100
Hausmüll B[a]	100	100	-	-	100	100
Hausmüll C[a]	< 200	< 200	< 200	< 200	< 200	< 200
Hausmüll D[a]	100-200	100-200	100-200	100-200	100-200	100-200
Hausmüll E[a]	200	200	-	-	-	
Sonderabfall	200	200	200	200	200	200

[a] Technik bei der Hausmüllverbrennung: Rostfeuerung

Neben der Herauszeichnung der Positivflächen („weiß") aus der Negativkartierung (s. Abb. 6.1) erfolgte eine Positivkartierung (Schritt 1). Alle für den Bau einer Abfallbehandlungsanlage besonders geeigneten Gebiete wurden dabei in einer „Positivkarte" mit Signaturen belegt (z. B. Industrie-/Gewerbegebiete, Sonderbauflächen).

Die angenommene Eignung als Standort für eine Abfallbehandlungsanlage ergibt sich hier aus der Ausweisung bzw. Nutzung einer Fläche als Industrie-/Gewerbegebiet oder Sonderbaufläche im Flächennutzungsplan. Die Ausweisung einer solchen Fläche beinhaltet im Vorfeld eine überschlägige Abwägung mit anderen Belangen, insbesondere des Natur- und Landschaftsschutzes, des Immissionsschutzes sowie der Wasserwirtschaft. Die so herausgestellten Gebiete stellen daher grundsätzlich Positivflächen für die Planung dar, die in weiteren Untersuchungsschritten im Detail zu überprüfen sind. Das Rahmenkonzept zur Planung von Sonderabfallentsorgungsanlagen des Ministerium für Umwelt, Raumordnung und Landwirtschaft des Landes Nordrhein-Westfalen (1994) bezeichnet die Lage in so ausgewiesenen Flächen (Industrie-/Gewerbegebiet, Sondergebiet) als Mindeststandortvoraussetzung für Sonderabfallbehandlungsanlagen (s. Kap. 6.1.2).

Da im vorliegenden Beispiel jedoch in einem Teil der Gewerbegebiete und Sonderbauflächen eine Nutzung in Form von emittierenden Industrieanlagen nicht möglich ist, erfolgte in Arbeitsschritt 2 nach dem Verschnitt mit den Positivflächen der Negativkartierung des Schrittes 1 eine Einzelfallprüfung der real möglichen Nutzung in den bis dahin sich ergebenden Gewerbegebieten bzw. Sonderbauflächen.

Durch den Verschnitt der kartierten Gewerbegebiete und Sonderbauflächen mit den aus der Negativkartierung hervorgegangenen „weiß"-Flächen (Schritt 1) wurde sichergestellt, daß keine Flächen in der Standortsuche weiter betrachtet werden, auf die Negativkriterien zutreffen (z. B. Wasserschutzgebiet, Naturschutzgebiet).

Ergeben sich aus dem Verschnitt der Positivflächen A und B des Arbeitsschrittes 1 nur Flächen, die sich nach einer ersten Einschätzung qualitativ oder quantitativ unzureichend darstellen, so kann ein weiterer Arbeitsschritt 1 optional eingeschoben werden. Eine Betrachtung einer oder weniger verbleibender Flächen, z. B. unter Aspekten des Natur- und Landschaftsschutzes, des Immissionsschutzes oder der Verkehrsanbindung, läßt kaum Spielraum bei einer vergleichenden Betrachtung von Standortalternativen zu einem späteren Zeitpunkt (Arbeitsschritt 3). Zusätzlich besteht die Möglichkeit, daß die betrachteten Flächen aus anderen Gründen (z. B. konkurrierende Planungen) unter Umständen später nicht zur Verfügung stehen.

Daher wurden im vorliegenden Fall auch die außerhalb von Gewerbegebieten und Sonderbauflächen liegenden Positivflächen A (Schritt 1) bei der weiteren Standortsuche ebenfalls mitbetrachtet (Option in Arbeitsschritt 1). Der Betrachtungsraum konnte so erweitert werden, ohne mit Negativkriterien (Ausschluß- bzw. Abwägungskriterien) belegte Flächen hinzuzuziehen.

Auf die besondere Bedeutung des Transferpfades „Luft" bezüglich der Emissionen einer Abfallbehandlungsanlage wurde in diesem Kapitel weiter oben eingegangen. Bei <u>bestimmungsgemäßem Betrieb</u> ist durch eine nach dem heutigen Stand der Technik gebaute Abfallerbrennungsanlage keine erhebliche Immissionszusatzbelastung in der Umgebung zu erwarten. Wie schon erläutert, muß eine Betriebsstörung jedoch gesondert berücksichtigt werden.

Nach Arbeitsschritt 1 lagen die folgenden Arbeitskarten im Maßstab 1 : 15.000 vor, die durch Signaturen die mit den verschiedenen Negativ- und Positivkriterien belegten Flächen zeigten:

- Karte Natur-/Landschaftsschutz, Wasserwirtschaft
- Karte Immissionsschutz
- Karte *Gewerbe-/Sondergebiete*
- Karte *Positivflächen (Summationskarte)*

Die Karte (Summationskarte), die alle Kriterien zusammenfaßt und die verbleibenden Positivflächen im Sinne von „Standorträumen" aufzeigt, stellte den Abschluß dieses Arbeitsschrittes dar.

6.2.3.2
Arbeitsschritt 2 („Entwicklung konkreter Standortalternativen")

Durch die oben beschriebene Vorgehensweise ergaben sich nach Abschluß des Arbeitsschrittes 1 Positivflächen, die dann in Schritt 2 näher untersucht wurden. In diesem Arbeitsschritt erfolgte die Eingrenzung konkreter Standortalternativen für die verbliebenen Positivflächen des Arbeitsschrittes 1. Dazu wurde in Zusammenarbeit mit Vertretern kommunaler Fachdienststellen ein Realnutzungsabgleich der Flächen durchgeführt, da nicht alle Kartengrundlagen dem aktuellen Stand der Nutzung einer Fläche entsprachen.

Gleichzeitig erfolgte bei diesen Betrachtungen eine Überprüfung der Mindestflächengröße, die für die geplante thermische Abfallbehandlungsanlage einschließlich Nebenanlagen auf 5 ha festgelegt wurde. Grundlage dieser Flächenvorgabe waren die ersten Konzepte zur technischen Realisierung der Anlage sowie Erfahrungen mit vergleichbaren Anlagen. Neben der Grundfläche für die technischen Einrichtungen sind hier auch Zufahrtswege, Parkplatzflächen, sonstige Freiflächen etc. zu berücksichtigen.

Tabelle 6.4 gibt ein Beispiel für einen Realnutzungsabgleich mit integrierter Überprüfung der Mindestflächengröße und die daraus hervorgehende Einstufung einer Fläche als für die weitere Standortsuche geeignet bzw. nicht geeignet.

Tabelle 6.4: Beispiel für einen Abgleich der kartographisch erfaßbaren mit der realen Nutzung (Realnutzungsabgleich)

Fläche	Realnutzung	Eignung
1	Renaturierte Halde	Positiv
2	Einzelbebauung	Negativ
3	Wohngebiet	Negativ
4	Belegtes GE, renaturierte Halde	Negativ
5	Belegtes GE	Negativ
6	Belegtes GE	Negativ
7	Renaturierte Halde, „temporäres" LSG	Positiv
8	Restfläche < 5 ha	Negativ
9	Sport-/Grünanlage	Negativ
10	Deponie, Friedhof	Negativ
11	Industriebrache	Positiv
12	Wohngebiet	Negativ
13	Restfläche < 5 ha	Negativ
14	Landwirtschaft, GE, ehem. Deponie	Negativ
15	Wohngebiet, Justizvollzugsanstalt	Negativ
16	Landwirtschaft, GE	Positiv
17	Gleisanlagen, belegtes GE	Negativ
...	...	...

GE = Gewerbe-/Industriegebiet
LSG = Landschaftsschutzgebiet

Zusätzlich wurde der 300-m-Immissionsschutzbereich um ausgewiesene Wohnbebauung bzw. nicht ausgewiesene Wohnbebauung (z. B. Streusiedlungen, Gehöfte) in Karten des Maßstabs 1 : 5.000 übertragen. Die kartographische Genauigkeit konnte so dem Arbeitsfortschritt angepaßt werden. Die vorgegebene Mindestflächengröße konnte auf dies Weise ebenfalls „flächenschärfer" überprüft werden.

Als Abschluß dieses Arbeitsschrittes kristallisierten sich so konkrete Standortalternativen in den Positivflächen heraus, die vergleichend in Schritt 3 untersucht wurden.

6.2.3.3
Arbeitsschritt 3 („Standortvergleich")

In diesem Arbeitsschritt wurde jede Standortalternative im Gelände begangen und unter Gesichtspunkten der Umweltverträglichkeit betrachtet. Die Zielsetzung orientierte sich dabei am Prinzip der Umweltvorsorge mit dem Bemühen, die natürlichen Lebensgrundlagen nur sehr schonend zu beanspruchen und den Einfluß der geplanten Anlage auf die Umweltbereiche (Boden, Untergrund, Grundwasser, Oberflächengewässer, Klima, Luft, Mensch, Landschaft, Erholung, Kultur- und sonstige Sachgüter), wie sie im Gesetz über die Umweltverträglichkeitsprüfung (UVPG) benannt werden, so gering wie möglich zu halten.

Die vergleichende Betrachtung der möglichen Standorte erfolgte mit Hilfe eines aufgestellten Kriterienkatalogs, welcher die nachfolgend benannten 2 Kriteriengruppen beinhaltet. Die Beurteilung der einzelnen Standortalternativen bezüglich der genannten Kriterien erfolgte für jedes Kriterium in Form einer drei- bzw. zweistufigen, verbal-argumentativen Wertung (z. B. günstig - mittel - schwierig, möglich - nicht möglich). Die Unterteilung in entscheidungserhebliche (vgl. Tabelle 6.5) und nicht entscheidungserhebliche Kriterien (vgl. Tabelle 6.6) stellt eine Abwägung dar, die sich auf den Grad der Beeinträchtigung bzw. Sensibilität des Kriteriums bzw. auf die Lage der Fläche zurückführen läßt.

- Entscheidungserhebliche Kriterien:

  - Ökologische Wertigkeit der Standortalternative
  - Sensible Nutzung der Standortalternative
  - Landschaftseinbindung
  - Lage zu Luftleitbahnen
  - Verlauf der Geländezufahrt

- Nicht entscheidungserhebliche Kriterien:

  - Ökologische Wertigkeit der Umgebung
  - Sensible Nutzung der Umgebung
  - Verkehrsanbindung
  - Schienenanbindung
  - Immissionsvorbelastung
  - Altlastenverdacht

Zusätzliche Standortalternativen, die bezüglich eines entscheidungserheblichen Kriteriums mit „wertvoll", „ungünstig" etc. eingestuft wurden (vgl. Tabelle 6.5), wurden als möglicher Standort zurückgestellt, da besser geeignete Alternativen zur Verfügung standen.

Tabelle 6.5: Einstufung der Standortalternativen für eine thermische Abfallbehandlungsanlage bezüglich der entscheidungserheblichen Kriterien

Fläche	Ökologische Wertigkeit	Sensible Nutzung	Landschafts-einbindung	Lage zu Luft-leitbahnen	Gelände-zufahrt
A	Weniger Wertvoll	Wenig sensibel	Schwierig	Außerhalb	Ungünstig
B	Weniger Wertvoll	Wenig sensibel	Günstig	Außerhalb	Gegeben
C	Wertvoll		Günstig	Außerhalb	Gegeben
D	Weniger Wertvoll	Wenig sensibel	Mittel	Außerhalb	Gegeben
E	Weniger Wertvoll	Wenig sensibel	Schwierig	Außerhalb	Ungünstig
F	Weniger Wertvoll	Wenig sensibel	Mittel	Außerhalb	Gegeben
G	Wertvoll		Günstig	Zentrallage	Ungünstig
H	Weniger Wertvoll	Wenig sensibel	Mittel	Außerhalb	Z. T. gegeben
I	Weniger Wertvoll	Wenig sensibel	Mittel	Randlage	Gegeben

Tabelle 6.6: Einstufung der Standortalternativen für eine thermische Abfallbehandlungsanlage bezüglich der nicht entscheidungserheblichen Kriterien

Fläche	ökologische Wertigkeit; Umgebung	sensible Nutzung; Umgebung	Verkehrs-anbindung	Schienen anbind-ung	Immissions-vorbelast-ung	Altlasten-verdacht
A	Weniger wertvoll	Gering	Gegeben	Nicht möglich	Gering	Nein
B	Mittel	Mittel	Gegeben	Nicht möglich	Gering	Nein
C	Mittel	Mittel - wertvoll	Gegeben	Möglich	Gering	Nein
D	Weniger wertvoll	Mittel	Gegeben	Nicht möglich	Gering	Ja
E	Mittel	Mittel - wertvoll	Gegeben	Möglich	Gering	Nein
F	Mittel	Mittel	Gegeben	Möglich	Gering	Nein
G	Mittel bis wertvoll	Wertvoll	Gegeben	Möglich	Gering	Ja
H	Wertvoll	Mittel - wertvoll	Gegeben	Möglich	Gering	Ja
I	Mittel	Wertvoll	Gegeben	Möglich	Gering	Nein

Tabelle 6.6 listet die angewandten nicht entscheidungserheblichen Kriterien für die Charakterisierung der Standortalternativen auf. Ein Schwerpunkt der Einstufung liegt hier auf dem Umfeld der jeweils betrachteten Standortalternative sowie auf Fragen zur Vorbelastung.

Nach diesen Charakterisierungen stellten sich einige Standortalternativen als geeignet für den Bau einer thermischen Abfallbehandlungsanlage dar.

6.3
Abschluß der Standortsuche

Die aus der Standortsuche hervorgehenden Standorte müssen zur abschließenden Festlegung des/der in ein Genehmigungsverfahren (nach dem BImSchG) einzubringenden Fläche/n, einer vergleichenden Umweltverträglichkeitsuntersuchung unterzogen werden, in der diese Standorte detaillierter miteinander verglichen werden können. Je nach Gesetzeslage auf raumordnerischer Planungsebene kann eine derartige vergleichende UVU orientiert am UVPG von der Genehmigungsbehörde gefordert werden (vgl. Holtwick, Kap. 4). Die abschließende Bewertung der raumbedeutsamen Auswirkungen der betrachteten Standortalternativen obliegt dann der Genehmigungsbehörde. Ist die Durchführung eines Raumordnungsverfahrens mit integrierter UVP nicht zwingend notwendig, kann eine Studie in Form einer vergleichenden UVU dem Antragsteller als Entscheidungsgrundlage und zur transparenteren Darstellung der Standortfindung in der Öffentlichkeit dienen. Hierdurch kann der Verfahrensablauf effektiver gestaltet und Zeitverzögerungen durch fehlende Akzeptanz reduziert werden.

Als Abschluß einer so durchgeführten Standortsuche kann sich letztendlich der Standort (oder die Standorte) herauskristallisieren, der in ein nachfolgendes Genehmigungsverfahren eingeht.

6.4
Ergebnis und Ausblick

Der „optimale" Standort kann durch eine noch so aufwendige Standortsuche nicht gefunden werden, da sich der zur Vorbereitung eines Genehmigungsverfahrens betriebene Untersuchungsaufwand (z. B. Biotopkartierung, Immissionsprognosen, geologisches Gutachten, Verkehrsgutachten) nicht mit begrenztem Auswand flächendeckend auf einen Untersuchungsraum übertragen läßt. Weiterhin besteht bei jeder Standortsuche die Möglichkeit, daß eine Fläche oder ein Standort, der ansonsten sehr gute Standorteigenschaften besitzt, wegen eines vergleichsweise niederrangigen Kriteriums nicht weiter betrachtet wird.

Ziel einer Standortsuche ist daher nicht die Findung eines optimalen Standortes sondern eines (oder mehrerer) für den Bau einer Abfallbehandlungsanlage geeigneten Standortes.

Besondere Aufmerksamkeit bei der dafür notwendigen Standortsuche verdient der Übergang von der großräumigen (Arbeitsschritt 1) in die kleinräumige Betrachtung und den anschließenden Standortvergleich (Arbeitsschritte 2 und 3). Hier ist die gutachterliche Erfahrung und Einschätzung in besonderem Maße gefordert. Eine intensive Abstimmung mit der Genehmigungsbehörde und Landesbehörden (StUA, LfU, LfW) ist hierbei Voraussetzung einer Planungs- und Genehmigungssicherheit. Zusätzlich bewirken Informationsgespräche mit kommunalen Fachdienststellen (z. B. Planungsamt, Grünflächenamt, Umweltamt) eine Absicherung der betrachteten Flächen und Standortalternativen durch die vorhandene detaillierte Orts- und Planungskenntnis.

Parallel zu den beschriebenen 3 Arbeitsschritten sollte die Standortsuche für eine Abfallbehandlungsanlage von Qualitätssicherungsmaßnahmen, z. B. in Form eines mit den Beteiligten einschließlich der Genehmigungsbehörde abgestimmten Projektplans, begleitet werden. Die fehlenden bzw. vereinzelt vorhandenen Grundlagen für Standortauswahlverfahren im Bereich der Gesetze, Verordnungen und Regelwerke können so weitgehend kompensiert werden.

Eine verstärkte Einbeziehung der Öffentlichkeit in den Standortfindungsprozeß kann die Transparenz und Akzeptanz der Standortfindung und somit die Glaubwürdigkeit des Planungsvorhabens deutlich erhöhen.

Eine fachlich fundierte, mit den zuständigen Behörden abgestimmte Standortsuche sichert so eine Nachvollziehbarkeit und Plausibilität, die im folgenden Genehmigungsverfahren dem Antragsteller als Grundlage einer notwendige Planungssicherheit dient und einen zügigen Genehmigungsablauf ermöglicht.

Literatur

Bayerisches Staatsministerium für Landesentwicklung und Umweltfragen (1995): Hinweise für die Auswahl von Standorten für Deponien nach der TA Siedlungsabfall und Deponien mit vergleichbaren Anforderungen - Bekanntmachung des Bayerisches Staatsministerium für Landesentwicklung und Umweltfragen vom 30 . Juni 1995 Nr. 8551-8/33-26732. AllMBl. Nr. 14/1995 S. 659 ff.

Beckmann M (1993) Rechtliche Grenzen informaler Bürgerbeteiligung bei der Standortsuche für Abfallentsorgungsanlagen. UPR 1993/11-12

Erbguth W (1992) Rechtliche Anforderungen an Alternativprüfungen in (abfallrechtlichen) Planfeststellungsverfahren und vorgelagerten Verfahren. NVwZ, Heft 3

Hessische Landesanstalt für Umwelt (1986) Prüfungskatalog zur Bestimmung von Deponiestandorten für Hausmüll und hausmüllähnliche Gewerbeabfälle - Abfälle der Kategorie 1.

Jaeger M, Kames J (1992) Zur Erforderlichkeit der Prüfung von Alternativstandorten im Rahmen der Umweltverträglichkeitsprüfung (unter besonderer Berücksichtigung der Planung von Abfallentsorgungsanlagen). Zeitschrift für Wasserrecht, Heft 1

Minister für Natur, Umwelt und Landesentwicklung des Landes Schleswig-Holstein (1991) Abfallwirtschaftsprogramm des Landes Schleswig-Holstein.

Minister für Natur, Umwelt und Landesentwicklung des Landes Schleswig-Holstein (1992) Ausschlußkriterien für Anlagen zur Ablagerung von Abfällen. Erlaß XI 550 vom 10.04.1992

Minister für Umwelt, Raumordnung und Landwirtschaft Nordrhein-Westfalen (1990) Runderlaß vom 21.03.1990 - Abstände zwischen Industrie- bzw. Gewerbegebieten und Wohngebieten im Rahmen der Bauleitplanung (Abstandserlaß). Ministerialblatt für das Land Nordrhein-Westfalen ausgegeben am 08.05.1990

Minister für Umwelt, Raumordnung und Landwirtschaft Nordrhein-Westfalen (1987) Gesetz zur Sicherung des Naturhaushalts und zur Entwicklung der Landschaft (Landschaftsgesetz-LG). Düsseldorf

Minister für Umwelt, Raumordnung und Landwirtschaft Nordrhein-Westfalen (1994) Rahmenkonzept zur Planung von Sonderabfallentsorgungsanlagen, 4. Auflage

Sloan W M (1993) Site selection for new hazardous waste management facilities. WHO Regional Publications, European Series, No. 46

7
Bewertungsmaßstäbe zur Umweltverträglichkeitsprüfung von thermischen Abfallbehandlungsanlagen

B. Stormanns

Die thermische Behandlung stellt eine Möglichkeit zur Beseitigung von Abfällen dar. Bei den zu behandelnden Abfällen handelt es sich in der Regel um Siedlungsabfälle, Sperrmüll oder Sonderabfälle. Derzeit stehen als Alternativen noch die einfache Deponierung bzw. die Deponierung nach einer biologisch mechanischen Behandlung zur Verfügung.

Die Geschichte der thermischen Abfallbehandlungsanlagen reicht bis in das vorige Jahrhundert zurück. Die ersten Müllverbrennungsanlagen wurden Ende des letzten Jahrhunderts in England gebaut. Die erste Müllverbrennungsanlage Deutschlands wurde 1893 in Hamburg errichtet. Da zu dieser Zeit noch keine geregelte Abfallwirtschaft installiert war, blieb die Anzahl der in Betrieb befindlichen thermischen Abfallbehandlungsanlagen gering. Erst als Ende der sechziger Jahre aufgrund des Wirtschaftswachstums die Abfallmengen explodierten, gewann die thermische Abfallbehandlung an Bedeutung. Weitere Aspekte, die den Stellenwert der Müllverbrennung erhöhten, waren die Änderung der Abfallzusammensetzung hinsichtlich einer Steigerung des Heizwertes sowie die technischen Fortschritte auf dem Gebiet der thermischen Verfahren.

Durch diese Entwicklung erhöhte sich bis 1981 die Zahl der thermischen Abfallbehandlungsanlagen in der Bundesrepublik auf 42. Durch das gesteigerte Umweltbewußtsein der Öffentlichkeit, verstärkt durch Katastrophen wie das Seveso-Unglück, gerieten auch Müllverbrennungsanlagen immer mehr in den Verdacht, Hauptemissionsquellen für eine Reihe von organischen bzw. anorganischen Schadstoffen zu sein. Besonders die Emission des „Supergiftes" Dioxin brachte den Müllverbrennungsanlagen schnell den Ruf von „Dreckschleudern" ein. Als Folge dieser negativen öffentlichen Reaktionen wurden Verordnungen zur Konkretisierung der gesetzlichen Anforderungen erlassen und die Müllverbrennungsanlagen mit aufwendigen Rauchgasreinigungsanlagen nachgerüstet.

Im Rahmen dieses Kapitels soll untersucht werden, ob diese Maßnahmen eine prinzipielle Neubewertung der Umweltrelevanz thermischer Abfallbehandlungslagen ermöglichen. Dazu werden zunächst geeignete Beurteilungsmaßstäbe zur Bewertung der Umweltverträglichkeit thermischer Abfallbehandlungsanlagen vorgestellt. Dabei konzentriert sich die Betrachtung der Umweltverträglichkeit auf mögliche Auswirkungen auf den Menschen. Anschließend wird eine Bewertung anhand einiger beispielhafter Beurteilungswerte vorgenommen.

7.1
Maßstäbe zur Bewertung der Umweltrelevanz von thermischen Abfallbehandlungsanlagen

Die Ermittlung und Bewertung der Umweltrelevanz im Rahmen einer Umweltverträglichkeitsprüfung (UVP) ist einer der wesentlichen Punkte, der über die Genehmigungsfähigkeit und die Akzeptanz einer thermischen Abfallbehandlungsanlage in der Öffentlichkeit entscheidet. Die Ergebnisse solcher Bewertungen haben die Entwicklung auf diesem Sektor wesentlich beeinflußt bzw. werden sie auch weiterhin beeinflussen. Ein Beispiel ist die enorme technische und innovative Entwicklung auf dem Gebiet der thermischen Abfallbehandlung in den letzten 15 Jahren, die durch die große öffentliche Anteilnahme wesentlich beschleunigt wurde.

Nachfolgend sind die wesentlichen Faktoren aufgelistet, die im Rahmen der UVP einer thermischen Abfallbehandlungsanlage von Bedeutung sind:

* Verfahrenstechnik
  - Störung des bestimmungsgemäßen Betriebes
  - Zusammensetzung der Abfälle (ehemals Reststoffe)
  - Zusammensetzung der Abwässer
  - Emissionen (z.B. Gerüche, Lärm, Schadstoffe)
* Bau-/Rückbauphase
  - Emissionen von Staub und Lärm
  - Flächenbedarf
* Standort
  - Beschaffenheit des Standortes
  - Nutzungsstruktur
  - Raumplanerische Aspekte (z.B. Verkehr, Frischluftschneisen)
* Vorbelastung
  - Bewertung der Vorbelastung innerhalb einzelner Umweltbereiche
* Zusatzbelastung
  - Bewertung der Zusatzbelastung im Hinblick auf die Auswirkung auf einzelne Umweltbereiche

Nachfolgend wird untersucht, ob für die oben genannten 5 Hauptfaktoren (Verfahrenstechnik, Bau-/Rückbauphase, Standort, Vorbelastung und Zusatzbelastung) allgemeine Beurteilungsmaßstäbe zur Prüfung der Umweltverträglichkeit herangezogen werden können. Dabei wird besonderes Augenmerk auf die Vor- und Zusatzbelastung gelegt, weil die Bewertung gerade dieser Faktoren im Rahmen der Prüfung der Umweltverträglichkeit bedeutsam ist.

7.1.1
Verfahrenstechnik

Die Vielfalt unterschiedlicher Verfahrenstechniken hat in den letzten 10 Jahren gerade auf dem Sektor der thermischen Abfallbehandlungsanlagen deutlich zugenommen. Neben der klassischen Rostfeuerung wurden dabei u.a. Pyrolyse-, Verschwelungs- und Vergasungstechniken als Basis für das Abfallbehandlungsverfahren verwendet. Beispiele hierfür sind das Schwel-Brenn-Verfahren von Siemens KWU, das Thermoselektverfahren der Firma Thermoselect oder das Konversionsverfahren von Noell (vgl. Semmler, Kap. 10).

Die Vielzahl dieser unterschiedlichen Techniken läßt es auf den ersten Schritt recht schwierig erscheinen, einheitliche Bewertungsmaßstäbe bzgl. der Umweltverträglichkeit dieser Technologien anzuwenden. Analysiert man aber die Vorgehensweisen zur Bewertung unterschiedlicher Verbrennungstechnologien in verschiedenen Genehmigungsverfahren der letzten Jahre, zeigt sich eine vergleichbare Vorgehensweise der entsprechenden Genehmigungsbehörden.

Die beantragte Anlage wird in der Regel zunächst nach dem Stand der Technik bewertet. Ergeben sich aus dieser Betrachtung keine Einwände gegen die Genehmigung, erfolgt eine Detailprüfung der Anlagentechnik durch die entsprechenden Fachbehörden. Zeigt diese Prüfung, daß die Voraussetzungen nach den § 6 BImSchG erfüllt sind, ist die Anlagentechnik unter dem Gesichtspunkt „Verfahrenstechnik" genehmigungsfähig.

Handelt es sich um eine neue Anlagentechnik, wird üblicherweise zunächst eine Versuchsgenehmigung beantragt. Im Verlauf des Versuchsbetriebes wird dann das neue Verfahren getestet. Die gewonnenen Daten werden im anschließenden Genehmigungsverfahren zur Beurteilung der Genehmigungsfähigkeit der Verfahrenstechnik berücksichtigt.

Zur Betrachtung möglicher Auswirkung im Fall einer Störung des bestimmungsgemäßen Betriebes wird zunächst untersucht, ob die betrachtete Anlage den Vorschriften der Störfallverordnung (StörfallV) unterliegt (vgl. Semmler, Kap. 10). Kriterien für die Anwendung der StörfallV sind dabei die dort aufgeführten Mengenschwellen. Beim Vorhandensein eines oder mehrerer Stoffe in Mengen, die zwischen den Mengenschwellen Spalte 1 und 2 der StörfallV liegen, kann unter bestimmten Voraussetzungen eine befristete Befreiung von den erweiterten Pflichten erteilt werden. Überschreitet ein Stoff die Mengenschwelle 2 muß im Rahmen einer Sicherheitsanalyse die Auswirkung der Anlage im Fall der Störung des bestimmungsgemäßen Betriebes untersucht werden. Unterliegt die Anlage nicht der StörfallV, so werden die Fragen zur Sicherheitstechnik im Rahmen anderer gesetzlicher Regelungen behandelt. Dabei handelt es sich z.B. um

- Arbeitsschutz-/Unfallverhütungsvorschriften,
- Regelungen der Gefahrstoffverordnung und des Chemikaliengesetzes,
- Regelungen des Wasserhaushaltsgesetzes zum Umgang mit wassergefährdenden Stoffen.

Zur Beurteilung der während des Betriebes anfallenden Abfälle werden diese zunächst charakterisiert. In der Regel handelt es sich um Schlacke, Asche bzw. Stäube und Rückstandsprodukte aus der Rauchgasreinigung. Zur Beurteilung dieser Stoffe können die Inhaltsstoffe im Vergleich mit dem im folgenden genannten Beurteilungswerten herangezogen werden:

- Zuordnungswerte des LAGA(Länderarbeitsgemeinschaft Abfall)-Merkblattes über die Entsorgung von Abfällen Nr. 19 vom 01.03.1994
- Zuordnungskriterien der TA Siedlungsabfall / TA Abfall
- LAI-Musterverwaltungvorschrift zur Vermeidung und Verwertung von Reststoffen nach § 5 Abs. 1 Nr. 3 des Bundes-Immissionsschutzgesetzes (BImSchG)

Die Beurteilung der im Betrieb zu erwartenden Emissionen, die je nach Anlagentechnologie unterschiedlich in der Zusammensetzung oder Menge anfallen können, fällt unter den Bereich der Zusatzbelastung und wird in Kapitel 7.1.5 diskutiert.

Die Beurteilungskriterien im Rahmen der Prüfung der Verfahrenstechnik im Hinblick auf ihre Genehmigungsfähigkeit sind also weitgehend definiert. Dabei ist zu berücksichtigen, daß einige Aspekte, wie z.B. die Frage nach dem Stand der Technik, einer fortlaufenden Veränderung unterliegt und somit unterschiedliche Interpretationen möglich sind. Auch ist zu beachten, daß im Rahmen von Sicherheitsanalysen teilweise unterschiedliche Methoden oder Modelle verwendet werden. Insgesamt kann davon ausgegangen werden, daß im Bereich der thermischen Abfallbehandlung mittlerweile ein relativ einheitlicher Standard hinsichtlich der Bewertung im Rahmen von Sicherheitsanalysen erreicht worden ist.

7.1.2
Bau- und Rückbauphase

Die Betrachtung der Umweltrelevanz der Bau- und Rückbauphase einer geplanten Anlage geschieht üblicherweise im Rahmen des Genehmigungsverfahrens. Grundlage dafür sind die entsprechenden gesetzlichen Anforderungen.

Im Hinblick auf mögliche Umweltauswirkungen sind in der Bauphase besonders Lärm- und Staubemissionen von Bedeutung. Staubemissionen können in der Regel durch entsprechende Maßnahmen (z.B. Abdeckungen) vermieden werden, so daß eine Beurteilung möglicher Emissionen nicht notwendig ist. Die Lärmemissionen werden anhand der in der 15. Verordnung zur Durchführung des BImSchG (Baumaschinenlärmverordnung) genannten Schalleistungspegel auf ein Maß beschränkt, welches eine weitere Beurteilung unnötig macht.

Zur Beurteilung der Umweltrelevanz der Rückbauphase sind in der Regel keine gesonderten Beurteilungsmaßstäbe erforderlich, weil die entsprechenden Maßnahmen zur Vermeidung schädlicher Umwelteinwirkungen (z.B. ordnungsgemäße Verwertung bzw. Entsorgung der anfallenden Materialien) üblicherweise Bestandteil der Genehmigung sind.

7.1.3
Standort

Die Beurteilung der Tauglichkeit einer Fläche als Standort für eine thermische Abfallbehandlungsanlage erstreckt sich über ein weites Feld höchst unterschiedlicher Beurteilungskriterien. Zum einen ist die Frage nach der Umweltverträglichkeit zu betrachten. Dabei ist vor allem die Beschaffenheit des geplanten Standortes zu untersuchen. So kann das Vorhandensein wertvoller Biotope gegen die Errichtung einer neuen Anlage an diesem Standort sprechen.

Sehr fundierte und präzise Beurteilungskriterien zu der Frage der Bewertung von Eingriffen in die Natur und Landschaft wurden von Adam, Nohl und Valentin (1989) formuliert. Diese Beurteilungsmaßstäbe basieren zum einen auf der Festlegung der Wertigkeit der Standortfläche bzw. der näheren Standortumgebung nach festen Kriterien. Weiterhin wird der Aspekt der Landschaftsästhetik durch die Ermittlung von Sichtzonen im größeren Anlagenumfeld in seiner Wertigkeit bestimmt. Diese Wertigkeiten werden im Zusammenhang mit der Veränderung durch den geplanten Eingriff verknüpft und eine endgültige Bewertung z. B. in Form von Ausgleichsmaßnahmen getroffen.

Zur Beurteilung der raumplanerischen Aspekte werden in der Regel im Rahmen entsprechender Gutachten Bewertungskriterien erarbeitet und angewandt. Dieses kann z.B. im Rahmen eines Verkehrsgutachtens zur Festlegung der optimalen Verkehrsführung oder im Rahmen eines Klimagutachtens zur Ermittlung möglicher Frischluftschneisen geschehen. Weitere Aspekte zu Fragen der Standortsuche bzw. -auswahl sind bei Heuel-Fabianek (Kapitel 6) aufgeführt.

7.1.4
Vorbelastung

Als Vorbelastung im Sinne dieses Kapitels wird die Belastung von Umweltmedien mit Schadstoffen bezeichnet. In wesentlichen handelt es sich dabei um die allgemeine großflächige Belastung der Umweltbereiche Boden und Luft in einem begrenzten Gebiet. Einzelbelastungen, z.B. durch Unfälle oder Altlasten, werden nicht berücksichtigt, weil es sich dabei um punktuelle Schadstoffeinträge handelt, die als Sonderfälle eingestuft werden müssen. Ebensowenig werden in diesem Kapitel im Zusammenhang mit der Vorbelastung Anreicherungseffekte innerhalb der Nahrungskette berücksichtigt. Diese ist nicht erforderlich, weil die betrachteten Umweltmedien (Boden/Luft) als „Basisumweltbereiche" den Anfang der Nahrungskette darstellen. D.h., daß bei einer hohen Vorbelastung der Basisumweltbereiche häufig auch mit einer verstärkten Anreicherung von Schadstoffen in der Nahrungskette gerechnet werden muß.

Die Bewertung der Vorbelastung im Rahmen eines Genehmigungsverfahrens spielt erfahrungsgemäß eine zentrale Rolle. Auf der einen Seite sind es die Genehmigungsbehörde und die zuständigen Fachbehörden, die durch die Ermittlung der Vorbelastung mögliche Auswirkungen der geplanten Anlage in ihrer Erheblichkeit abschätzen wollen. Auf der anderen Seite ist es die Öffentlichkeit, die ihr natürliches Interesse an einer möglichst geringen Umweltbelastung vertritt und somit immer die Vorbelastung in die Bewertung der Umweltverträglichkeit einbeziehen wird.

Die vorhandene Vorbelastung wird von der betroffenen Bevölkerung häufig als Argument gegen die Genehmigungsfähigkeit bzw. Umweltverträglichkeit einer geplanten Anlage herangezogen. Dabei spielt die Höhe der Vorbelastung nicht immer die entscheidende Rolle. So wird in Gebieten mit einer geringen Vorbelastung (z.B. in ländlichen Gebieten) argumentiert, daß im Vergleich zur geringen vorhandenen Belastung jeder zusätzliche Schadstoffeintrag hoch erscheint, und damit die Umweltverträglichkeit der betrachteten Anlage nicht gegeben ist. In Ballungsgebieten mit häufig höheren Vorbelastungen wird argumentiert, daß bei einer hohen Vorbelastung auch die geringste Zusatzbelastung nicht vertretbar sei und somit die Umweltverträglichkeit bzw. die Genehmigungsfähigkeit nicht gegeben ist. Das bedeutet, das jede vorhandene Vorbelastung, ob hoch oder niedrig, als Argument gegen eine Neuanlage verwendet werden kann.

Insgesamt zeigt sich also, daß die Vorbelastung als Kriterium zur Beurteilung der Umweltverträglichkeit einer thermischen Abfallbehandlungsanlage kritisch zu bewerten ist. Zur vertiefenden Diskussion des Beurteilungskriteriums „Vorbelastung" werden in Tabelle 7.1, Tabelle 7.2 sowie Tabelle 7.3 für die wichtigsten Schadstoffkomponenten Vorbelastungswerte der Umweltmedien Boden und Luft aufgelistet. Die Daten basieren auf aktuellen Meßreihen und neueren Literaturdaten.

Tabelle 7.1: Beurteilungswerte für die Vorbelastung des Umweltbereiches Luft (Teil 1, gasförmige Komponenten)

Stoff		Werte für Ballungsgebiete[a]	Werte für wenig belastete Gebiete[a]
Schwefeldioxid	[mg/m³]	0,06 - 0,08	0,01 - 0,02
Stickstoffdioxid	[mg/m³]	0,04 - 0,08	≤ 0,02
Kohlenmonoxid	[mg/m³]	< 2,5	-
Chlorwasserstoff	[mg/m³]	0,025 - 0,1	0,006 - 0,01
Fluorwasserstoff	[µg/m³]	0,5 - 1,0	≤ 0,1
Cadmium	[ng/m³]	6,0 - 8,0	0,2 - 2,0
Blei	[µg/m³]	0,32 - 0,49	0,02 - 0,08
Quecksilber	[ng/m³]	ca. 20	0,05 - 3,0
Arsen	[ng/m³]	5 - 10	1,0 - 5,0
Schwebstaub	[µg/m³]	60 - 80	< 20
Benzol	[mg/m³]	0,005 - 0,03	0,001 - 0,005
Benzo[a]pyren	[ng/m³]	1 - 61	0,5 - 1
PCDD/F	[fg TE/m³]	70 - 350	10 - 70

[a] WHO 1987, UBA 1993, Stoffdatenblätter 1991, Kühling 1994, LIS 1993

Tabelle 7.2: Beurteilungswerte für die Vorbelastung des Umweltbereiches Luft (Teil II, Staub-niederschlag und Inhaltsstoffe)

Stoff		Werte für Ballungsgebiete[a]	Werte für wenig belastete Gebiete[a]
Staubniederschlag (StN)			
Blei im StN	$[\mu g/(m^2 \cdot d)]$	15 - 7000	5 - 100
Cadmium im StN	$[\mu g/(m^2 \cdot d)]$	< 30	< 0,7
Arsen im StN	$[\mu g/(m^2 \cdot d)]$	1 - 3	0,03 - 0,6
Chrom im StN	$[\mu g/(m^2 \cdot d)]$	0,6 - 8	0,5 - 6
Kupfer im StN	$[\mu g/(m^2 \cdot d)]$	7 - 400	2 - 80
Mangan im StN	$[\mu g/(m^2 \cdot d)]$	30 - 1400	15 - 140
Nickel im StN	$[\mu g/(m^2 \cdot d)]$	2 - 10	1 - 40
Vanadium im StN	$[\mu g/(m^2 \cdot d)]$	10	6 - 30
Zink im StN	$[\mu g/(m^2 \cdot d)]$	10 - 800	20 - 600

[a] Lahmann 1990, WHO 1987, UBA 1993, Stoffdatenblätter 1991, Kühling 1994, LIS 1993

Wenn die oben genannten Werte zur Beurteilung der Vorbelastung eines Betrachtungsgebietes herangezogen werden, ist zu beachten, daß es sich bei den gasförmigen Komponenten um Jahresmittelwerte handelt. Das bedeutet, daß ein korrekter Vergleich nur mit entsprechend ermittelten Werten möglich ist. Gut vergleichbar sind diese Werte z.B. mit den Werten stationärer Meßstationen (z.B. LIMES-/TEMES-Meßstationen in NRW), die Jahresmittelwerte liefern.

Werden z.B. Ergebnisse von Vorbelastungsmessungen, die nach den Vorgaben der TA Luft ermittelt wurden, mit den entsprechenden oben genannten Werten verglichen, so können nur die I1V-Werte als Jahresmittelwerte berücksichtigt werden. Bei diesem Vergleich muß ferner beachtet werden, daß sich nach der Systematik der TA Luft immer Flächenmittelwerte ergeben, die am sinnvollsten nur mit entsprechend festgelegten Werten (z.B. Immissionswerte nach 2.5 der TA Luft) verglichen werden sollten. Die Feststellung einer Tendenz (z.B. ob es sich bei den ermittelten Vorbelastungswerten eher um typische Konzentrationen ländlicher oder städtischer Gebiet handelt) ist aber auf jeden Fall möglich.

Umfangreiche Listen von Vorbelastungswerten bzw. von Beurteilungswerten wurden z.B. auch vom Verein zur Förderung der Umweltverträglichkeitsprüfung herausgegeben (Kühling 1994). Mit Hilfe solcher Quellen oder der oben aufgeführten Daten ist es möglich, die Ergebnisse von Vorbelastungsmessungen in einem ersten Schritt zu interpretieren. In diesem Schritt ist zu beachten, ob die Messungen in einem ländlichen Raum oder in einem Ballungsgebiet stattgefunden haben. Dementsprechend sind Werte für belastete oder unbelastete Gebiete zum Vergleich heranzuziehen.

In der folgenden Tabelle 7.3 sind häufige Gehalte der wichtigsten Schwermetalle im Boden aufgeführt.

Tabelle 7.3: Beurteilungswerte für den Umweltbereich Boden nach Kloke (1993) (Angaben in mg/kg)

Stoff	häufige Werte
Antimon	0,01 - 0,5
Arsen	0,1 - 20
Blei	0,1 - 20
Cadmium	0,01 - 1
Chrom	2 - 50
Kobalt	1 - 10
Kupfer	1 - 20
Moblybdän	0,2 - 5
Nickel	2 - 50
Quecksilber	0,01 - 1
Selen	0,01 - 5
Thallium	0,01 - 0,5
Titan	10 . 5.000
Vanadium	10 - 100
Zink	3 - 50
Zinn	1 - 20

Im zweiten Schritt sind Besonderheiten der örtlichen Umgebung zu beachten. Für Messungen im Umweltbereich Luft bedeutet dieses, z.B. die Nähe von Emittenten (Autobahnen, Industrie etc.) zu berücksichtigen. So können auffällig hohe Vorbelastungen häufig als punktuelle Erscheinungen, verursacht durch eine direkt benachbarte Quelle, erkannt werden.

Im Fall von Bodenuntersuchungen sind darüber hinaus häufig Fehler bei der Auswahl der Probenahmepunkte Ursachen für Fehlinterpretationen. Werden beispielsweise anthropogen beeinflußte Punkte (im Extremfall eine Altlast) ausgewählt, so können hohe Vorbelastungswerte zu Fehlinterpretationen führen.

Im folgenden sind die wesentlichen gesetzlichen Vorschriften aufgeführt, die Beurteilungswerte für die Umweltbereiche Luft oder Boden beinhalten:

- Immissionswerte der TA Luft. Dabei handelt es sich um Werte, die z.B. zur Beurteilung der Meßergebnisse von Vorbelastungsmessung nach den Vorgaben der TA Luft herangezogen werden.
- Beurteilungsmaßstäbe zur Begrenzung des Krebsrisikos des Länderausschuß für Immissionsschutz (LAI-Werte). Diese Beurteilungswerte können laut Empfehlung des LAI entsprechend der IW-Werte der TA Luft verwendet werden (näheres s. Kapitel 7.1.5).
- Immissionswerte der 22. Verordnung zur Durchführung des BImSchG. Die Immissionswerte dieser Verordnung stellen Grenzwerte dar, die zum Schutz vor schädlicher Umwelteinwirkung nicht überschritten werden dürfen. Die Werte entsprechen in der Größenordnung den IW-Werten der TA Luft. Sie sind aber im Gegensatz zu den IW-Werten keine Flächenmittelwerte sondern punktuelle Werte entsprechend den Werten aus Tabelle 7.1 und Tabelle 7.2.

- Konzentrationswerte der 23. Verordnung zur Durchführung des BImSchG. Im Rahmen dieser Verordnung werden Konzentrationswerte festgelegt, die als Kriterien zur Beurteilung der vom Verkehr verursachten Immissionen dienen.

Weiterhin bietet es sich an, die Beurteilungswerte, die von anerkannten Organisationen bzw. Instituten auf der Grundlage wissenschaftlicher Ergebnisse (z.B. anhand epidemiologischer Untersuchungen) für den Umweltbereich Luft veröffentlicht werden, heranzuziehen. Als Beispiele seien die folgenden, häufig zitierten Beurteilungswerte (s. Tabelle 7.4) aufgeführt:

- Werte der Weltgesundheitsorganisation (WHO). Diese Werte beinhalten sowohl den Schutz der körperlichen Unversehrtheit in biologisch-physiologischer als auch in psychischer Hinsicht. Sie basieren auf epidemiologischen, toxikologischen und ökologischen Untersuchungen.
- Maximale Immissionskonzentrationen (MIK-Werte) des Vereins deutscher Ingenieure (VDI), unterhalb derer nach dem derzeitigen Kenntnisstand keine Gesundheitsschädigung des Menschen, insbesondere von empfindlichen Bevölkerungsgruppen zu erwarten sind. Sie sind ebenfalls nach toxikologischen Kriterien abgeleitet.

Tabelle 7.4: WHO- und MIK-Werte

	MIK-Werte (VDI-Richtlinie 2310)		WHO-Luftqualitätsleitlinien	
	Grenzwert	Mittelwert über	Leitwert[a]	Mittelwert über
Schwefeldioxid [μg/m³]	1.000	0,5 h	500	10 min
	300	24 h	350	1 h
	100	1 Jahr	50	1 Jahr
Stickstoffdioxid [μg/m³]	200	0,5 h	400	1 h
	100	24 h	150	24 h
Stickstoffmonoxid [μg/m³]	1.000	0,5 h	-	-
	500	24 h		
Kohlenmonoxid [mg/m³]	50	0,5 h	100	15 min
	10	24 h	60	30 min
	10	1 Jahr	30	1 h
			10	8h
Fluorwasserstoff [μg/m³]	1 - 7,5	24 h	-	-
	0,3 - 2,5	1 Monat		
	0,2 - 1,2	7 Monate		
Cadmium [ng/m³]	50[b]	24 h	1 - 5	1 Jahr (Land)
			10 - 20	1 Jahr (Stadt)
Blei [μg/m³]	3	24 h	0,5 - 1,0	1 Jahr
	1,5	1 Jahr		
Schwebstaub [μg/m³]	500	0,5 h	120[c]	24 h
	250	24 h	70[d]	24 h
	75	1 Jahr		

[a] Leitwert für toxische Verunreinigungen　　[b] Cadmiumverbindungen
[c] Gesamtstaub　　[d] Einatembarer Staub

Zur Beurteilung des Umweltbereiches Boden werden von behördlicher Seite im wesentlichen folgende Beurteilungskriterien genannt:

- Orientierungswerte der Verwaltungsvorschrift zur Ausführung des Gesetzes über die Umweltverträglichkeitsprüfung (UVPVwV), die zur Bewertung Vorbelastung/Zusatzbelastung von Böden im Rahmen einer Umweltverträglichkeitsprüfung herangezogen werden.
- Beurteilungswerte aus Listen zur Bewertung von Altlasten, wie z.B. die Hollandliste (1994) oder die Liste der LÖLF (1988)

Die meisten der genannten Beurteilungswerte dienen als Hinweis auf erhöhte Vorbelastungen und regeln z. B. entsprechende Gegenmaßnahmen. Eine Anwendbarkeit auf die Beurteilung der Umweltverträglichkeit einer geplanten thermischen Abfallbehandlungsanlage ist nur in beschränktem Maße gegeben. Kriterien, die im Rahmen einer UVP zur Beurteilung der Umweltrelevanz von Immissionszusatzbelastungen einer betrachteten Anlage herangezogen werden können, werden z.B. in der TA Luft genannt. Solche Kriterien und deren Anwendungen werden im folgenden Kapitel diskutiert.

7.1.5
Zusatzbelastung

Als Zusatzbelastung wird der Schadstoffgehalt eines Umweltbereiches verstanden, der durch Emissionen der betrachteten Anlage hervorgerufen wird. Ursache für die Emissionen einer Anlage sind die sog. Emissionsquellen. Dabei kann es sich je nach Anlagentyp um sehr unterschiedliche Quellen handeln. Bei einer thermischen Abfallbehandlungsanlage steht als Hauptemissionsquelle der Kamin im Vordergrund. Deshalb werden die Ausführungen dieses Kapitels auf diese Zusatzbelastung konzentriert.

Zur Beurteilung der Zusatzbelastung durch eine thermische Abfallbehandlungsanlage ist es also zunächst erforderlich, den primären Belastungspfad, den Luftpfad, zu untersuchen. Dieses geschieht durch die Berechnung einer Immissionszusatzbelastung. Basis zur Berechnung dieser Kenngröße bilden die anlagenspezifischen Daten wie Volumenstrom, Temperatur der Abgase und die auf der Grundlage der Grenzwerte berechneten Massenströme. Die Berechnung erfolgt in der Regel nach dem Ausbreitungsmodell in Anhang C der TA Luft. Als Ergebnis dieser Berechnungen ergeben sich für die einzelnen Schadstoffkomponenten Immissionszusatzbelastungen in Form von Jahresmittelwerten (I1Z) und Kurzzeitbelastungswerten (I2Z) Luft (vgl. Siebert, Kap. 8). Auf der Grundlage dieser Zusatzbelastung wird nun im Rahmen der Umweltverträglichkeitsprüfung untersucht, inwieweit schädliche Umwelteinwirkungen durch den Betrieb der geplanten Anlage zu erwarten sind. Gegenstand dieser Untersuchung sind die im BImSchG genannten Umweltbereiche.

Zentraler Untersuchungsgegenstand einer jeden Umweltverträglichkeitsprüfung ist der Mensch. Dieses gilt nicht nur bei der Betrachtung direkter Auswirkungen, wie z.B. über die Schadstoffaufnahme oder Belästigungen über Lärm und Gerüche, sondern auch durch die indirekte Wirkung über die Beeinträchtigung anderer Umweltbereiche. So hat z.B. ein Eingriff in den Umweltbereich „Pflanzen- und

Tierwelt häufig auch eine weitergehende Auswirkung auf den Menschen. Die Erfahrung aus zahlreichen Genehmigungsverfahren für thermische Abfallbehandlungsanlagen hat gezeigt, daß gerade der erste Aspekt, also mögliche gesundheitliche Auswirkungen auf den Menschen, wichtigster Prüfgegenstand ist. Deshalb wird die Vorstellung geeigneter Beurteilungskriterien für die Zusatzbelastung auf diesen Aspekt konzentriert.

Folgende Arten der Schadstoffaufnahme können prinzipiell für den Menschen unterschieden werden:

- inhalative (Aufnahme über die Atemwege)
- orale (Aufnahme über den Magen-/Darmtrakt)
- dermale (Aufnahme über die Haut)

Die Aufnahme von Schadstoffen über die Haut ist üblicherweise nur von Relevanz, wenn der direkte Kontakt zwischen Substanz und Haut hergestellt wird (z.B. durch den Kontakt Flüssigkeit ↔ Haut). Zur Aufnahme toxikologisch bedeutsamer Mengen an Schadstoffen über die Luft sind hohe Konzentrationen erforderlich. Solche Konzentrationen sind in Ausnahmefälle (z.B. nach Unfällen) nur an betroffenen Arbeitsplätzen oder in Innenräumen zu erwarten. Die Betrachtung der dermalen Schadstoffaufnahme im Rahmen der Beurteilung der Vor- und Zusatzbelastung durch eine thermische Abfallbehandlungsanlage kann dagegen vernachlässigt werden.

7.1.5.1
Inhalative Schadstoffaufnahme

Zur Beurteilung der inhalativen Schadstoffaufnahme können im ersten Schritt die Kriterien der TA Luft angewandt werden. Diese besagen, daß eine Zusatzbelastung (I1Z) kleiner 1 % des entsprechenden IW-Wertes als unbedeutend einzustufen ist. Dies gilt für die Immissionswerte zum Schutz vor Gesundheitsgefahren nach Nr. 2.5.1 der TA Luft. Nach Hansmann (1990) kann man bei einer solchen Zusatzbelastung unabhängig der herrschenden Vorbelastung davon ausgehen, daß eine Verursachung schädlicher Umwelteinwirkungen nicht mehr gegeben ist. Für die Beurteilung von Schadstoffen mit entsprechenden IW-Werten zum Schutz vor erheblichen Nachteilen und Belästigungen (Nr. 2.5.2 der TA Luft) gilt dieses ebenso, wenn die I1Z-Werte unterhalb der Werte aus Anhang A der TA Luft liegen.

Im Rahmen vieler Genehmigungsverfahren für thermische Abfallbehandlungsanlagen wurden die Beurteilungswerte der TA Luft kritisiert. Die wesentlichen Kritikpunkte waren dabei, daß

- die IW-Werte der TA Luft zum Teil nicht mehr dem aktuellen Stand der Wirkstofforschung entsprechen,
- für wichtige Schadstoffe keine Werte genannt werden (z.B. Schwermetalle und organische Komponenten) und
- die krebserzeugende Wirkung einiger Stoffe nicht berücksichtigt wurde.

Aus diesen Gründen werden häufig neben den IW-Werten der TA Luft weitere Beurteilungswerte für Immissionskonzentrationen wie z.B. die Beurteilungsmaßstäbe zur Begrenzung des Krebsrisikos durch Luftverunreinigungen des Länderausschuß für Immissionsschutz (LAI-Werte) herangezogen (LAI, 1991).

Die LAI-Werte basieren auf einer sog. „Unit risk-Schätzung". Ein unit risk (allgemeines Risiko) gibt an, welches Krebsrisiko bei einer lebenslangen (70 Jahre) Exposition gegenüber einem krebserregenden Schadstoff von 1 $\mu g/m^3$ besteht. Auf der Basis dieser Krebsrisikoabschätzung werden vom LAI für die folgenden 7 ausgewählte kanzerogene Schadstoffe Orientierungswerte aufgestellt (Tabelle 7.5), die nach dem Berechnungsmodell des LAI die Gesamtheit kanzerogener Luftschadstoffe berücksichtigen.

Tabelle 7.5: Beurteilungsmaßstäbe zur Begrenzung des Krebsrisikos durch Luftverunreinigungen des Länderausschuß für Immissionsschutz (LAI-Werte)

Schadstoff	Orientierungswert
Cadmium	1,7 ng/m^3
Benzol	2,5 $\mu g/m^3$
Arsen	5 ng/m^3
2,3,7,8-TCDD	16 fg/m^3
Benzo[a]pyren	1,3 ng/m^3
Dieselrußpartikel	1,5 $\mu g/m^3$
Asbest	88 Fasern/m^3

Als Risikopotential wird vom LAI ein Wert von 1:2.500 gewählt, der als Mittelwert zwischen dem Risikopotential ländlicher Gebiete von 1:5.000 und dem von Ballungsgebieten (1:1.000) anzusehen ist. Dieses Gesamtrisiko bedeutet, daß bei lebenslanger Einwirkung der betrachteten Komponenten in der o. g. Konzentration, einschließlich einer Reserve für unbekannte krebserregende Stoffe, bei 2.500 betrachteten Personen mit einem zusätzlichen Krebstoten zu rechnen ist.

Der LAI hat in einem anderen Bericht (LAI, 1990) eine prinzipielle Vorgehensweise zur Beurteilung von Schadstoffen, für die Immissionswerte festgelegt sind, vorgestellt. Dieses sog. „Schwellenwertkonzept" dient im wesentlichen als Entscheidungshilfe, ob eine Sonderfallprüfung nach TA Luft durchgeführt werden muß oder nicht (s. Siebert, Kap. 8). Im Rahmen dieses Konzeptes wird ein Irrelevanzkriterium festgelegt. Diese Kriterium besagt, daß eine Zusatzbelastung irrelevant ist, wenn sie kleiner gleich 1 % von anerkannten Wirkungsschwellenwerten ist.

In Tabelle 7.6 sind die wichtigsten Beurteilungswerte nach dem Schwellenwertkonzept (Schutzziel: Mensch) auf der Basis des aktuellen Standes der Wirkstofforschung dargestellt. Dabei wird zwischen „Wirkungsschwellenwerten" für nicht krebserzeugende Stoffe und „Risikoschwellenwerten" für karzinogene Stoffe unterschieden.

Mit Hilfe des Instrumentes „Schwellenwertkonzept" ist es möglich die Auswirkung einer Zusatzbelastung auf den Menschen über den Weg der inhalativen Schadstoffaufnahme zu beurteilen. Das heißt, ist eine Zusatzbelastung kleiner als die oben genannten Beurteilungswerte, so ist sie irrelevant und die Anlage hinsichtlich dieses Aspektes umweltverträglich. Sollten Zusatzbelastungen von Stoffen bewertet werden, für die in der Tabelle 7.6 keine Beurteilungswerte genannt sind, kann in erster Näherung in der Regel der hundertste Teil des entsprechenden MAK-Wertes verwendet werden (SRU, 1990).

Tabelle 7.6: Beurteilungswerte des Schwellenwertkonzeptes (Schutzziel: Mensch)

		Wirkungsschwellenwert	**Beurteilungswert**
Stickstoffdioxid	$[\mu g/m^3]$	30 [a]	0,3
Schwefeldioxid	$[\mu g/m^3]$	30 [b]	0,3
Chlorwasserstoff	$[\mu g/m^3]$	50 [a]	0,5
Kohlenmonoxid	$[mg/m^3]$	10 [c]	0,1
SSt	$[\mu g/m^3]$	75 [d]	0,75
Blei im SSt	$[\mu g/m^3]$	1 [b]	0,01
Quecksilber	$[\mu g/m^3]$	1 [b]	0,01
		Risikoschwellenwerte	**Beurteilungswerte**
Arsen im SSt	$[ng/m^3]$	5 [e]	0,05
Cadmium im SSt	$[ng/m^3]$	1,7 [e]	0,017
PCDD/F	$[fg/m^3]$	150 [f]	1,5
Benzol	$[\mu g/m^3]$	2,5 [e]	0,025
2,3,7,8-TCDD	$[fg/m^3]$	16 [e]	0,16

[a] Kühling (1994)
[b] WHO (1987)
[c] TA Luft
[d] VDI (1992)
[e] LAI (1991)
[f] Schlipköter (o. J.)

Das Konzept der Schwellenwerte beinhaltet die Möglichkeit die Umweltrelevanz einer Anlage im Hinblick auf die Emission von Schadstoffen alleine anhand der Größe der Zusatzbelastung zu beurteilen. Somit kann die Vorbelastung in Genehmigungsverfahren für Anlagen, deren Zusatzbelastung unterhalb der Beurteilungswerte des Schwellenwertkonzeptes liegen, einen geringeren Stellenwert einnehmen. Gegenstand der Prüfung der Umweltverträglichkeit wird sie aber weiterhin bleiben.

Für Anlagen mit einer so geringen Zusatzbelastung wäre die Versagung der Genehmigung aufgrund einer hohen Vorbelastung nicht angebracht. Vielmehr ist in solchen Fällen zu untersuchen, wo die Ursachen der hohen Vorbelastung liegen, und die entsprechenden Maßnahmen einzuleiten. Dieses geschieht in der Regel an anderer Stelle, z.B. im Rahmen der Durchführung des BImSchG in Form von Luftreinhalteplänen.

7.1.5.2 Orale Schadstoffaufnahme

Die oralen Schadstoffaufnahme beim Menschen kann auf folgenden Wegen geschehen:

- Aufnahme von belasteten Lebensmitteln durch Anreicherungseffekte in der Nahrungskette
- Aufnahme durch Hand-zu-Mund-Kontakt bei Kleinkindern
- Staubaufnahme allgemein (z.B. bei sportliche Aktivitäten)

Der Zusammenhang zwischen der Zusatzbelastung einer betrachteten Anlage und dem Eintrag von Schadstoffen in die Nahrungskette bzw. in den Boden ist hauptsächlich auf die staubförmigen bzw. staubgebundenen Schadstoffe zurückzuführen. Diese, als Staubniederschlag bezeichnete Zusatzbelastung kann über die Wirkungspfade Luft → Boden (Anreicherung im Boden) bzw. Luft → Pflanze (Akkumulation in der Pflanze) in den Nahrungskreislauf gelangen. Zur Ermittlung der zusätzlichen Belastung der angesprochenen Umweltbereich werden unterschiedliche Berechnungsmethoden angewandt.

Zur Berechnung der Bodenzusatzbelastung bzw. der Anreicherung von Schadstoffen innerhalb der Nahrungskette sind im folgenden beispielhaft einige der wesentlichen Annahmen aufgelistet:

- Betriebszeit der betrachteten Anlage (z.B. 30 Jahre)
- Anreicherung von Schadstoffen im Boden (Eindringtiefe, Abbau von org. Komponenten, Bodendichte, Schadstoffmobilität)
- Anreicherung von Schadstoffen in Pflanzen (Anteil der Deposition, die auf der Pflanze landet, Auskämmeffekte, Art der Pflanze, Beendigung der Anreicherung durch Ernte)
- Anreicherung von Schadstoffen im Wasser (Verweilzeit, Verdünnungseffekte)
- Schadstofftransfer Boden → Pflanze
- Schadstoffanreicherung in Lebensmitteln (z.B. Transferfaktoren für die Schadstoffübergänge Wasser → Fisch, Futter → Rind, Rind → Milch)
- Die betrachtete Referenzperson entspricht einem „Standardmenschen" mit 70 kg Körpergewicht und einer Lebenserwartung von 70 Jahren.
- Die Referenzperson verzehrt über 30 Jahre hinweg als Selbstversorger ausschließlich Nahrungsmittel, die am Aufpunkt der maximalen Immissionszusatzbelastung durch die betrachtete Anlage produziert wurden.

Ein Beispiel für eine solche Berechnung findet sich bei Franke et al. (1992). Dort wurde unter Berücksichtigung der genannten Faktoren die zusätzliche Belastung für den Menschen durch Anreicherung in Nahrungskette berechnet.

Aus dem Spektrum der Schadstoffe werden bei solchen Betrachtungen häufig exemplarisch PCDD/F und die Schwermetalle Cadmium, Arsen und Blei ausgewählt, weil diese Schadstoffe eine hohe toxikologische Relevanz hinsichtlich der Anreicherung in der Nahrungskette haben. PCDD/F und Blei belasten Nahrungspflanzen hauptsächlich über den Luftpfad. Bei Cadmium und Arsen erfolgt die Belastung der Nahrungspflanzen neben dem Luftpfad überwiegend über den Bodenpfad. Für die betrachteten Schadstoffe liegen als Beurteilungskriterien die in Tabelle 7.7 dargestellten DTA-Werte (duldbare tägliche Aufnahme) vor.

Tabelle 7.7: DTA-Werte zur Beurteilung der oralen Schadstoffaufnahme durch Anreicherung in der Nahrungskette

Schadstoff	DTA-Werte
PCDD/F pg TE/(kg·d)	1
Cadmium µg/(kg·d)	1,2
Blei µg/(kg·d)	7,1
Arsen µg/(kg·d)	2,0

Diese DTA-Werte, die der Festlegung von Schadstoffgrenzwerten in Lebensmitteln dienen, werden von der Deutschen Forschungsgemeinschaft (Kennedyallee 40, 53175 Bonn) festgelegt und laufend erneuert.

Die direkte orale Aufnahme von Schadstoffen durch kontaminiertem Boden, z.B. bei Garten- und Bauarbeiten, ist bei Erwachsenen größtenteils zu vernachlässigen. Kleinkinder können dagegen beim Spielen im Freien durch Hand-zu-Mund-Kontakt relevante Mengen an Boden aufnehmen. Schätzungen der oralen Aufnahmemengen belaufen sich auf 0,02 bis 2 g pro Tag (Binder et al. 1986, Clausing et al. 1987).

Für die toxikologische Bewertung der durch Kinder aufgenommenen Mengen einiger Metalle können z.B. die „noch tolerablen Schadstoffkonzentrationen im Boden" (TSKB-Werte, s. Tabelle 7.8) der Arbeitsgemeinschaft Umwelthygiene (AGU, 1993) herangezogen werden. Bei der Ableitung der TSKB-Werte wurden von der AGU u.a. die von der WHO festgelegten PTWI-Werte (provisional tolerable weekly intake) zugrunde gelegt. Die PTWI-Werte geben, ähnlich wie die DTA-Werte, eine bestimmte, noch duldbare Schadstoffkonzentration in Lebensmitteln an.

Der Gehalt an organischen Stoffen im Boden ist im allgemeinen schwieriger zu bewerten, weil es weder Höchst- und kaum ähnliche Orientierungswerte wie für Schwermetalle gibt. Zusätzlich kommt noch erschwerend hinzu, daß auch keine umfangreichen Erfahrungen über das Verhalten dieser Stoffe in Boden und Pflanzen vorliegen.

Von Beck et al. (1989) wurde z.B. für PCDD/F ein Orientierungswert von 100 ng TE/kg Boden vorgeschlagen, bei dem davon ausgegangen werden kann, daß die Zusatzbelastung der Kinder durch die Aufnahme von 1 g Boden pro Tag nicht wesentlich über die Durchschnittsbelastung der Bevölkerung hinausgeht.

Tabelle 7.8: TSKB-Werte der Arbeitsgemeinschaft Umwelthygiene für ein 15 kg schweres Kind bei Aufnahme von 0,5 g Boden/Tag

	PTWI-Werte [µg/kg KG[a] und Woche]	TSKB-Werte [mg/kg TS]
Blei	25[b]	300
Cadmium	7	15
Quecksilber	5[c]	10
Arsen	15	50

[a]   KG = Körpergewicht   [b]   für Säuglinge und Kinder
[c]   davon 3,3 µg/kg KG und Woche org. Quecksilber

7.2
Beispielhafte Anwendung einiger Beurteilungsmaßstäbe

Wie im vorherigen Kapitel dargestellt lassen sich die Faktoren, die zur Prüfung der Umweltverträglichkeit einer thermischen Abfallbehandlungsanlage berücksichtigt werden müssen, im wesentlichen auf die 5 Bereiche

- Verfahrenstechnik,
- Bau-/Rückbauphase,
- Standort,
- Vorbelastung,
- Zusatzbelastung

beschränken.

Vergleicht man die Beurteilungsmaßstäbe der einzelnen Bereiche untereinander, zeigt sich, daß prinzipiell 2 Arten unterschieden werden können. Die erste Art von Beurteilungsmaßstäben ist unabhängig auf alle Anlagen anwendbar. Das heißt, die Bewertung kann ohne Kenntnis der genauen Anlagentechnik und des Standortes erfolgen. Es handelt sich dabei um die Bereiche „Zusatzbelastung" und „Bau-/Rückbauphase". Die andere Art ist nur standortgebunden einsetzbar. Unter diese Art fallen die Beurteilungsmaßstäbe der Bereiche „Vorbelastung" und „Standort". Der Bereich „Verfahrenstechnik" enthält Beurteilungsmaßstäbe beider Arten.

Die Anwendung der in Kapitel 7.1 aufgeführten Beurteilungsmaßstäbe soll im folgenden am Beispiel des Bereiches „Zusatzbelastung" dargestellt werden. Dies erscheint sinnvoll, weil es gerade die Zusatzbelastung einer Anlage ist, die häufig als zentraler Punkt der Umweltverträglichkeitsprüfung im Rahmen eines Genehmigungsverfahrens angesehen wird. Die anderen Bereiche sind in der umweltpolitischen Relevanz im Vergleich zur Zusatzbelastung eher untergeordnet einzustufen.

Die folgenden Abbildungen zeigen die maximalen Zusatzbelastungen einer Reihe thermischer Abfallbehandlungsanlagen im Vergleich mit den entsprechenden Beurteilungswerten des Schwellenwertkonzeptes (s. Kapitel 7.1.5). Die Zahlen entstammen den entsprechenden veröffentlichten Genehmigungsbescheiden. Die Auswahl der Komponenten erfolgte nach den Kriterien:

- Berücksichtigung der Schadstoffe mit dem höchstem Anteil am Beurteilungswert
- Schadstoffe, die im Mittelpunkt des öffentlichen Interesses standen
- Berücksichtigung anlagentypischer Schadstoffe
- Möglichst unterschiedliche Verfahrenstechniken

Bei der Auswahl der hier vorgestellten Anlagenstandorte spielten folgende Aspekte eine Rolle:

- Standorte aus möglichst unterschiedlichen Regierungsbezirken
- Aktuelle Genehmigungsbescheide (d.h. es werden Zusatzbelastungen moderner thermischer Abfallentsorgungsanlagen untersucht)

- In allen Genehmigungsverfahren war die TA Luft Berechnungsgrundlage für die Immissionsprognose

Die in den Abb. 7.1, Abb. 7.2, Abb. 7.3, Abb. 7.4 und Abb. 7.5 genannten Werte stammen aus folgenden Genehmigungsbescheiden:

A: Immissionsschutzrechtliche Teilgenehmigung, Vorbescheid, Änderung des Müllheizkraftwerkes Göppingen (1995)

B: Planfeststellungsbeschluß für das Restmüllheizkraftwerk Böblingen (1994)

C: Genehmigungsbescheid, Müllheizkraftwerk Weisweiler (1995)

D: Immissionsschutzrechtliche Genehmigung für die Errichtung und den Betrieb einer 3. Verfahrenslinie am Müllheizkraftwerk Würzburg (1996)

E: Planfeststellungsbeschluß für die Müllverwertung Borsigstraße (MVB), Hamburg (1992)

F: Immissionsschutzrechtliche Genehmigung für die Thermoselect-Anlage in Ansbach (1996)

G: Genehmigungsbescheid, Müllheizkraftwerk Köln (1996)

H: Planfeststellungsbeschluß und wasserrechtliche Entscheidung für die thermische Abfallbehandlungsanlage Fürth (1994)

I: Genehmigungsbescheid für die wesentliche Änderung des RZR Herten (1995)

Die Abb. 7.1 bis Abb. 7.4 verdeutlichen, daß die Zusatzbelastungen deutlich unterhalb der Beurteilungswerte des Schwellenwertkonzeptes (s. Tabelle 7.6) liegen. Dieses gilt für den überwiegenden Teil der Zusatzbelastungen, die in den entsprechenden Immissionsprognosen berechnet wurden (vgl. Siebert, Kap. 8). Für diese Zusatzbelastung kann also uneingeschränkt die Bewertung der Irrelevanz angeführt werden. Das bedeutet, daß die zusätzliche Belastung durch thermische Abfallbehandlungsanlagen für diese Komponenten so gering ist, daß weitergehende Untersuchungen auf der Basis der Zusatzbelastungen, z.B. der Wechselwirkungen mit anderen Umweltbereichen, vernachlässigt werden können.

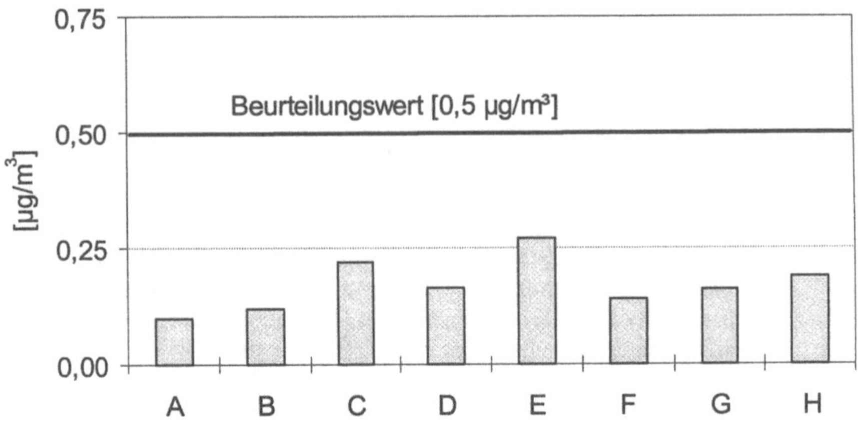

Abb. 7.1: Maximale Zusatzbelastung (I1Z) für Stickstoffdioxid

Neben diesen z.T. extremen Unterschreitungen der Beurteilungswerte durch die Zusatzbelastung finden sich in einigen der betrachteten Anlagenbeispiele auch Überschreitungen. Abb. 7.5 zeigt dieses Phänomen am Beispiel der Zusatzbelastung durch das Schwermetall Cadmium.

Die z.T. deutliche Überschreitung des Beurteilungswertes für Cadmium (häufig auch für Arsen) ist nicht ungewöhnlich. Dies ist teilweise auf die Rechenansätze im Rahmen der entsprechenden Immissionsprognosen zurückzuführen. Dabei spielen z.B. Faktoren wie die Verwendung von Emissionsgrenzwerten einer Stoffgruppe als Einzelgrenzwert oder die Wahl der Korngrößenverteilung eine Rolle.

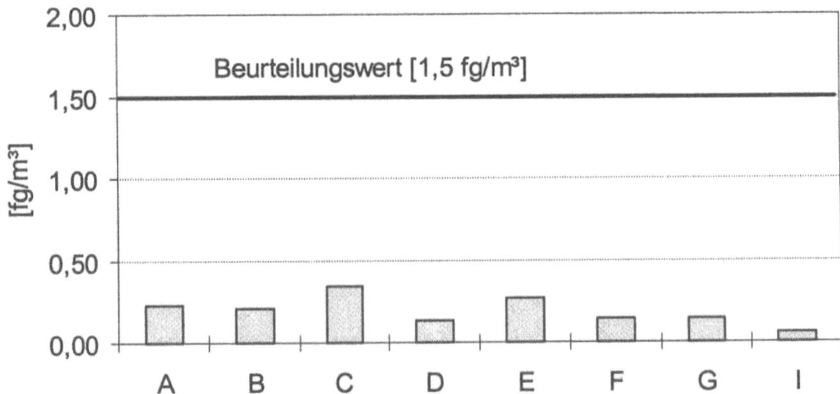

Abb. 7.2: Maximale Zusatzbelastung (I1Z) für Dioxine/Furane

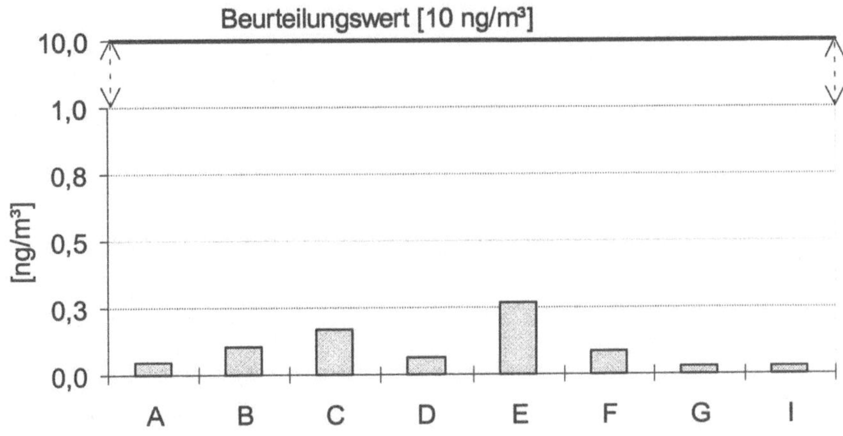

Abb. 7.3: Maximale Zusatzbelastung (I1Z) für Quecksilber

Berücksichtigt man weiterhin, daß im normalen Betrieb einer modernen thermischen Abfallbehandlungsanlage gerade die Emissionsgrenzwerte für Schwermetalle deutlich unterschritten werden, ist davon auszugehen, daß die wahren Immissionskonzentrationen z.T. deutlich überschätzt werden.

Trotzdem ist es bei den oben dargestellten Überschreitungen empfehlenswert, weitere Untersuchungen durchzuführen. Dazu bieten sich die in Kapitel 7.1.5.2 aufgeführten Berechnungen von Anreicherungen in der Nahrungskette und im Boden an.

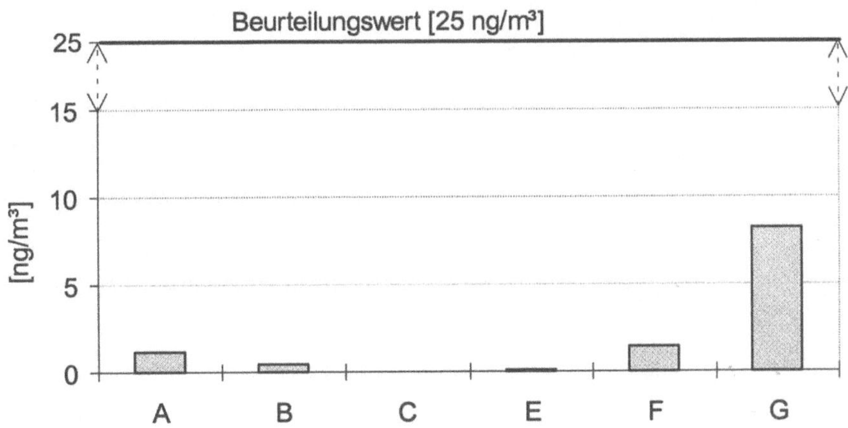

Abb. 7.4: Maimale Zusatzbelastung (I1Z) für Benzol

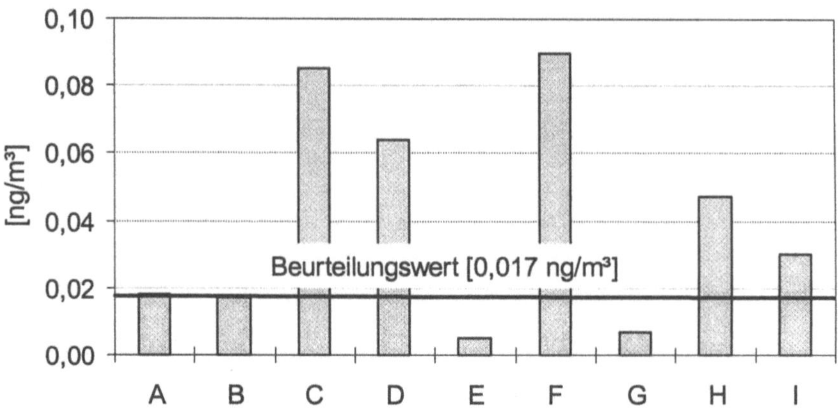

Abb. 7.5: Maximale Zusatzbelastung (I1Z) für Cadmium

Auf der Basis der Ergebnisse solcher Berechnung ist man in der Lage die Relevanz der oben gezeigten Zusatzbelastungen abzuschätzen und somit die Umweltverträglichkeit in Bezug auf die zu erwartenden Immission durch die Anlage zu prüfen. Diese Vorgehensweise wurde in allen oben genannten Genehmigungsverfahren durchgeführt und führte in jedem Fall zu einem positiven Ergebnis.

Abschließend kann festgehalten werden, daß die konsequente Verbesserung der Anlagentechnik thermischer Abfallbehandlungsanlagen, insbesondere im Bereich der Rauchgasreinigung, zu einer Abfallbehandlungstechnologie geführt haben, die hinsichtlich der immissionsseitigen Belastung als wenig relevant bezeichnet werden kann. Die ursprüngliche häufig geäußerte öffentliche Meinung, daß Müllverbrennungsanlagen mit „Dreckschleudern" gleichzusetzen sind muß also revidiert werden.

Literatur

Adam K, Nohl W, Valentin W (1989) Bewertungsgrundlagen für Kompensationsmaßnahmen bei Eingriffen in die Landschaft; Landesamt für Agrarordnung Düsseldorf

AGU (1992) Hygienische Bewertung von Schadstoffen im Boden - Metalle im Boden von Kinderspielplätzen - Arbeitsgemeinschaft Umwelthygiene der Akademie für das öffentliche Gesundheitswesen im Bayerischen Staatsministerium des Inneren; Blätter zur Fortbildung Nr. 10, August 1992

Beck, H.; Eckart, K.; Mathar, W., Wittkowski, R. (1989); PCDD and PCDF body burden from food intake in the Federal Republik of Germany; Chemosphere 18 (1 - 6), 417 - 424

Binder S, Sokal D, Maughan D (1986) Estimating soil ingestion: the use of tracer elements in estimating the amount of soil ingestet by young children. - Archives of Envriomental Health 41 (6), 341 - 345

Clausing P, Brunekreef B, Van Wijnen J.H. (1987) A method for estimating soil ingestion by children. - International Archives of Occupational and Envrionmental Health 59, 73 - 82

Franke A, Franke B, und Knappe F (1992) Vergleich der Auswirkungen verschiedener Verfahren der Restmüllbehandlung auf die Umwelt und die menschliche Gesundheit; in: ifeu-Institut für Energie und Umweltforschung Heidelberg e.V., im Auftrag des Ministeriums für Umwelt Baden-Württemberg, Heidelberg

Hansmann (1990) Kommentar zur TA Luft. Umweltrecht (Landmann/Rohmer), C.H.Beck'sche Verlagsbuchhandlung München.

Hollandliste (1994) Leidraad bodemsanierung vom 09.05.1994. Niederländisches Ministerium für Wohnungswesen, Raumordnung und Umwelt

Kloke A (1993) Orientierungsdaten für tolerierbare Gesamtgehalte einiger Elemente in Kulturböden. Im ergänzbaren Handbuch für Bodenschutz 14. Lieferung. X/93, Kapitel 9300, Erich Schmidt Verlag Berlin

Kühling W, Peters H-J (1994) Die Bewertung der Luftqualität bei Umweltverträglichkeitsuntersuchungen. UVP$_{SPEZIAL}$ - herausgegeben vom Verein zur Förderung der UVP e.V., Hamm

Lahmann E (199) Luftverunreinigungen - Luftreinhaltung. Paul Parey Verlag, Berlin und Hamburg 1990

LAI (1990) Länderausschuß für Immissionsschutz. Bewertung von Schadstoffen für die keine Immissionswerte festgelegt sind. Hrsg. Ministerium für Umwelt, Raumordnung und Landwirtschaft des Landes Nordrhein Westfalen, 392/90, Düsseldorf

LAI (1991) Länderausschuß für Immissionsschutz. Krebsrisiko durch Luftverunreinigungen. Hrsg. Ministerium für Umwelt, Raumordnung und Landwirtschaft des Landes Nordrhein Westfalen, 392/90, Düsseldorf

LIS (1993) Bewertung von PCDD/F-Immissionskonzentrationen. Aus der Tätigkeit der Landesanstalt für Immissionsschutz (LIS), Essen 1993

LÖLF (1988) Mindestuntersuchungsprogramm Kulturböden zur Gefährdungsabschätzung von Altlasten im Hinblick auf eine landwirtschaftliche oder gärtnerische Nutzung. Landeanstalt für Ökologie, Landesentwicklung und Forstplanung Nordrhein Westfalen

Schlipköter H-W et al. (o. J.) Gutachten über die Wirkung umweltrelevanter Schadstoffe der Außenluft zur Ableitung von Immissionsgrenzwerten. Düsseldorf, im Auftrag des Minister für Umwelt NRW

SRU (1990) Sondergutachten des Rates von Sachverständigen für Umweltfragen vom September 1990 „Abfallwirtschaft"

Stoffdatenblätter (1991) Stoffdatenblätter aus der Bodenschutzkonzeption der Bundesregierung, Drucksache 10/2977, 10. Wahlperiode, aus Anhang 14 des Altlastenleitfaden für die Behandlung von Altablagerungen und kontaminierten Standorten in Bayern, München 1991

UBA (1993) Daten zur Umwelt 1992/93, Umweltbundesamt. Erich Schmidt Verlag, Berlin

VDI (1992) Verein deutscher Ingenieure. Maximale Immissionswerte zum Schutz des Menschen, MIK-Werte für Schwebstaub, VDI 2310, Bl. 19 in VDI-Handbuch Reinhaltung der Luft, Bd. 1. Beuth Verlag, Berlin

WHO (1987) Air Quality Guidlines for Europe. WHO Reginal Publications, European Series No. 23

8
Grundzüge der Immissionsprognose - Regelfall und Sonderfall im Rahmen der TA Luft

J. Siebert

In den letzten Jahren wurde zur Ermittlung der Immissionsbeiträge von Anlagen im Rahmen immissionsschutzrechtlicher Genehmigungsverfahren immer öfter der Einsatz alternativer Berechnungsmodelle zu dem Verfahren der TA Luft gefordert. Hierbei war zu beobachten, daß diese Forderungen häufig pauschal erfolgten, ohne genaue Kenntnis dieser Modelle sowie deren Einsatzbereich. Auch deren tatsächlicher Leistungsvorteil gegenüber dem Berechnungsverfahren der TA Luft blieb vor dem Hintergrund der jeweiligen örtlichen Gegebenheiten oft unbeachtet. Der vorliegende Artikel greift diese Diskussion auf und geht auf die Möglichkeit ein, die die TA Luft auch für den Einsatz alternativer Berechnungsmodelle zuläßt.

Nach einigen Ausführungen zu den immissionsschutzrechtlichen Grundlagen im Zusammenhang mit der Ermittlung der Immissionsbelastung erfolgt eine kurze Erläuterung des in der heutigen Genehmigungspraxis rechtsgültigen Berechnungsverfahrens aus Anhang C der TA Luft. Im Anschluß werden alternative, dem Stand der Wissenschaft entsprechende numerische Modelle vorgestellt, die ebenfalls zur Ermittlung der Immissionszusatzbelastung zur Verfügung stehen und z.T. bereits in Genehmigungsverfahren zum Einsatz kamen. Nach einigen Ausführungen zur derzeitigen Vorgehensweise in der Genehmigungspraxis bezüglich dieser Thematik wird die Möglichkeit aufgezeigt, im Rahmen einer Sonderfallprüfung nach Nr. 2.2.1.3 der TA Luft neben dem Berechnungsverfahren aus Anhang C auch andere Verfahren heranzuziehen. Die Sonderfallprüfung in einem BImSchG-Genehmigungsverfahren wird kurz erläutert, bevor in einem abschließenden Kapitel anhand eines entsprechenden Beispiels der Einsatz eines alternativen Berechnungsverfahrens vorgestellt wird.

8.1
Immissionsschutzrechtliche Grundlagen

Im Rahmen eines immissionsschutzrechtlichen Genehmigungsverfahrens zur Errichtung und zum Betrieb oder zur wesentlichen Änderung einer Anlage hat die

Genehmigungsbehörde das Vorliegen der Genehmigungsvoraussetzungen nach § 6 des Bundes-Immissionsschutzgesetzes (BImSchG) zu prüfen. Insbesondere die Überprüfung der Genehmigungsvoraussetzungen nach § 6 Nr. 1 in Verbindung mit § 5 Abs. 1 Nr. 1 erfordert die Kenntnis sowohl der bestehenden Immissionsbelastung als auch des voraussichtlich zu erwartenden Immissionsbeitrags der zu errichtenden Anlage.

Zweck des Bundes-Immissionsschutzgesetzes ist es u.a., Menschen, Tiere und Pflanzen, den Boden, das Wasser, die Atmosphäre sowie Kultur- und sonstige Sachgüter vor schädlichen Umwelteinwirkungen zu schützen. Gemäß der Begriffsbestimmung in § 3 Abs. 1 sind schädliche Umwelteinwirkungen i.S. des BImSchG Immissionen, die nach Art, Ausmaß oder Dauer geeignet sind, Gefahren, erhebliche Nachteile oder erhebliche Belästigungen für die Allgemeinheit oder die Nachbarschaft herbeizuführen. Unter dem Begriff *Immissionen* werden die von einer Anlage ausgehenden Luftverunreinigungen, Geräusche, Erschütterungen, Licht, Wärme, Strahlen und ähnliche Umwelteinwirkungen zusammengefaßt, die auf die Umweltbereiche Menschen, Tiere und Pflanzen, Boden, Wasser, Atmosphäre sowie Kultur- und sonstige Sachgüter einwirken.

Im Hinblick auf den Bereich Luftverunreinigungen stellt somit die Ermittlung der zu erwartenden Immissionsbelastung im Einwirkungsbereich genehmigungsbedürftiger Anlagen die Grundlage dar, die möglichen schädlichen Umwelteinwirkungen sowohl auf die Atmosphäre als auch auf die übrigen Umweltbereiche abschätzen zu können. Mit dieser Kenntnis hat die Genehmigungsbehörde die Möglichkeit, anhand von Immissions(grenz)werten im Einwirkungsbereich der Anlage eine Bewertung der Auswirkungen vornehmen zu können, soweit solche Werte für die o.g. Umweltbereiche existieren.

Die Ermittlung der zu erwartenden Immissionsbelastung (Gesamtbelastung) aus der bestehenden Immissionsbelastung (Vorbelastung) und dem Immissionsbeitrag der zu errichtenden Anlage (Zusatzbelastung) ist Gegenstand einer Immissionsprognose. Die Erste Allgemeine Verwaltungsvorschrift zum Bundes-Immissionsschutzgesetz (Technische Anleitung zur Reinhaltung der Luft - TA Luft) enthält hierzu die entsprechenden rechtsgültigen Vorschriften. Neben der Vorgehensweise zur Bestimmung der zu erwartenden Immissionen einschließlich einem Berechnungsverfahren (Anhang C) für die Kenngrößen der Zusatzbelastung, wird ferner die Prüfung von Gesundheitsgefahren sowie von erheblichen Nachteilen und Belästigungen durch die zu erwartende Immissionsbelastung anhand entsprechender Immissionswerte (Nr.2.5) vorgegeben. In Nr. 2.6.1.1 Abs. 5 oder Nr. 2.6.2.1 Abs. 2 der TA Luft ist darüber hinaus geregelt, wann im Rahmen einer Genehmigung für eine Anlage von einer Immissionsprognose abzusehen ist.

8.2
Ausbreitungsrechnung nach Anhang C der TA Luft

Für die immissionsschutzrechtliche Genehmigung von Anlagen, die Schadstoffe in die Atmosphäre freisetzen (Emissionen), gibt es, wie beschrieben, eine rechtsverbindliche Vorschrift, wie eine Immissionsprognose anzufertigen ist. Insbesondere ist zur Berechnung der Schadstoffverteilung, d.h. den Kenngrößen der Zusatzbelastung, im Einwirkungsbereich der Anlage (Beurteilungsgebiet) das im Anhang C der TA Luft skizzierte Berechnungsverfahren heranzuziehen.

Die physikalische Grundlage des Berechnungsverfahrens bildet die Bilanzgleichung für die Massenerhaltung dichteneutraler Substanzen (Advektions-Diffusionsgleichung). Mit Hilfe einer Reihe von vereinfachenden physikalischen Annahmen kann für diese Transportgleichung eine exakte analytische Lösung gefunden werden. Zusätzliche empirische Ansätze für die Turbulenzparametrisierung durch Diffusionsexperimente führten so zu dem im Anhang C der TA Luft bekannten Gauß-Modell. Die vereinfachenden Annahmen sind:

- konstanter Ausbreitungsprozeß (Stationarität),
- räumlich und zeitlich konstantes Windfeld,
- Vernachlässigung der turbulenten Diffusion in Ausbreitungsrichtung gegenüber der Advektion,
- räumlich und zeitlich konstante turbulente Diffusion in seitlicher und vertikaler Richtung,
- unbegrenzter Ausbreitungsraum (Mischungsschicht),
- ebenes Gelände.

Aufgrund dieser vereinfachenden Annahmen wird deutlich, daß eine realitätsnahe Berechnung der Schadstoffverteilung im Umfeld zu betrachtender Emittenten nur bedingt möglich ist. Die getroffenen Annahmen vernachlässigen neben wesentlichen physikalischen Prozessen auch den Einfluß vorhandener Geländestrukturen (Topographie) und Bebauungen auf das transportierende Windfeld im entsprechenden Beurteilungsgebiet.

8.3
Numerische Strömungs- und Ausbreitungsmodelle

In den vergangenen Jahren sind eine Vielzahl von numerischen Simulationsmodellen entwickelt worden, die eine wesentlich realistischere Beschreibung des Ausbreitungsverhaltens von Schadstoffen zulassen. Diese Modelle bestehen im wesentlichen aus einem System gekoppelter Differentialgleichungen für die Bilanzgleichungen der Massen-, Impuls- und Energieerhaltung, so daß auch strömungsphysikalische Wechselwirkungen (z.B. zwischen Temperatur und Strömung) erfaßt werden können. Dieses Gleichungssystem liefert mit Hilfe numerischer Verfahren das dreidimensionale Strömungs- und Turbulenzfeld in einem betrachteten Beurteilungsgebiet mit der vorhandenen Orographie. Die Kopplung dieses Modellsystems mit einem Ausbreitungsmodell, daß die Advektions-Diffusionsgleichung ebenfalls auf numerischem Wege löst, liefert die gesuchte Schadstoffverteilung im Beurteilungsgebiet.

Aufgrund der numerischen Lösungen der grundlegenden physikalischen Gleichungen, ohne die vereinfachenden Annahmen des Gauß-Modells (vgl. Kap. 8.2), liefern diese Modellsysteme ein realitätsnahes Bild des Ausbreitungsverhaltens von Schadstoffen in der Atmosphäre. Die Basis für diese Realitätsnähe gegenüber dem Gauß-Modell bilden der Strömungs- und Turbulenzteil des Modellsystems, die die dreidimensionalen Wind- und Turbulenzfelder der atmosphärischen Grenzschicht insbesondere unter Berücksichtigung entsprechender Ausbreitungsbedingungen und Geländestrukturen liefern.

In der Literatur sind hierzu eine Reihe von Modellen zitiert, die sich zum einen in den verwendeten numerischen Verfahren zur Lösung der Differentialgleichungssystem unterscheiden. Zum anderen sind die Modelle für unterschiedliche Einsatz- bzw. Anwendungsbereiche konzipiert. Beispielhaft seien hier die Modelle FITNAH/LPDM (Gross 1989) oder KAMM (Adrian und Fiedler 1991) genannt, die für regionale Bereiche, dem sog. Mesoscale, eingesetzt werden (horizontale Erstreckung zwischen ca. 2 km und 150 km mit horizontalen Gitterauflösungen von 100 m bis 1000 m). Für mikroskalige Fragestellung, das entspricht kleinräumigen Bereichen z.B. innerhalb von Stadtgebieten (horizontale Erstreckung kleiner 1 km mit Gitterauflösungen von wenigen Metern bis 100 m), eignen sich u.a. die Modelle MISKAM (Eichhorn 1989) oder MUKLIMO3 (Sievers 1990). Einen detaillierten Überblick zu dieser Thematik ist u.a. bei Schädler et al. (1996) und Röckle und Richter (1995) zu finden.

Allen Modellen ist gemein, daß sie neben den Emissionswerten und topographischen Parametern auch meteorologische Eingangswerte, wie z.B. Wind-, Temperaturfeld, benötigen, um für die entsprechende Problemstellung eine Lösung berechnen zu können. Die praktische Anwendung dieser numerischen Modelle erfordert daher eine entsprechende fachliche Kompetenz neben einer umfangreichen Erfahrung im Umgang mit numerischen Modellen. Erst damit ist gewährleistet, daß die Ergebnisse solcher Modellrechnungen fachkundig interpretiert und umgesetzt werden können.

8.4
Vorgehensweise in der Genehmigungspraxis

In der bisherigen Genehmigungspraxis wurden Immissionsprognosen bzw. Ausbreitungsrechnungen überwiegend nach dem Berechnungsverfahren in Anhang C der TA Luft durchgeführt. Im Zuge der Entwicklung der oben skizzierten Modellsysteme wurde die Möglichkeit eröffnet, komplexere Modelle auch unter dem Blickwinkel unterschiedlicher Zielsetzungen bei Ausbreitungsrechnungen im Rahmen von Genehmigungsverfahren einzusetzen.

Diese Erkenntnis schlägt sich in letzter Zeit immer deutlicher in Diskussionen bei Erörterungsterminen im Rahmen von BImSchG-Genehmigungsverfahren nieder. Hier wird insbesondere von Einwenderseite immer häufiger die Anwendung dieser komplexeren Modelle im Rahmen der Immissionsprognose gefordert, um eine realistischere Aussage zu erwartenden Immissionsbelastung zu erhalten. Dabei ist häufig festzustellen, daß diese Einwände bzw. Forderungen oft ungeachtet der aktuell vorliegenden Problemstellung erfolgen.

Wie oben bereits erläutert, ist das Gauß-Modell nur eingeschränkt anwendbar. Die Erfahrung hat jedoch gezeigt, daß für viele Situationen, die nicht zu extrem von den vereinfachenden Annahmen abweichen, wie z.B. Tallagen von Emittenten oder Gebiete mit einer auffallenden Häufigkeit an abgehobenen Inversionen, das Gauß-Ausbreitungsmodell durchaus vernünftige Ergebnisse liefert.

In der Literatur sind hierzu eine Reihe von Vergleichsrechnungen des Gauß-Modells mit komplexeren Modellen zu finden. Beispielhaft sei hier auf den Artikel von Schorling (1991) sowie den Bericht der Hessischen Landesanstalt für Umwelt (1994) verwiesen. Die in diesen Arbeiten durchgeführten Vergleichsrechnungen zeigen, daß die Maximalwerte der berechneten Immissionskonzentrationen von etwa gleicher Größe sind, bzw. bei den von Schorling (1991) betrachteten Fällen sogar höhere maximale Immissionsbelastungen mit dem Gauß-Ausbreitungsmodell ermittelt wurden.

Ein deutlicher Unterschied bei diesen Vergleichsrechnungen ist jeweils in der Lage der Immissionsmaxima zu erkennen. Dies ist darin begründet, daß die realitätsnähere Modellsimulation nicht die Einschränkung einer Gauß-Verteilung der Schadstoffkonzentrationen senkrecht zur entsprechenden Ausbreitungsrichtung voraussetzt.

In der genehmigungsrechtlichen Praxis ist jedoch zu beobachten, daß die Behörden zur Beurteilung möglicher schädlicher Umwelteinwirkungen durch eine Anlage den „konservativen Ansatz" wählen und den Maximalwert der zu erwartenden Immissionszusatzbelastung durch die Anlage zugrunde legen. Es wird also davon ausgegangen, als würde dieser Werte im gesamten Einwirkungsbereich der Anlage vorherrschen, unabhängig von der tatsächlich berechneten örtlichen Lage.

Diese Erfahrungen zeigen also, daß trotz eingeschränkter Anwendbarkeit des Anhangs C der TA Luft (Gauß-Modell) eine Reihe von Anwendungen zu brauchbaren Ergebnissen führen. Daher sollte generell vor dem Hintergrund der Problemstellung und der Gegebenheiten im Umfeld eines Emittenten entschieden werden, welches Modell eingesetzt werden kann.

Die problemorientierte Entscheidung, ob nicht bereits die Anwendung des Anhangs C der TA Luft für die konkrete Fragestellung ausreichend ist, ist insbesondere auch vor dem Hintergrund des erforderlichen Aufwands für die Durchführung dieser Berechnungen von Bedeutung. Während die komplexeren Simulationsmodelle von der Handhabung und damit vom Zeitbedarf sehr aufwendig sind, kann die Ausbreitungsrechnung nach Anhang C der TA Luft wie eine „Black Box" behandelt werden und Ergebnisse mit heutigen Rechnern (PC) in relativ kurzer Zeit bereitstellen.

Im Hinblick auf diesen Zeit- und damit Kostenaufwand ist der Einsatz eines entsprechenden Modells also auch eine Frage nach der Verhältnismäßigkeit, gerade wenn eine Berechnung nach Anhang C der TA Luft die Höhe des Maximalwertes der Zusatzbelastung genau genug bestimmen kann. Die Frage nach der Verhältnismäßigkeit ist auch vor dem Hintergrund von Bedeutung, daß aufgrund des heutigen Standes der Anlagentechnik, wie z.B. bei thermischen Abfallbehandlungsanlagen (vgl. Stormanns, Kap. 7.1), die Emissionsmassenströme sehr gering sind. Häufig ist in diesen Fällen eine Immissionsprognose aufgrund der Forderungen in Nr. 2.6.1.1 der TA Luft nicht erforderlich, wird jedoch vom Antragsteller auf freiwilliger Basis erstellt.

Abschließend kann also festgehalten werden: es sollte immer primäres Ziel sein, genau zu wissen, welches Modell für eine vorgegebene Fragestellung eingesetzt werden kann. Dies setzt allerdings voraus, daß man die o. g. komplexeren Modellsysteme als eine Alternative zur Anwendung des Anhangs C der TA Luft versteht. Damit ist gewährleistet, daß für spezielle Ausbreitungssituationen eine fachgerechte, dem Stand der Wissenschaft entsprechende Bearbeitung einer Problemstellung erfolgen kann.

Der eingeschränkten Anwendbarkeit des Gauß-Modells wird Rechnung getragen in Nr. 2.6.4.1 der TA Luft in Verbindung mit Nr. 2.2.1.3 der TA Luft. Hiermit wird die Möglichkeit geschaffen, im Rahmen einer Sonderfallprüfung andere Berechnungsverfahren heranzuziehen. Der Aspekt der Sonderfallprüfung im Rahmen der TA Luft wird im folgenden Abschnitt kurz erläutert.

8.5
Prüfung in Sonderfällen nach Nr. 2.2.1.3 der TA Luft

Eine Sonderfallprüfung nach Nr. 2.2.1.3 der TA Luft im Rahmen eines Genehmigungsverfahrens ist nur erforderlich, wenn hinreichende Anhaltspunkte dafür bestehen, daß schädliche Umwelteinwirkungen durch eine Anlage hervorgerufen werden können.

Zum einen ist eine Sonderfallprüfung für die Schadstoffe erforderlich, für die

- keine IW-Werte in Nr. 2.5 der TA Luft festgelegt sind und *hinreichende Anhaltspunkte* dafür vorliegen, daß durch diese Schadstoffe Gesundheitsgefahren, erhebliche Nachteile und erhebliche Belästigungen verursacht werden.

Eine Sonderfallprüfung ist also nicht alleine dadurch erforderlich, daß für bestimmte Schadstoffe keine IW-Werte in Nr. 2.5 der TA Luft festgelegt sind, sondern es müssen die o. g. *hinreichenden Anhaltspunkte* bestehen. Es bedarf daher der Konkretisierung dieses unbestimmten Begriffs. In einer Arbeit des Länderausschusses für Immissionsschutz (LAI, 1990) wurden für den praktischen Verwaltungsvollzug hierzu einige Konkretisierungen aufgezeigt.

Neben der Konkretisierung des Begriffs *hinreichende Anhaltspunkte* sind Beurteilungen der Umwelterheblichkeit durch luftverunreinigende Stoffe zu treffen, für die keine verbindlichen Beurteilungsmaßstäbe vorliegen. Eine Beurteilung ist in den Fällen grundsätzlich möglich, in denen die Wirkungsforschung bereits Beurteilungsmaßstäbe bzw. Risikoabschätzungen auf wissenschaftlich weitgehend verläßlicher Basis abgeleitet hat. Im Rahmen der Arbeit des Länderausschusses für Immissionsschutz (LAI, 1990) wurde ein Schwellenwertkonzept vorgestellt, in dem Kriterien zur Beurteilung der Umwelterheblichkeit genannt werden (vgl. Stormanns Kap.7).

Darüber hinaus verlangt Nr. 2.2.1.3 Abs. 1 der TA Luft eine Sonderfallprüfung in den Fällen, in denen an anderer Stelle auf diese Nummer verwiesen wird. Einen Verweis hierauf ist zum einen in Nr. 2.2.1.1 (Prüfung von Gesundheitsgefahren) zu finden. Danach ist eine Sonderfallprüfung anzuwenden, wenn:

1. die Kenngrößen für die Gesamtbelastung die IW-Werte aus Nr. 2.5.1 der TA Luft einhalten, aber neue gesicherte Erkenntnisse über die Gesundheitsschädlichkeit eines Stoffes vorliegen oder wenn ein sog. *atypischer Sachverhalt* vorliegt. Dies kann der Fall sein, wenn sich im Einwirkungsbereich der Anlage Einrichtungen für besonders gesundheitsempfindliche Personen befinden (z.B. Sanatorium für Atemwegskranke) oder **wenn durch das in Nr. 2.6 der TA**

Luft vorgegebene Beurteilungsverfahren (Gauß-Modell) für die zu erwartenden Immissionen wegen einer außergewöhnlich ungleichmäßigen Schadstoffverteilung auf einzelnen Beurteilungsflächen die tatsächlichen Verhältnisse auch nicht annähernd zutreffend erfaßt werden können. Liegt ein atypischer Sachverhalt vor, ist, wie bei Schadstoffen, für die keine Immissionswerte festgelegt sind, eine Sonderfallprüfung nach Nr. 2.2.1.3 der TA Luft durchzuführen (s. Hansmann 1991, RdErl. TA Luft 1995);

2. die Kenngrößen für die Gesamtbelastung die IW-Werte aus Nr. 2.5.2 der TA Luft überschreiten und hinreichende Anhaltspunkte für eine besondere Situation vorliegen. Diese liegen z.B. vor, wenn einzelne Personen einen wesentlichen Teil ihrer Nahrungsmittel aus Gebieten mit Immissionswertüberschreitung beziehen oder wenn dort bereits eine so hohe Bodenvorbelastung mit Schwermetallen besteht, daß die Nahrungsmittel für den menschlichen Verzehr möglicherweise nicht mehr geeignet sind.

Ferner ist im Rahmen der Beurteilung erheblicher Nachteile oder erheblicher Belästigungen durch Schadstoffe eine Sonderfallprüfung nach Nr. 2.2.1.3 dann erforderlich, wenn:

3. sich im Einwirkungsbereich einer Anlage besonders empfindliche Tiere, Pflanzen oder andere Sachgüter befinden und die zu erwartenden Zusatzbelastungen von Schwefeldioxid, Fluorwasserstoff und anorganischen gasförmigen Fluorverbindungen die entsprechenden Werte aus Anhang A der TA Luft überschreiten;

4. die in Nr. 2.5.2 der TA Luft festgesetzten Immissionswerte überschritten werden und die Zusatzbelastung die im Anhang A der TA Luft festgelegten Werte übersteigt.

Das in der obigen Aufzählung unter 1. gekennzeichnete Kriterium eines atypischen Sachverhaltes im Hinblick auf die Anwendung einer Sonderfallprüfung stellt den Bezug zu den Ausführungen in Kapitel 8.4 bezüglich des Einsatzes komplexer Modellsysteme dar. Ein entsprechendes Beispiel hierzu wird im folgenden vorgestellt. Es handelt sich um eine Sonderfallprüfung, die im Rahmen eines immissionsschutzrechtlichen Genehmigungsverfahrens für eine thermische Abfallbehandlungsanlage durchgeführt wurde.

8.6
Einsatz eines Strömungs- und Ausbreitungsmodells für eine Sonderfallprüfung

Gegenstand des immissionsschutzrechtlichen Genehmigungsverfahrens war die Erweiterung einer thermischen Abfallbehandlungsanlage um 2 zusätzliche Verbrennungslinien. Im nördlichen Bereich der Anlage befindet sich ein Haldenkomplex, dessen Aufschüttung in ca. 15 Jahren beendet sein wird. Ein Teil der Halde wird bereits als Erholungsgebiet genutzt, was nach Beendigung der Aufschüttung auf den gesamten Haldenkomplex ausgedehnt werden soll.

Im Rahmen dieses BImSchG-Genehmigungsverfahrens wurde die Frage aufgeworfen, inwieweit durch die Schadstoffemissionen der Anlage eine Einschränkung in der Nutzung der Halden als Erholungsgebiet erwartet werden kann. Diese Fragestellung beruht auf Kenntnissen zu den lokalklimatischen Auswirkungen von Halden. Zu dieser Thematik gibt es Untersuchungen von Horbert und Schäpel (1986) sowie Windkanalmessungen der Ausbreitungsverhältnisse von Luftschadstoffen in der Umgebung von Halden unterschiedlicher Formen von Lohmayer und Plate (1986).

Im vorliegenden Fall war bei einer südlichen Anströmung der Halden, die thermische Abfallbehandlungsanlage befindet sich dann auf der Luvseite, in Verbindung mit einer austauscharmen Wetterlagen eine Einschränkung der Nutzung der Halden als Erholungsgebiet durch einen erhöhten Schadstoffeintrag zu befürchten. Die Halde würde in diesem Fall die Funktion eines Immissionsschutzriegels für die im Lee der Aufschüttungen befindlichen Gebiete einnehmen.

Ferner wurde die Frage aufgeworfen, ob bei einer nördlichen Windrichtung der ungestörte Abtransport der Abgase mit der freien Luftströmung aus den 100 m hohen Schornsteinen der Anlage gemäß den Anforderungen aus Nr. 2.4.1 der TA Luft gewährleistet ist. Diese Behinderung des ungestörten Abtransportes ist grundsätzlich denkbar, wenn sich die Anlage im Lee der Halden befindet, d.h. bei einer nördlichen Windrichtung, und sich durch die Um- und Überströmung der Halden ein Rezirkulationsbereich einstellt, der bis zum Schornstein der Anlage reicht.

Aufgrund dieser Fragestellungen, hervorgerufen durch die besonderen Lage der Anlage in einem orographisch stark gegliederten Gelände, bestanden nach Nr. 2.2.1.3 der TA Luft hinreichende Anhaltspunkte für eine Sonderfallprüfung im Rahmen des Genehmigungsverfahrens. Es war zu vermuten, daß durch das gemäß Nr. 2.6 der TA Luft vorgegebene Beurteilungsverfahren für die zu erwartenden Immissionen auf einzelnen Beurteilungsflächen die tatsächlichen Verhältnisse nicht exakt erfaßt werden konnten.

8.6.1
Modellrechnung

Im Rahmen der Sonderfallprüfung nach Nr. 2.2.1.3 der TA Luft wurden daher mit Hilfe von Modellsimulationen die dreidimensionalen Strömungsverhältnisse und die daraus resultierende Schadstoffverteilung im Umfeld der Halden berechnet.

Die Modellrechnungen wurden mit dem mesoskaligen Strömungsmodell KLIMM (Klima-Modell Mainz) durchgeführt, das am Institut für Physik der Atmosphäre der Universität Mainz entwickelt wurde (s. BMFT-Forschungsbericht *Weiterentwicklung und Anwendung physikalisch anspruchsvoller dreidimensionaler Modelle zur Simulation des urbanen Klimas und der Schadstoffausbreitung;* Förderkennzeichen 07 KF 312/4, Eichhorn, Siebert und Zdunkowski 1990).

Die auf diese Weise unter Berücksichtigung der vorhandenen Orographie bestimmten dreidimensionalen Windfelder gehen als Eingangsgröße in ein Modell zur Berechnung der Ausbreitung der Schadstoffemissionen aus den beiden Schornsteinen der Anlage ein. Das der Modellierung der Schadstoffausbreitung zugrunde liegende Euler-Modell ist die numerische Lösung der Advektions-Diffusionsgleichung.

Die Ausbreitungsrechnungen wurden für eine Standardgas-Emissionskonzentration von 1 mg/m³ durchgeführt, um die Übertragbarkeit der Resultate auf Emissionswerte beliebiger Gase zu gewährleisten. Dazu wurden die in Tabelle 8.1 aufgeführten Anlagendaten zugrunde gelegt.

Tabelle 8.1:   Anlagendaten der thermischen Abfallbehandlungsanlage

Parameter	Schornstein I	Schornstein II
Abgasvolumenstrom (im Normzustand, trocken)	452.400 m³/h	112.600 m³/h
Höhe über Grund	100 m	100 m
Rechtswert	80,715 km	80,775 km
Hochwert	14,290 km	14,300 km

Die Abgastemperatur an den Schornsteinmündungen blieb unberücksichtigt, da die Ausbreitungsrechnung hinsichtlich einer konservativen Abschätzung die Schornsteinüberhöhung durch den Auftrieb der Abgase vernachlässigte. Das Modellgebiet mit den Halden in der Gestalt, die sie nach Beendigung der Aufschüttungen in etwa 15 Jahren erreichen, ist in Abb. 8.1 dargestellt.

Die Abszisse mit den Rechtswerten kennzeichnet die West-Ost-Richtung, während die Ordinate mit den Hochwerten die Süd-Nord-Richtung im Modellgebiet beschreibt.

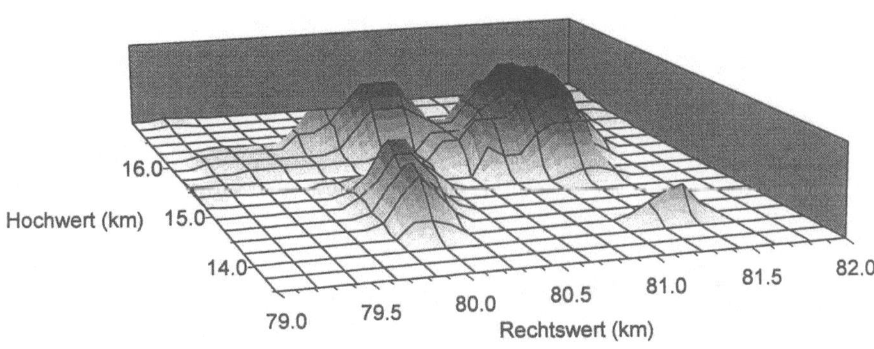

Abb. 8.1: Geländerelief des Untersuchungsgebietes (maximale Haldenhöhe 95 m)

8.6.2
Strömungsfeld und Ausbreitungsverhältnisse im Umfeld der Halden

Zur Untersuchung der Frage, ob und in welchem Maße die Emissionen aus den 100 m hohen Schornsteinen der Anlage eine mögliche Einschränkung der Nutzung der Halden als Erholungsgebiet verursachen, wurde eine südliche Anströmrichtung der Halden betrachtet.

8.6.2.1
Strömungsfeld

Für den konservativen Fall einer austauscharmen Wetterlage bei einer südlichen Windrichtung mit einer Geschwindigkeit von 1 m/s in Anemometerhöhe (10 m ü. Grund) wurden mit Hilfe des o. g. mesoskaligen Strömungsmodells die Windfelder berechnet. Auf der Grundlage meteorologischer Daten für diesen Standort waren diese Ausbreitungsverhältnisse in einer Häufigkeit von insgesamt ca. 84 Stunden im Jahr zu beobachten.

In Abb. 8.2 ist das resultierende horizontale Windfeld in 10 m über Grund dargestellt. Die Länge der Windpfeile sind proportional zur vorherrschenden Strömungsgeschwindigkeit. In dieser Höhe ist deutlich der Einfluß der Halden zu erkennen. Das Windfeld wird im Luv der Halden abgelenkt und umströmt mit erhöhter Windgeschwindigkeit an der breitesten Stelle den gesamten Haldenkomplex. In der Mulde der nördlich gelegenen Aufschüttung kommt es zu einer Beschleunigung des Windfeldes durch die Verengung des Strömungsquerschnittes. Neben dem Überströmungseffekt auf den Haldenkuppen kommt hier die vorherrschende höhere Anströmungsgeschwindigkeit zum Tragen.

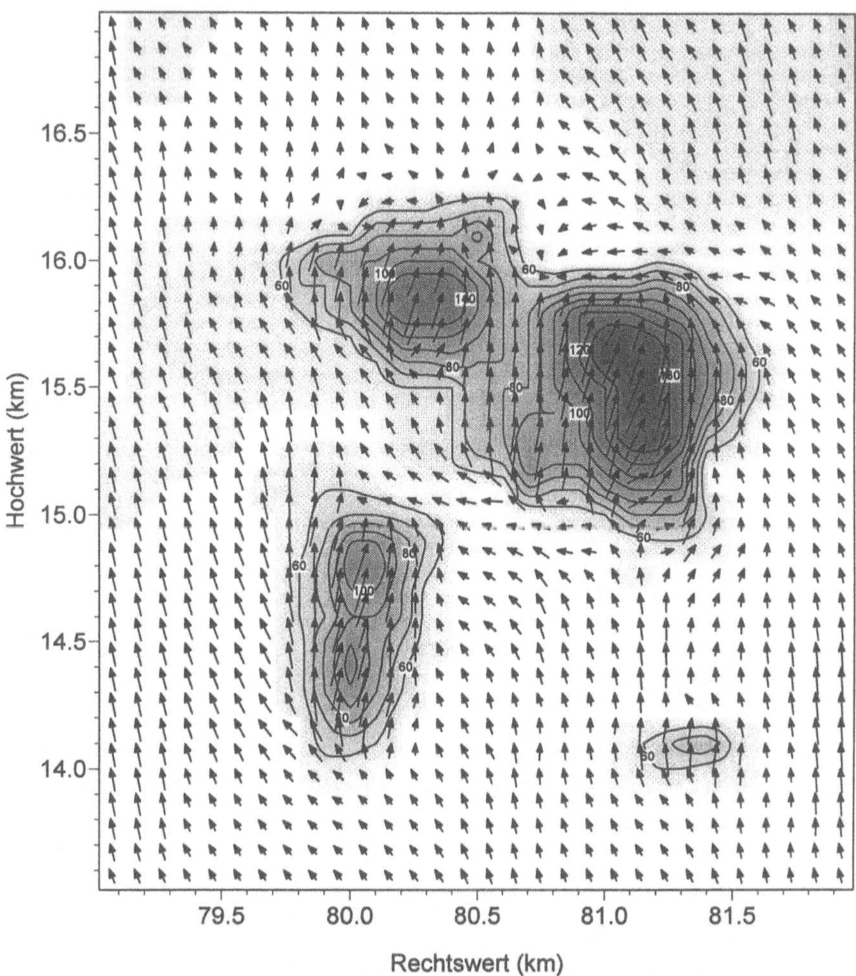

Abb. 8.2: Das horizontale Windfeld in 10 m über Grund für eine südliche Anströmung

Die Abbildung verdeutlicht, daß das horizontale Windfeld in Bodennähe maßgeblich durch die Halden beeinflußt wird, jedoch geht dieser Einfluß in Schornsteinhöhe verloren. Um zu beurteilen, wie sich der Haldeneinfluß auf die vertikale
Windfeldkomponente auswirkt, wird im folgenden ein Vertikalschnitt des Strömungsfeldes betrachtet.

Abb. 8.3 zeigt einen solchen Vertikalschnitt, der entlang einer Linie von Süden
nach Norden durch das Modellgebiet verläuft. Die Abbildung zeigt die Überströmung des Hindernisses. Es kommt an der Luvseite der Halde zu einem Aufsteigen
der Luft, das sich bis in größere Höhen fortsetzt, während auf der Haldenrückseite
(leeseitig) ein deutlicher Wirbel mit einer bodennahen Rückströmung erkennbar
ist.

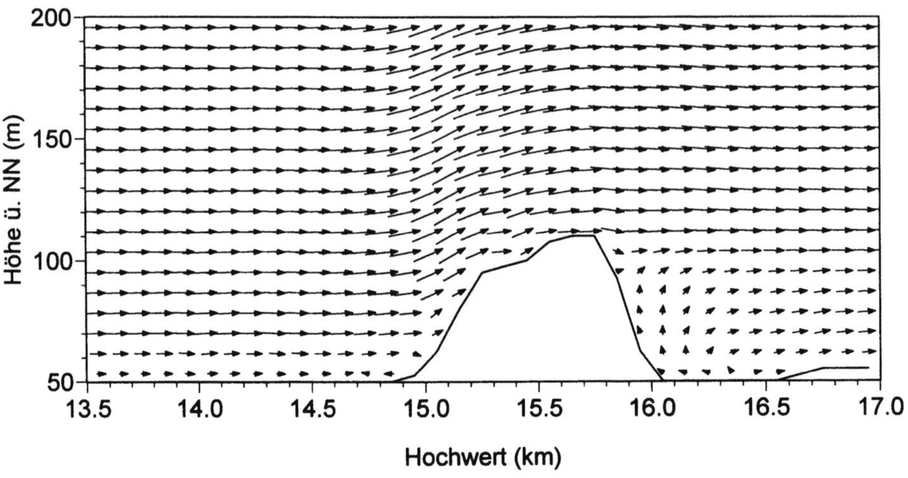

Abb. 8.3: Vertikalschnitt des Windfeldes (Schnitt entlang der Linie am Rechtswert 80,95 km von Süden nach Norden)

8.6.2.2
Ausbreitungsverhältnisse

Zur Ermittlung der Immissionsbelastung im Haldenbereich erfolgte auf der Basis der im vorangegangenen vorgestellten dreidimensionalen Windfelder die Berechnung der Schadstoffausbreitung im betrachteten Modellgebiet.

Für eine austauscharme Wetterlage und eine Standardgas-Emissionskonzentration von 1 mg/m^3 mit den in Tabelle 8.1 aufgeführten Anlagendaten sind in Abb. 8.4 und Abb. 8.5 die Ergebnisse der Ausbreitungsrechnung dargestellt. In Abb. 8.4 ist ein Horizontalschnitt der Schadstoffverteilung in 150 m über NN dargestellt. Diese Schnittfläche liegt genau in der Höhe der Schornsteinmündungen. Somit ist das Maximum der Konzentrationsverteilung im Bereich der Schornsteine zu finden.

Abb. 8.5 zeigt die entsprechende Konzentrationsverteilung in Bodennähe. Die Grauabstufung der Isolinien geben den prozentualen Anteil am Maximalwert der Schadstoffkonzentration c_{max} (s. Legende) wieder.

Das Ergebnis zeigt ein Maximum der Immissionskonzentration in Bodennähe auf der Haldenrückseite. Aufgrund der stabilen atmosphärischen Schichtung erfolgt der Transport der Schadstoffe über die Halde hinweg und eine Verfrachtung durch die leeseitigen Strömungsverhältnisse zur Haldenrückseite.

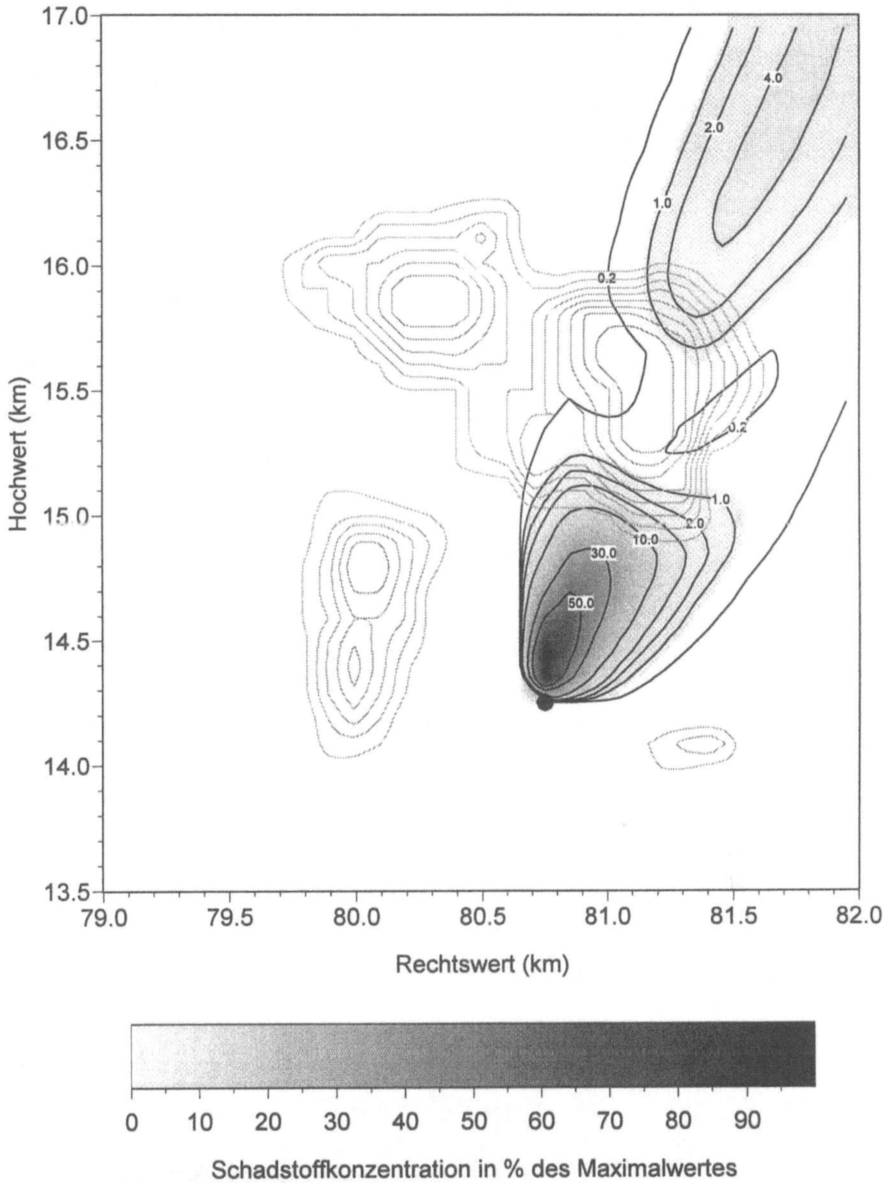

Abb. 8.4: Verteilung der Schadstoffkonzentration in 150 m über NN für eine Standardgas-Emissionskonzentration von 1 mg/m³ (Maximalwert der Schadstoffkonzentration c_{max}= 42 µg/m³; •: Standort der Anlage)

Im Rahmen der hier vorgestellten Sonderfallbetrachtung erfolgte ferner eine Bewertung der ermittelten Immissionsbelastung. Auf der Grundlage der Emissionswerte der 17. Verordnung zur Durchführung des Bundes-Immissionsschutzgesetzes (17. BImSchV) wurden die maximalen Immissionskonzentrationen für die einzelnen Schadstoffe aus dem modellierten Immissionsfeld für die Standardgas-

Emissionskonzentration bestimmt. Gemeinsam mit der vorherrschenden Immissionsbelastung in diesem Gebiet erfolgte eine Bewertung möglicher schädlicher Umwelteinwirkungen anhand geeigneter Grenzwerte.

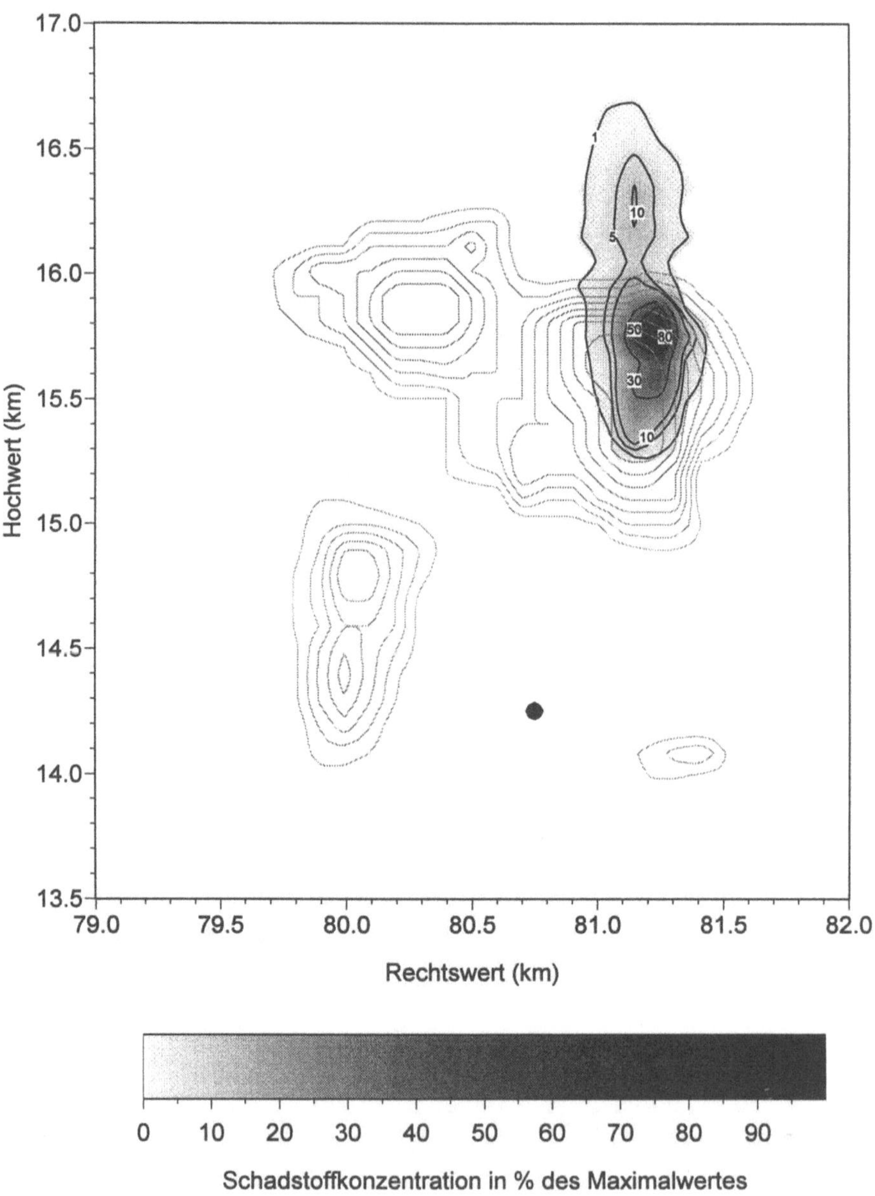

Abb. 8.5: Verteilung der Immissionskonzentration in Bodennähe für eine Standardgas-Emissionskonzentration von 1 mg/m³ (Maximalwert der Schadstoffkonzentration c_{max}= 0,2 µg/m³; ●: Standort der Anlage)

Diese Bewertung soll in diesem Rahmen nicht weiter diskutiert werden. Das Ergebnis der Untersuchung war, daß von keiner Gesundheitsschädigung des Menschen, insbesondere sehr empfindlicher Bevölkerungsgruppen, bei der Nutzung der Halden als Erholungsgebiet auszugehen ist.

8.6.3
Ungestörter Abtransport der emittierten Schadstoffe

Zum Abschluß sollte noch der Frage nachgegangen werden, inwiefern durch den Haldenkomplex der Abtransport der Emissionen aus den Schornsteinen der Anlage beeinträchtigt wird. Zur Beantwortung dieser Fragestellung wurde mit Hilfe des Strömungsmodells eine Berechnung der Windfelder für eine nördliche Anströmung der Halden durchgeführt. Der Modellrechnung wird eine stabile Temperaturschichtung in Verbindung mit einer Schwachwindwetterlage (1 m/s in Anemometerhöhe) zugrunde gelegt, so daß der Einfluß der Orographie auf das Strömungsfeld besonders deutlich hervortritt.

In Abb. 8.6 ist das Ergebnis der Modellsimulation für das horizontale Windfeld in 10 m über Grund dargestellt. Die Abbildung veranschaulicht die markante Umströmung der Aufschüttungen und die bereits in Kap. 8.6.2.1 erläuterten relativ hohen Windgeschwindigkeiten auf den Haldenkuppen.

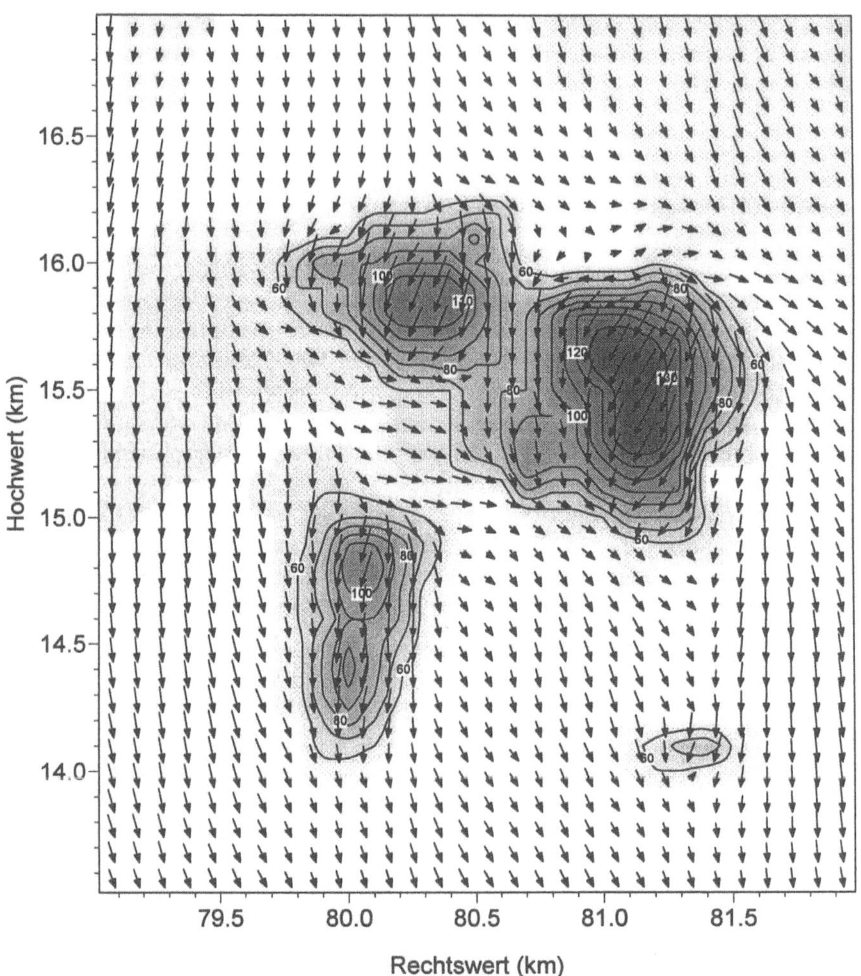

Abb. 8.6: Das horizontale Windfeld in 10 m über Grund für eine nördliche Anströmung

Zur Veranschaulichung des Verhaltens der Windfelder bei der Überströmung des Haldenkörpers dient wieder ein Vertikalschnitt des Strömungsfeldes von Süden nach Norden durch die atmosphärische Grenzschicht.

In Abb. 8.7 ist der Schnitt entlang des Rechtswertes 80,75 km dargestellt, der durch das Gelände der thermischen Abfallbehandlungsanlage verläuft.

Das Strömungsbild im Vertikalschnitt zeigt im wesentlichen ein Aufsteigen der Luft auf der Luvseite der Halden und ein entsprechendes Absinken auf der Leeseite. Es kommt zu keinen Verwirbelungen im Lee des Strömungshindernisses im Gegensatz zu dem in Abb. 8.3 gezeigten Fall. Die Ursache hierfür ist die im vorliegenden Fall wesentlich geringere Hangneigung des leeseitigen Haldenbereichs.

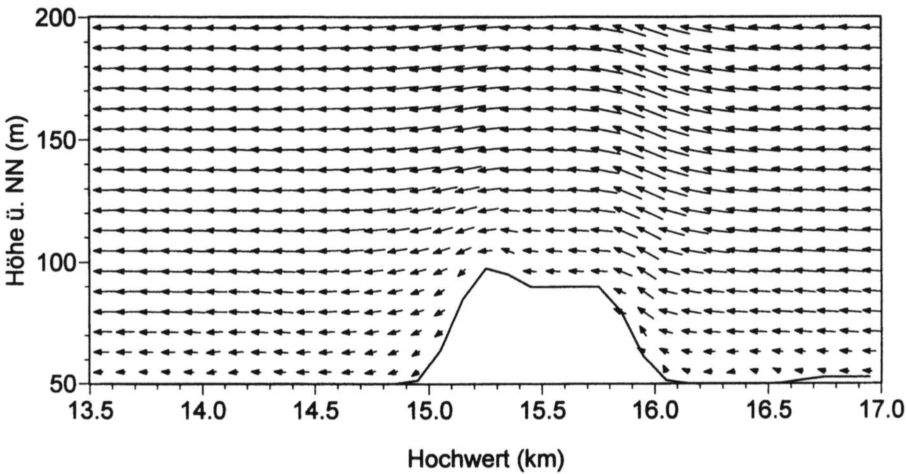

Abb. 8.7: Vertikalschnitt des Windfeldes (Schnitt entlang der Linie am Rechtswert 80,75 km von Süden nach Norden)

Wie Abb. 8.7 zeigt, liegt nach bereits ca. 400 m hinter dem Haldenfuß das ungestörte Windprofil wieder an. Es konnte daher festgestellt werden, daß von keiner Beeinträchtigung des Abtransportes der Emissionen mit der freien Luftströmung in Schornsteinhöhe für die vorgegebenen Haldenformen auszugehen ist.

8.7
Schlußbemerkung

In den vorangegangenen Abschnitten wurde gezeigt, daß es neben dem Berechnungsverfahren des Anhangs C der TA Luft eine Auswahl an neueren Prognose-Verfahren (Modelle) gibt, die eine wesentlich realitätsnähere Beschreibung des Ausbreitungsverhaltens von Schadstoffen in der Atmosphäre ermöglichen.
An dem hier präsentierten Beispiel einer Sonderfallbetrachtung sollte eine alternative Vorgehensweise im Rahmen einer Immissionsprognose aufgezeigt werden, die die TA Luft durch entsprechende Regelungen selbst eröffnet, wenn durch das Gauß-Modell eine sachgerechte Prognose der Immissionsbelastung nicht zu leisten ist.
Trotz der sicherlich realistischeren Beschreibung der Schadstoffausbreitung mit numerischen Modellen sollte deutlich geworden sein, daß in vielen Fällen eine ausreichende Information über die zu erwartende Immissionszusatzbelastung einer genehmigungsbedürftigen Anlage bereits durch das Gauß-Modell erzielt werden kann.

Im Vordergrund eines Genehmigungsverfahrens muß immer eine sachgerechte Ermittlung von Informationen stehen, die eine Beurteilung der zu erwartenden Auswirkungen einer Anlage erlauben. Daher erfordert insbesondere die Frage nach der Verhältnismäßigkeit für eine sachgerechte Datenerhebung, auch vor dem Hintergrund des Zeit- und Kostenfaktors, eine kompetente Auswahl eines angemessenen Modells für den vorliegenden Anwendungsfall.

Literatur

Adrian G, Fiedler F (1991) Simulation of unstationary wind and temperature field over complex terrain and comparison with observation. Beitr Phys Atmosph 64: 27-48

Gross G (1989) Numerical simulation of the nocturnal flow system in the Freiburg area for different topographics. Beitr Phys Atmosph 62: 57-72

Eichhorn J (1989) Entwicklung und Anwendung eines dreidimensionalen mikroskaligen Stadtklima-Modells. Dissertation, Johannes-Gutenberg-Universität Mainz

Hansmann K. (1991) Erste Allgemeine Verwaltungsvorschrift zum Bundes-Immissions-schutzgesetz (Technische Anleitung zur Reinhaltung der Luft - TA Luft -). In: Landmann / Rohmer Umweltrecht Band I, Stand 1. April 1996. C H Beck'sche Verlagsbuchhandlung München

Hessische Landesanstalt für Umwelt (1994) Vergleich von Ausbreitungsrechnungen mit der Modellkombination FITNAH / Lagrange Partikeldispersionsmodell und dem Verfahren nach TA Luft, Bericht über ein gemeinsames Projekt von Deutscher Wetterdienst (DWD) und Hessische Landesanstalt für Umwelt (HLfU). In: Umweltplanung, Arbeits- und Umweltschutz Heft 173, Schriftenreihe der HLfU

Horbert M, Schäpel C (1986): Klimatische Untersuchungen an Bergehalden im Ruhrgebiet. Arbeitshefte Ruhrgebiet A 030, Hrsg vom Kommunalverband Ruhrgebiet, Essen

Länderausschuß für Immissionsschutz (1990) Bewertung von Schadstoffen, für die keine Immissionswerte festgelegt sind.

Lohmayer A, Plate E (1986): Windfeld und Ausbreitung an Bergehalden. Arbeitshefte Ruhrgebiet A 026, Hrsg vom Kommunalverband Ruhrgebiet, Essen

Röckle R, Richter H (1995) Ermittlung des Strömungs- und Konzentrationsfeldes im Nahbereich typischer Gebäudekonfigurationen - Modellrechnungen. PEF-Forschungsbericht FZKA-PEF 136, Karlsruhe

RdErl. TA Luft (1995) Durchführung der Technischen Anleitung zur Reinhaltung der Luft. Gem. RdErl. d. Ministers für Umwelt- und Raumordnung und Landwirtschaft - V B 1 - 8001.7.25.1 - (V Nr. 08/86) u. d. Ministers für Wirtschaft, Mittelstand und Technologie -133-81-3.7 (19/86); zuletzt geändert am 9. Februar 1995 durch Gem. RdErl. d. Ministeriums für Umwelt, Raumordnung und Landwirtschaft und des Ministeriums für Wirtschaft, Mittelstand und Technologie zur Durchführung der Technischen Anleitung zur Reinhaltung der Luft (MBl.NW. Nr. 21, S. 364)

Schädler G, Bächlin W, Lohmeyer A, van Wees Tr (1996) Vergleich und Bewertung derzeit verfügbarer mikroskaliger Strömungs- und Ausbreitungsmodelle. PEF- Forschungsbericht FZKA-PEF 138, Karlsruhe

Schorling, M (1991) TA Luft - Gültigkeit und Einschränkungen des Gauss-Ansatzes im Vergleich zum Lagrange-Ausbreitungsmodell. UWSF - Z Umweltchem Ökotox 3 (6): 342-345

Sievers U (1990) Dreidimensionale Simulation in Stadtgebieten. In: Umweltmeteorologie. Schriftenreihe Bd. 15. Kommission Reinhaltung der Luft im VDI und DIN, Düsseldorf, S. 36-43

9
Erfahrungen mit aktivem Biomonitoring in der Anlagenüberwachung

M. Laun

In der öffentlichen Diskussion um Industrieanlagen, insbesondere thermische Abfallbehandlungsanlagen, stehen meist die durch das Vorhaben verursachten Immissionen im Vordergrund. Häufig befürchten Anwohner und Umweltschutzverbände erhebliche Auswirkungen auf Mensch und Natur durch Luftverunreinigungen. Da rein physikalische Meßmethoden lediglich Schadstoffkonzentrationen in den Umweltmedien, nicht aber deren Wirkung auf Pflanzen, Tiere und Menschen erfassen können, werden diese oft als nicht ausreichend für eine Beurteilung der aktuellen Belastungssituation und der möglichen Auswirkungen durch Luftschadstoffe angesehen.

Eine bessere Beschreibung der vorhandenen Umweltbelastung bzw. der möglichen Auswirkungen erwartet man häufig durch die Ergebnisse eines sog. „Biomonitoring" (synonym werden auch die Begriffe „Bioindikation" oder „Immissions-Wirkungsuntersuchungen" verwendet), bei dem die Wirkung von Umwelteinflüssen auf lebende Organismen untersucht wird.

Die folgenden Ausführungen befassen sich mit verschiedenen Aspekten des Biomonitoring in der Anlagenüberwachung, wobei Untersuchungen im Rahmen von Genehmigungsverfahren ebenfalls zu diesem Bereich gezählt werden. Es ist nicht beabsichtigt, eine komplette Anleitung zur Durchführung einer Bioindikation zu geben, da dies den Rahmen dieses Beitrags sprengen würde. Darüber hinaus existieren hierfür keine einheitlichen Vorgaben, sondern lediglich Richtlinien und z.T. noch unveröffentlichte Empfehlungen, die in Abhängigkeit von neueren Erkenntnissen einer ständigen Aktualisierung unterliegen. Entsprechende Hinweise sind in den nachfolgenden Abschnitten enthalten. Weitere Informationen bzgl. des jeweils aktuellen Standes können beim *Arbeitskreis Bioindikation / Wirkungsermittlung der Landesämter / -anstalten für Umweltschutz*, deren Obmann derzeit Dr. Peichl vom Bayerischen Landesamt für Umweltschutz ist, erfragt werden. Der vorliegende Beitrag beschreibt Erfahrungen mit der praktischen Durchführung der Untersuchungen und diskutiert Ansätze zur Interpretation der Ergebnisse.

Die durchaus kritische Betrachtung mündet letztendlich in die Frage: *Kann die Bioindikation im Rahmen der Anlagenüberwachung tatsächlich das leisten, was von ihr erwartet wird?*

9.1
Definition und Ziele des aktiven Biomonitorings in der Anlagenüberwachung

Die Begriffe „Bioindikation", „Biomonitoring" oder auch „Immissions-Wirkungsuntersuchung mit Bioindikatoren" umfassen eine Reihe unterschiedlicher Verfahren, die zum Ziel haben, den Einfluß von Umweltfaktoren auf die belebte Welt zu erfassen. Viele Organismen besitzen die Fähigkeit, ihre Umweltbedingungen auf charakteristische Art und Weise widerzuspiegeln, daher werden sie als „Bioindikatoren" genutzt.

Prinzipiell sind 2 Arten der Immissionswirkung auf Bioindikatoren zu unterscheiden: *Reaktion* und *Akkumulation.*

Organismen weisen unterschiedliche Empfindlichkeiten gegenüber Luftschadstoffen auf und zeigen bei bestimmten Konzentrationen oder Kombinationen von Schadstoffen morphologische und/oder physiologische Veränderungen. Art und Stärke dieser Reaktionen sind für einige empfindliche Pflanzenarten gut untersucht und liefern Hinweise auf die Konzentration der die Schadsymptome hervorrufenden Komponenten in der Umgebungsluft. Verschiedene empfindliche Pflanzenarten werden als Reaktionsindikatoren in Immissions-Wirkungsuntersuchungen eingesetzt (z.B. bestimmte Tabaksorten als Indikatoren für die Ozonbelastung von Pflanzen).

Pflanzen mit einer relativ geringen Empfindlichkeit zeigen erst bei hohen Schadstoffkonzentrationen Schadsymptome. Sie weisen aber häufig die Eigenschaft auf, Stoffe aus ihrer Umgebung aufzunehmen und zu akkumulieren. Die Akkumulation von Stoffen in Pflanzen ist ein Ergebnis aus der vorhandenen Immissionsbelastung und den Aufnahme-, Adsorptions- und Stoffwechselmechanismen der Pflanze. Die im Pflanzengewebe angehäuften Schadstoffe sind chemisch analysierbar und ihre Konzentration läßt Rückschlüsse auf die vorhandene Schadstoffbelastung zu. Einige Pflanzenarten sind gut untersucht und werden in Immissions-Wirkungsuntersuchungen als Akkumulationsindikatoren eingesetzt.

Weiterhin ist zu unterscheiden zwischen *aktivem* und *passivem* Biomonitoring. Beim passiven Biomonitoring werden an ihrem natürlichen Standort gewachsene bzw. lebende Organismen untersucht (z.B. Schadstoffgehalte in Fichtennadeln), beim aktiven Biomonitoring werden standardisierte bzw. nach möglichst weitgehend vereinheitlichten Methoden angezogene Organismenkulturen am Untersuchungsort exponiert. In der Anlagenüberwachung ist hauptsächlich das aktive Biomonitoring mit den Akkumulationsindikatoren „Welsches Weidelgras" und „Grünkohl" von Bedeutung, das Gegenstand der weiteren Ausführungen sein wird.

Da es sich bei den im Rahmen von Bioindikationen betrachteten anorganischen Stoffen z.T. um unentbehrliche Bestandteile des pflanzlichen Stoffwechsels (z.B. Schwefel, Cobalt, Zink) handelt, die nicht a priori als *Schad*stoffe zu bezeichnen sind, werden im weiteren die Begriffe *Elemente* oder *Stoffe* anstatt *Schadstoffe* bevorzugt.

Immissions-Wirkungsuntersuchungen im Einflußbereich einer (geplanten) Anlage haben immer das Ziel, mögliche schädliche Auswirkungen auf die Natur zu identifizieren und wenn möglich zu quantifizieren. *Vor der Inbetriebnahme* dienen die Untersuchungen vor allem der Beweissicherung und haben grundsätzlich das Ziel, die vorhandenen Immissionswirkungen ohne den Einfluß der Anlage festzustellen.

Die Durchführung erneuter Immissions-Wirkungsuntersuchungen *nach Inbetriebnahme* der Anlage hat vor allem die Beantwortung der Frage, ob der Betrieb der Anlage eine Veränderung der Immissionswirkungen auf die Bioindikatoren und damit möglicherweise schädliche Einflüsse auf die Natur und den Menschen bewirkt hat, zum Ziel.

Darüber hinaus werden auch Untersuchungen an *in Betrieb befindlichen Anlagen*, denen keine Beweissicherung vorausgegangen ist, durchgeführt. Sie sollen aufdecken, ob auf den durch Emissionen aus der Anlage beeinflußten Flächen höhere Immissionswirkungen feststellbar sind als in einem durch die Anlage unbeeinflußten Gebiet.

9.2
Welsches Weidelgras und Grünkohl als Bioindikatoren

Zur Untersuchung von Immissionswirkungen im Umfeld eines Emittenten reicht es nicht aus, die in der zu betrachtenden Gegend wachsende Vegetation zu beproben.

Angenommen, eine Pflanzenprobe vom Wegrand zeigt gegenüber anderen untersuchten Standorten erhöhte Kohlenwasserstoffgehalte. Dieses Ergebnis bleibt grundsätzlich ohne Aussagekraft, wenn im Nachhinein nicht mehr feststellbar ist, ob die erhöhten Werte z.B. durch

- Ascheverwehungen oder Rauch von einem nahegelegenen Grillplatz,
- herabgetropftes Motoröl eines zufällig hier geparkten Kraftfahrzeugs oder
- tatsächlich durch die zu betrachtenden Emissionen aus einer benachbarten Fabrik

verursacht sein könnten. Das heißt, die Aussagekraft von Untersuchungen ist maßgeblich von der Rückverfolgbarkeit der eine Wirkung verursachenden Faktoren abhängig.

Häufig bereitet auch die Einordnung der Höhe der ermittelten Elementkonzentrationen in den Bioindikatoren Schwierigkeiten. Ab wann ist ein Wert als „erhöht" im Sinne von „der Bioindikator zeigt eine Immissionswirkung an" einzustufen? Diese Frage ist nur zu beantworten, wenn aussagekräftige Vergleichswerte vorhanden sind. Vergleiche mit Ergebnissen aus Immissions-Wirkungsuntersuchungen, die in anderen Gebieten, mit anderer Zielsetzung und zu guter Letzt von anderen Personen durchgeführt wurden, sind nur möglich, wenn bei der Durchführung der Untersuchungen die gleiche Methodik angewandt wurde.

Um interpretierbare Analysenergebnisse zu erhalten, werden in der Anlagenüberwachung daher Verfahren angewandt, die zumindest in einigen wichtigen Punkten vereinheitlicht bzw. standardisiert sind. Dies sind vor allem die „Standardisierte Graskultur" und das „Grünkohlverfahren".

Mit den Verfahren „Standardisierte Graskultur" und „Grünkohl" wird überwiegend der Stoffeintrag über den Luftpfad durch direkte Aufnahme über die oberirdischen Pflanzenorgane bzw. durch Adsorption von Stoffen an den Halmen bzw. Blättern erfaßt. Die Kulturen werden in Einheitserde angezogen, deren volumenbezogener Schadstoffgehalt niedrig ist. Da die Pflanzen ihren Wasserbedarf während der Exposition über entionisiertes Wasser decken und darüber hinaus der Transferfaktor zwischen Boden und Pflanze für die meisten relevanten Schadstoffe eher gering ist, kann die Aufnahme von Schadstoffen über die Wurzeln vernachlässigt werden.

9.2.1
Standardisierte Graskultur

Das Verfahren des aktiven Biomonitorings mit Welschem Weidelgras ist in der *VDI-Richtlinie 3792 Blatt 1 (VDI 1987) und Blatt 2* (VDI 1982) beschrieben und wird als „Standardisierte Graskultur" bezeichnet. In der Praxis wurde das Verfahren jedoch mittlerweile in einer Vielzahl von Punkten individuell abgewandelt, so daß im Grunde nicht von einem „Standard" gesprochen werden kann. Es ist jedoch eine Überarbeitung der VDI-Richtlinie durch den Länderarbeitskreis Bioindikation / Wirkungsermittlung vorgesehen.

Mit dem Verfahren der standardisierten Graskultur wird die Anreicherung von luftverunreinigenden Stoffen in Welschem Weidelgras (Lolium multiflorum var. italicum 'Lema') bzw. an dessen Oberfläche ermittelt. Verschiedene Schadstoffe werden direkt aus der Umgebungsluft aufgenommen und in den Halmen angereichert. Auf der Blattoberfläche findet darüber hinaus eine Akkumulation von Staub statt. Es existieren Hinweise, daß an der Oberfläche von Welschem Weidelgras ein breiteres Korngrößenspektrum an Stäuben akkumuliert wird, als durch die bei Immissionsmessungen üblichen Bergerhoff-Geräte erfaßt wird. Während Bergerhoff-Geräte ausschließlich die sedimentierten Stäube erfassen, findet bei den Graskulturen ein „Auskämmen" von Stoffen beim Hindurchströmen von Luft zwischen den einzelnen Halmen statt. Insbesondere sehr feinkörniger Staub, der von Menschen, Tieren und Pflanzen aufgenommen werden kann und somit physiologisch bedeutsam ist, wird von Welschem Weidelgras gut erfaßt. Untersuchungen des Bayerischen LfU konnten z.B. zeigen, daß sich Antimon-Immissionen durch Graskulturen besser erfassen lassen als durch Bergerhoff-Geräte.

Die Untersuchung von ungewaschenen Graskulturen gibt Hinweise auf die Schadstoffbelastung der Pflanzen hinsichtlich Höhe und Art und läßt Rückschlüsse auf die Belastung von Futtermitteln und damit indirekt auf die Belastung des Menschen über die Nahrungskette sowie auf Vegetationsschäden auslösende Komponenten zu (Arndt et al., 1987). Rückschlüsse auf die Immissionskonzentration von Stoffen in der Luft sind jedoch nicht möglich. Ergebnisse der Erforschung von Zusammenhängen zwischen Schadstoff- bzw. besser: *Element*konzentrationen in Bioindikatoren und dem resultierenden Gefährdungspotential für Menschen liegen bislang nicht vor.

9.2.2
Grünkohl-Verfahren

Das Grünkohlverfahren dient fast ausschließlich der Ermittlung der Luftbelastung durch *organische* Stoffe. Grünkohlblätter besitzen eine stark gekräuselte und damit sehr große Oberfläche und sind mit einer Wachsschicht überzogen. Diese Eigenschaften machen Grünkohl besonders geeignet zur Ab- und Adsorption von staubförmigen Luftschadstoffen, insbesondere von lipophilen (fettlöslichen) organischen Substanzen, die in der Wachsschicht angereichert werden. Darüber hinaus sind die in der Wachsschicht absorbierten Aromaten gegen Oxidation geschützt. Die bei den üblichen physikalischen Meßtechniken zu beobachtende teilweise Zerstörung bzw. Verdampfung z.B. von PAK unter Sonneneinstrahlung wird durch die Absorption unterbunden (Arndt et al., 1987).

Grünkohl weist, mit sortenabhängigen Unterschieden, eine relativ hohe Frostresistenz auf und kann daher in nicht zu rauhen Gegenden bis in den Winter hinein exponiert werden. In dieser Jahreszeit sind meteorologisch bedingt ungünstigere Ausbreitungsverhältnisse, gekennzeichnet z.B. durch häufiger auftretende Inversionswetterlagen, zu verzeichnen.

Die sog. „*Grünkohl-Richtlinie*" zur Standardisierung des Verfahrens ist in Vorbereitung und soll als Entwurf einer neuen *VDI-Richtlinie 3792, Blatt 6*, im Sommer 1998 vorgelegt werden.

9.3
Biomonitoring-Programme in der Anlagenüberwachung

Hinsichtlich der Vorgehensweise beim aktiven Biomonitoring mit Welschem Weidelgras und Grünkohl bestehen in der Praxis z.T. große Unterschiede, auf die in den folgenden Abschnitten noch eingegangen wird. Das zumindest in Genehmigungsverfahren bzw. in der Anlagenüberwachung der Erfahrung nach gängige Vorgehen ist in der folgenden Tabelle 9.1 dargestellt.

Tabelle 9.1: Übersicht über die gängigen Vorgehensweisen bei Immissions-Wirkungsuntersuchungen im Umfeld von thermischen Abfallbehandlungsanlagen

Verwendete Bioindikatoren	**Welsches Weidelgras** (*Lolium multiflorum var. Italicum 'Lema'*) **Grünkohl**, bisher vor allem die Sorten 'Halbhoher grüner Krauser' oder 'Hammer'
Topfgröße (Außendurchmesser)	**14 cm Durchmesser oder 20 cm Durchmesser (bislang uneinheitliches Vorgehen)**
Anzahl Standorte im Untersuchungsgebiet	**4 Standorte** (3 im Einflußgebiet der Anlage, 1 Referenzstandort)
Anzahl Exponate je Standort	Welsches Weidelgras: **5 Kulturen** Grünkohl: **3 Kulturen**
Expositionsdauer	Welsches Weidelgras: etwa **Mai-Oktober** Grünkohl: etwa **Oktober-Dezember**
Expositionsintervall	**Welsches Weidelgras: 14 Tage oder 28 Tage (bislang uneinheitliches Vorgehen)** **Grünkohl: 2 Monate**
Anzahl Expositionsserien	Welsches Weidelgras: Bei 14tägigem Intervall: **10 Expositionsserien** Bei 28tägigem Intervall: **5 Expositionsserien** Grünkohl: **1**
Anzahl Analysenserien für anorganische Parameter in Weidelgras	Sowohl bei 14tägigem Intervall und Analyse von Mischproben aus 2 aufeinanderfolgenden Serien als auch bei 28tägigem Intervall: **5 Analysenserien pro Standort**
Anzahl Analysenserien für organische Parameter in Weidelgras und Grünkohl	**1 Analysenserie pro Standort**
Untersuchte Parameter in Weidelgras	**Anorganische Stoffe**, wie Schwefel, Fluorid und Schwermetalle (z.B. Blei, Cadmium, Zink, Kupfer) **Organische Stoffe** wie Dioxine/Furane, PAK, PCB
Untersuchte Parameter in Grünkohl	**Organische Stoffe** wie Dioxine/Furane, PAK, PCB

Zwischen Ende Mai und Anfang Oktober werden an 3 Standorten in dem durch Emissionen der Anlage beeinflußten Gebiet sowie an mindestens einem unbeeinflußten Referenzstandort (näheres s. Kapitel 9.3.1) in regelmäßigen Intervallen jeweils 5 Töpfe mit Graskulturen exponiert (s. Abb. 9.1). Ein Expositionsintervall beträgt entweder 14 oder 28 Tage (s. Kapitel 9.3.2). Am Ende jedes Expositionsintervalls werden die exponierten Kulturen eingeholt, beprobt und gegen neue Kulturen ausgetauscht.

Abb. 9.1: Expositionsstandort für Weidelgraskulturen (20 cm Topfdurchmesser, Expositionsintervall 28 Tage)

Anfang Oktober, bei der Beprobung der letzten Graskulturen, werden an jedem Standort 3 Töpfe mit vorgezogenen Grünkohlpflanzen ausgebracht und dort für 2 Monate belassen, bis sie im Dezember ebenfalls eingeholt und beprobt werden. Die gewonnenen Pflanzenproben werden, getrennt nach Standorten, hinsichtlich der enthaltenen Elemente analysiert und die Ergebnisse ausgewertet. Zur Analytik der Organika in Weidelgras werden für jeden Standort Mischproben aus allen Expositionsserien verwendet.

9.3.1
Faktoren, die bei der Wahl der Expositionsstandorte zu berücksichtigen sind

Die Durchführung eines Biomonitorings in der Anlagenüberwachung muß so angelegt sein, daß sie sich in die Gesamtheit der im Genehmigungsverfahren durchgeführten Untersuchungen einfügt. Eine wichtige Rolle hierbei spielt die Wahl der Expositionsstandorte.

In Bayern wurden bislang die meisten Immissions-Wirkungsuntersuchungen an thermischen Abfallbehandlungsanlagen durchgeführt. Dort ist auch das Vorgehen bei der Wahl der Expositionsstandorte durch eine Stellungnahme des Bayerischen Landesamtes für Umweltschutz zur „Umweltüberwachung bei thermischen Abfallbehandlungsanlagen mittels Biomonitoring" weitgehend vereinheitlicht. Demnach sind die Probenahmestellen „im Bereich der 3 am stärksten durch Immissionen beaufschlagten Flächen" (Beurteilungsflächen der Immissionsprognose) „sowie in einer wenig beaufschlagten Bezugsfläche" vorzusehen. Diese Vorgaben sollen sicherstellen, daß die von der betrachteten Anlage verursachten Immissionswirkungen erfaßt werden. Gleichzeitig soll die regionale Hintergrundbelastung, ermittelt an einem wenig durch lokale Emissionsquellen beaufschlagten sog. „Referenzstandort", in die Betrachtung mit einfließen.

Generell sollten Expositionsstandorte für aktive Bioindikatoren möglichst die folgenden Eignungskriterien erfüllen:

- *Freie Anströmbarkeit der Exponate*, d.h. es sollten sich keine Strömungshindernisse (Häuser, dichte Vegetation, Mauern o.ä.) in unmittelbarer Nähe der Kulturen befinden.
- *Keine Emittenten* (Industriebetriebe, Verkehrswege, Baustellen, Grillplatz o.ä.) in Standortnähe, da von diesen eine möglicherweise nicht nachvollziehbare Beeinflussung der Schadstoffanreicherung in den Exponaten ausgehen könnte.
- *Abgeschiedenheit von Publikumsverkehr*, um Manipulationen an den Exponaten und daraus resultierende Beeinträchtigungen der Untersuchungsergebnisse zu verhindern.
- Die Standorte sollten *nicht im Abstrombereich anderer Schadstoffquellen* (z.B. Industrie, Verkehr) liegen. Hieraus ist insbesondere bei Referenzstandorten zu achten, die ja die Hintergrundbelastung des untersuchten Gebietes widerspiegeln sollen.

Vor der Inbetriebnahme einer Anlage sind die Ergebnisse eines Biomonitorings als Beweissicherung zu sehen. Sollte eine weitere Untersuchung nach Inbetriebnahme ergeben, daß die Pflanzen an den durch die Anlage beaufschlagten Standorten im Vergleich mit den vorangegangenen Untersuchungen erhöhte Elementgehalte aufweisen, kann u.U. ein Einfluß der Anlage vorliegen. Dies gilt jedoch nur, wenn am Referenzstandort keine Veränderung zu verzeichnen sind und andere Einflußfaktoren ausgeschlossen werden können. Selbstverständlich sind solche Betrachtungen nur durchführbar, wenn die Expositionsstandorte bei beiden Untersuchungen übereinstimmen.

9.3.2
Faktoren, die bei der Wahl der Versuchsmethode zu berücksichtigen sind

Die Durchführung von Immissions-Wirkungsuntersuchungen mit Welschem Weidelgras ist in der *VDI-Richtlinie 3792, Blatt 1 und 2*, geregelt, deren Vorgaben sich jedoch teilweise in der Praxis als wenig praktikabel herausgestellt haben. Das Verfahren wurde daher individuell in vielfältiger Weise abgewandelt, so daß im Prinzip jede Untersuchung etwas anders durchgeführt wurde. Daher wurden vom *Länderarbeitskreis Bioindikation / Wirkungsermittlung* Empfehlungen für die Praxis erarbeitet, die zu einer Vereinheitlichung des Vorgehens beitragen sollten. Obwohl diese Arbeitsgemeinschaft mit Vertretern aus verschiedenen Bundesländern besetzt ist, konnte eine bundesweit einheitliche Durchführung bislang dennoch nicht erreicht werden. Konkrete Vorgaben vor seiten der Behörden existieren in den Bundesländern Bayern und Baden-Württemberg.

Generelle Unterschiede in der Untersuchungsmethodik bestehen insbesondere hinsichtlich der gewählten *Topfgröße* und der *Expositionsdauer* (vgl. auch Tabelle 9.1). Das Bayerische Landesamt für Umweltschutz (LfU Bayern) empfahl zunächst 28tägige Expositionen unter Verwendung großer Anzuchttöpfe (20 cm Durchmesser), bis eigene Versuche zeigten, daß 14tägige Expositionen bei gemeinsamer Analyse von 2 aufeinanderfolgenden Serien verschiedene Vorteile aufweisen (s.u.). Untersuchungen ergaben Hinweise darauf, daß große Weidelgraskulturen (Töpfe mit 20 cm Durchmesser) bei 28tägiger Exposition geringere Schadstoffmengen akkumulieren als eine Mischprobe aus 2 vierzehntägig exponierten kleinen Kulturen (14 cm Durchmesser), obwohl sie völlig identischen Immissionsbedingungen ausgesetzt waren (LfU Bayern, 1996). Daher wird von seiten des LfU Bayern inzwischen die 14tägige Exposition unter Verwendung von kleinen Anzuchttöpfen empfohlen. Allerdings ist die 14tägige Exposition aufgrund der größeren Anzahl anzuzüchtender Kulturen und des erhöhten Betreuungsaufwandes teurer als die 28tägige.

Die Landesanstalt für Umweltschutz in Baden-Württemberg (LfU Baden-Württemberg) fordert generell die Verwendung von kleinen Töpfen bei 28tägiger Exposition. Es zeichnet sich ab, daß der Länderarbeitskreis Bioindikation / Wirkungsermittlung in seiner nächsten Stellungnahme generell die Verwendung kleiner Töpfe empfehlen wird, jedoch keine Empfehlung hinsichtlich der Expositionsdauer aussprechen wird. Damit stellt sich die bisherige Situation wie folgt dar:

Tabelle 9.2: Übersicht über die von verschiedenen Landesämtern empfohlenen Vorgehensweisen

Expositionsdauer Topfgröße (Durchmesser)	14 Tage	28 Tage
20 cm		Empfehlung des LfU Bayern bis etwa 1995
14 cm	Empfehlung des LfU Bayern etwa seit 1995	Empfehlung des LfU Baden-Württemberg

Die Analysenergebnisse aus Versuchen, die mit unterschiedlicher Expositionsmethodik durchgeführt wurden, sind nur sehr bedingt vergleichbar. Es bestehen Unterschiede in der Akkumulationsfähigkeit der Kulturen bei unterschiedlicher Topfgröße, die u.a. auf die schlechtere Anströmbarkeit der inneren Grashalme in den großen Töpfen im Vergleich mit den kleinen Töpfen zurückgeführt werden. Hinsichtlich der Länge des Expositionsintervalls sind vor allem 2 Punkte von Bedeutung:

1. Wenn gegen Ende eines 28tägigen Expositionsintervalls starke Regenfälle auftreten, dann können auch anhaftende Schadstoffe aus der ersten Hälfte der

Expositionszeit entfernt werden, die bei 14tägiger Exposition noch erfaßt worden wären.

2. Verstärktes Wachstum der Pflanzen bei längerer Exposition scheint zu Verdünnungseffekten, und damit zu geringeren Schadstoffkonzentrationen in den Pflanzen zu führen.

Für die Methodik der Grünkohl-Exposition existiert bis heute lediglich eine *Vorläufige Empfehlung zum aktiven Biomonitoring mit Grünkohl* des Arbeitskreises Bioindikation / Wirkungsermittlung. Für Sommer 1998 ist der Entwurf einer sog. *„Grünkohl-Richtlinie"* angekündigt, die zumindest verschiedene Teilschritte des Verfahrens standardisieren wird.

Auch bei der Exposition von Grünkohl existieren generelle Unterschiede in der Untersuchungsmethodik, insbesondere da hier verschiedene Zielsetzungen in Betracht kommen. Es ist zu unterscheiden, ob die während der Expositionsperiode durch die Grünkohlkulturen akkumulierten Schadstoffmengen in ihrer Gesamtheit erfaßt werden sollen, oder ob lediglich die Schadstoffmengen von Interesse sind, die unter normalen Umständen in die menschliche Nahrung gelangen können. Steht eine mögliche Gefährdung des Menschen über die Nahrung bei der Untersuchung im Vordergrund, so wird meist eine ebenerdige Exposition der Pflanzen durchgeführt. Die Pflanzen werden vor der Analytik gewaschen und küchenfertig zubereitet, wodurch die lediglich oberflächlich anhaftenden Schadstoffe entfernt und nicht mit erfaßt werden. Zur Erfassung der gesamten Immissionswirkung wird dagegen meist in einer einheitlichen Höhe von ca. 1,5 m exponiert, und die Pflanzen werden ungewaschen analysiert.

Unterschiede bestehen auch bei der Sortenwahl. Es werden sowohl die Sorten „Halbhoher grüner Krauser" als auch „Hammer" (s. Abb. 9.2) verwendet. Neuerdings wird darüber hinaus die Verwendung der Sorte „Vates" diskutiert. Allerdings ist zu beachten, daß bereits Hinweise auf ein unterschiedliches Akkumulationsverhalten der Sorten vorliegen.

Da die Einführung bundesweit einheitlicher Vorgaben für die Durchführung von Biomonitoring-Programmen in der Anlagenüberwachung auch für die kommenden Jahre nicht absehbar ist, wird das genaue Vorgehen im Vorfeld einer behördlich gewünschten Untersuchung mit der Genehmigungsbehörde abzustimmen sein. Allerdings sollte von seiten des Antragstellers / Betreibers immer darauf hin gewirkt werden, daß die Versuchsdurchführung auf eine möglichst hohe Aussagekraft der Ergebnisse abzielt (dies gilt selbstverständlich auch für Untersuchungen, denen keine Vorgaben von Behördenseite zugrunde liegen). Es sollte daher bereits vor Untersuchungsbeginn ein Überblick über bereits durchgeführte und für einen Vergleich geeignete Untersuchungen geschaffen werden, es sei denn, eine Einordnung der Höhe der ermittelten Schadstoffkonzentrationen ist nicht erforderlich. Dies kann der Fall sein, wenn die Genehmigungsbehörde ausschließlich eine „vorher - nachher"-Betrachtung fordert, d.h. wenn jeweils vor und nach der Inbetriebnahme einer Anlage ein Biomonitoring durchzuführen, und nur die Veränderung, die der Betrieb einer neuen Anlage auf die Bioindikatoren bewirkt, zu betrachten ist.

Abb. 9.2: Expositionsstandort mit Grünkohlkulturen (Sorte „Hammer")

Zur Interpretierbarkeit derartiger Untersuchungen im Umfeld moderner thermischer Abfallbehandlungsanlagen folgen Aussagen in Kapitel 9.4 und 9.5 dieses Beitrags.

9.3.3
Faktoren, die während der Exposition zu berücksichtigen sind

Bereits beim Antransport der Exponate ist auf mögliche Kontaminationsquellen zu achten. Es ist nicht auszuschließen, daß bereits die Schadstoffkonzentrationen im Innenraum vor allem älterer Kraftfahrzeuge zu Anreicherungen in den Pflanzen führen.

Während der Exposition ist eine ausreichende Betreuung und Beobachtung der Kulturen unerläßlich. Selbstverständlich ist immer für eine ausreichende Wasserversorgung der Pflanzen zu sorgen, d.h. bei besonders warmer, trockener Witterung müssen die Vorräte in den Wasserbehältern, aus denen die Pflanzen ihren Wasserbedarf selbsttätig über Saugdochte decken, ggf. nachgefüllt werden. Wassermangel führt bei Pflanzen zu physiologischen Streßzuständen, die die Stoffakkumulation in nicht vorhersehbarer Weise verändern und damit die Interpretierbarkeit der Analysenergebnisse beeinflussen können.

Die Beobachtung der exponierten Kulturen und ihrer Umgebung ist auch im Hinblick auf anthropogene Einflüsse von großer Bedeutung (vgl. Abb. 9.3). Eine temporäre Baustelle oder landwirtschaftliche Erntearbeiten in der Nähe des Expositionsstandortes können u.U. zu Kontaminationen führen, die, wenn sie unerkannt bleiben, Fehlinterpretationen oder eine Nicht-Interpretierbarkeit der Analysenergebnisse verursachen. Das selbe gilt für den Fall, daß die Kulturen der Einwirkung von Brandprodukten, wie z.B. Rauch von einem Holz-, Grill- oder Strohfeuer (in der Praxis war auch offenes Verbrennen von Plastikabfällen schon der Grund für erhöhte Schadstoffgehalte in Bioindikatoren), oder von Pflanzenschutzpräparaten (Verwehungen aus der Landwirtschaft) ausgesetzt waren.

Es ist daher unerläßlich, bereits vor der Exposition Vorsichtsmaßnahmen zu ergreifen und den Untersuchungsablauf vorausschauend zu planen. Beispielsweise können Landwirte gebeten werden, die Durchführung von Maßnahmen, die zu einer Erhöhung der Schadstoffbelastung führen, anzukündigen, so daß eine rechtzeitige Abschirmung der Pflanzen veranlaßt werden kann.

Die aufgeführten Beispiele machen deutlich, wie wichtig die intensive Vorbereitung der Versuchsdurchführung in Verbindung mit der richtigen Standortauswahl und einer dem Standort angepaßten Beobachtung der exponierten Pflanzen für die Aussagekraft der Analyseergebnisse ist.

Abb. 9.3: Landwirtschaftliche Arbeiten als Beispiel für eine mögliche Kontaminationsquelle für die Bioindikatoren

9.3.4
Faktoren, die bei Probenahme und Analytik zu berücksichtigen sind

Die Probenahme besteht aus 2 wichtigen Vorgängen:

1. die Beprobung selbst und
2. die Bonitur.

Die Beprobung muß sehr gewissenhaft durchgeführt werden, da sie vielfältige Quellen für eine Verfälschung der Analyseergebnisse in sich birgt. Da man vermutet, daß metallische Schneidwerkzeuge Verunreinigungen der Proben mit Schwermetallen verursachen können, wird vom LfU Bayern die Verwendung eines Keramikmessers zur Beprobung empfohlen. Kontaminationsmöglichkeiten durch den Kontakt der Pflanzen mit der Haut können durch das Tragen von Einmalhandschuhe ausgeschlossen werden.

Bei Graskulturen wird der gesamte oberirdische Aufwuchs abgeschnitten und, nach derzeitigem Wissensstand, vorzugsweise in PE-Beutel (für die Analytik auf anorganische Stoffe) bzw. in Aluminiumfolie *und* PE-Beutel (für die Analytik auf organische Stoffe) verpackt.

Beim Grünkohl werden nur die ausgewachsenen grünen Blätter verwendet. Nach neuesten Erkenntnissen sollte die Mittelrippe der Blätter entfernt werden, da sie zwar einen großen Anteil an der Blattmasse ausmacht, jedoch kaum Schadstoffe speichert.

Die Bonitur erfolgt gemäß dem Formblatt „Bonitierungsbogen zum Graskulturverfahren nach Richtlinie VDI 3792 Blatt 2". Hierbei werden die äußeren Merkmale der exponierten Pflanzen augenscheinlich erfaßt, wie z.B. Blattbreite und -farbe, erkennbare Schädigungen (Schädlingsbefall, Krankheiten o.ä.) oder sichtbare Verunreinigungen (Staub, Vogelkot etc.). Außerdem erfolgt eine Ermittlung der Wuchshöhe sowie - später im Labor - der Trockenmasse. Die Aufzeichnungen sollten ebenfalls gewissenhaft und von fachlich hierfür geeigneten Personen durchgeführt werden, da sie bei der Interpretation der Ergebnisse wertvolle Hinweise auf mögliche Ursachen ungewöhnlicher Analysenwerte liefern kann.

Bei der Analytik ist insbesondere darauf zu achten, daß die folgenden Nachweisgrenzen eingehalten werden (Tabelle 9.3 und Tabelle 9.4).

Tabelle 9.3: Erforderliche analytische Nachweisgrenzen (NWG) für anorganische Parameter

Parameter	NWG	Parameter	NWG
Titan	0,1 mg/kg TS	Arsen	0,05 mg/kg TS
Vanadium	0,05 mg/kg TS	Antimon	0,005 mg/kg TS
Chrom	0,05 mg/kg TS	Kupfer	1,0 mg/kg TS
Cobalt	0,1 mg/kg TS	Zink	1,0 mg/kg TS
Blei	0,05 mg/kg TS	Nickel	1,0 mg/kg TS
Cadmium	0,02 mg/kg TS	Quecksilber	0,01 mg/kg TS

Tabelle 9.4: Erforderliche analytische Nachweisgrenzen (NWG) für organische Parameter

Parameter	NWG
Polychlorierte Dibenzo-p-dioxine (PCDD)	0,1 ng/kg TS
Polychlorierte Dibenzo-p-furane (PCDF)	0,1 ng/kg TS
Polyzyklische aromatische Kohlenwasserstoffe (PAK)	0,1 mg/kg TS
Polychlorierte Biphenyle (PCB)	0,1 mg/kg TS

Diese Werte wurden vom Bayerischen LfU aus umfangreichen Erfahrungen mit der Interpretation von Analysenergebnissen von Graskulturen abgeleitet, sie sind nicht an den analytischen Möglichkeiten orientiert.

Diese Anforderungen sollten vom Analysenlabor unbedingt erfüllt werden, da sonst die Gefahr besteht, daß nicht interpretierbare Ergebnisse geliefert werden. In der Vergangenheit wurden wiederholt Nachweisgrenzen verwendet, die oberhalb der zu erwartenden Hintergrundbelastung eines Standortes lagen. Eine Aussage darüber, ob es sich bei den ermittelten Konzentrationen „< NWG" um zu erwartende oder um bereits erhöhte Werte handelte, war daher nicht möglich. Außerdem ist zu berücksichtigen, daß im Bereich der NWG Analysenfehler von bis zu 100% auftreten können.

9.4
Interpretation der Analysenergebnisse

Für die Interpretation der Analysenergebnisse können 3 Ansätze unterschieden werden:

1. Vergleich der analysierten Schadstoffkonzentrationen mit Analysenergebnissen aus anderen Immissions-Wirkungsuntersuchungen
2. Vergleich der vor Inbetriebnahme der Anlage erhaltenen Analysenergebnisse mit denen nach Inbetriebnahme
3. Vergleich der Elementkonzentrationen von Pflanzen, die im Immissionseinfluß der Anlage exponiert waren, mit denen von Pflanzen am Referenzstandort.

Ein Vergleich der Ergebnisse verschiedener Untersuchungen (Punkt 1) ist im Rahmen der Anlagenüberwachung meist von untergeordneter Bedeutung, kann aber in Genehmigungsverfahren unterstützend zur Beschreibung des Ist-Zustandes im Untersuchungsgebiet herangezogen werden (vgl. Appel, Kap. 5) Bei dieser Betrachtung ist insbesondere auf die tatsächlich vorhandene Vergleichbarkeit der herangezogenen Werte zu achten. In Kapitel 9.3.2 wurde bereits auf einige methodische Unterschiede zwischen den in der Vergangenheit durchgeführten Biomonitoring-Programmen eingegangen. Bereits die Wahl der Topfgröße und der Länge der Expositionsintervalle kann demnach das Akkumulationsverhalten der Kulturen und damit die analysierten Elementkonzentrationen in den Pflanzen beeinflussen. Beim Grünkohl ist die Sortenwahl und vor allem die Behandlung der Proben vor der Analytik zu berücksichtigen.

Bei manchen in der Literatur auffindbaren Vergleichswerten aus anderen Bioindikationen fehlt die Angabe, ob die Proben vor der Analytik gewaschen wurden oder nicht. Bei gewaschenen Proben sind niedrigere Gehalte an staubgebundenen Elementen zu erwarten, da diese vor der Analytik entfernt werden.

Darüber hinaus ist zu beachten, unter welchen regionalen Gegebenheiten die herangezogenen Vergleichswerte gewonnen wurden.

Eine Gegenüberstellung von vor der Inbetriebnahme einer Anlage erhaltenen Analyseergebnissen mit denen nach Inbetriebnahme (Punkt 2) kann nur dann zu interpretierbaren Ergebnissen führen, wenn die beeinflußbaren Versuchsbedingungen (Standort, Topfgröße, Expositionsintervall etc.) identisch sind. Die Formulierung „beeinflußbare Versuchsbedingungen" wurde bewußt gewählt, da man sich immer vor Augen führen sollte, daß es sich um Untersuchungen an lebenden, auf eine Vielzahl von Umwelteinflüssen reagierenden Organismen handelt. Auf der einen Seite stellt dies den großen Vorteil der Bioindikation gegenüber physikalischen Meßmethoden dar, auf der anderen Seite entstehen hier aber auch einige Schwierigkeiten. Beispielsweise können Klimafaktoren wie Hitze, Trockenheit oder Wind einen nicht immer nachvollziehbaren Einfluß auf den Stoffwechsel und damit auf das Wachstum, die Stoffaufnahme und die Stoffakkumulation von Pflanzen haben. Der Einfluß von Regen (Abwaschen von Stoffen von der Pflanzenoberfläche) wurde weiter oben bereits erwähnt. Ein unterschiedliches Niveau der ermittelten Stoffkonzentrationen in verschiedenen Jahren kann daher u.U. auf unterschiedliche Witterungsverhältnisse zurückzuführen sein, ohne daß eine Veränderung der Immissionssituation stattgefunden hat.

Der Vergleich der Elementkonzentrationen von Pflanzen, die im Immissionseinfluß der Anlage exponiert waren, mit denen von Pflanzen am Referenzstandort (Punkt 3) dient generell der Feststellung, ob die Emissionen der Anlage sich durch eine Stoffakkumulation in Pflanzen auswirken. Vom LfU Bayern wird hierfür die Ermittlung der gebietsspezifischen Wirkungsnachweisgrenze (WNG) empfohlen. Das genaue Vorgehen zur Ermittlung der WNG ist u.a. in der *Schriftenreihe Heft 136 des Bayerischen LfU* nachzulesen. Die WNG ist ein statistischer Wert, der anhand der an unbelasteten Standorten ermittelten Hintergrundbelastung die Grenze zwischen „normalen" und „erhöhten" Stoffkonzentrationen in Bioindikatoren beschreibt. Allerdings sind zur Ermittlung der WNG mehr Werte erforderlich, als ein einziger Referenzstandort liefern kann. Zu empfehlen sind mindestens 3 Standorte, so daß in Abhängigkeit vom gewählten Verfahren (s. Kap. 9.3.2) mindestens 15 Analysenwerte für die Hintergrundbelastung zur Verfügung stehen. Erhardt et al. (1996) haben ebenfalls ein Verfahren zur Ermittlung von gebietsspezifischen „Normalwerten" und „Schwellenwerten", ab denen ein Immissionseinfluß anzunehmen ist, entwickelt, bei dem jedoch alle ermittelten Analysenwerte einbezogen werden. Allerdings ist auch hierfür die Datendichte, die eine Bioindikation nach dem bisherigen Prinzip (4 Standorte, 5 Analysenserien, damit insgesamt lediglich 20 Analysenwerte pro betrachtetem Element) liefert, nicht ausreichend.

Allen erwähnten Interpretationsansätzen liegt die Fragestellung zugrunde, ab welcher Höhe ein ermittelter Unterschied in den Konzentrationsniveaus an verschiedenen Standorten tatsächlich auf einen Immissionseinfluß zurückzuführen ist. Wie schwierig diese Frage zu beantworten ist, soll im folgenden anhand von bislang unveröffentlichten Untersuchungsergebnissen des Institut Fresenius kurz skizziert werden.

In der Anlagenüberwachung wird üblicherweise eine der 5 an jedem Standort exponierten Graskulturen zur Analyse auf Anorganika-Gehalte herangezogen. Von den restlichen Kulturen werden 2 zur Herstellung einer Jahres-Mischprobe für die Organika-Analyse und 2 als Rückstellprobe aufbewahrt. Man geht bei dieser Vorgehensweise demnach davon aus, daß die Elementgehalte in jedem Einzeltopf repräsentativ für den gesamten Standort sind.

Im Zusammenhang mit Immissions-Wirkungsuntersuchungen in der Umgebung eines deutschen Müllheizkraftwerkes (MHKW) im Jahr 1995 wurden - in dieser Form erstmalig - stichprobenartig in einigen Analysenserien *alle 5* parallel exponierten Pflanzenkulturen hinsichtlich ihrer Schwermetallgehalte untersucht. Diese Paralleluntersuchungen erfolgten zusätzlich zu den für die Ermittlung möglicher Immissionswirkungen des MHKW erforderlichen Analysen. Für die Graskulturen wurden 14tägige Expositionsintervalle gewählt, wobei jeweils 2 aufeinanderfolgende Serien zu einer Probe zusammengefaßt wurden.

Ziel der Parallelanalysen war es, herauszufinden, wie stark die Gehalte der untersuchten Schwermetalle Quecksilber, Cadmium, Chrom, Kupfer, Nickel und Blei in den Kulturen eines einzigen Standortes variieren. Da es sich bei den Graskulturen um lebende Organismen handelt, und zudem Unregelmäßigkeiten bei Anzucht, Exposition, Probenahme und -aufbereitung nie ausgeschlossen werden können, war eine gewisse Schwankungsbreite der Konzentrationen durchaus zu erwarten. Darüber hinaus sind bei chemischen Analysen von organischem Material Analysenfehler von ca. 20 % bis 30 % nicht auszuschließen.

Die 3 wichtigsten Ergebnisse der Paralleluntersuchungen lassen sich wie folgt umreißen:

1. Wie zu erwarten war, wiesen die Kulturen an allen untersuchten Standorten Schwankungen in der Höhe der Schwermetallkonzentrationen auf. Zwischen der höchsten und der niedrigsten an einem Standort ermittelten Konzentration lag immer mindestens der Faktor 1,3. Aber auch Faktoren von 3,0 waren festzustellen, ohne daß der höchste Wert durch einen „Ausreißer" verursacht gewesen wäre. Beim Vergleich einzelner Kulturen *verschiedener* Standorte aus dieser Analysenserie wich der höchste Wert zumeist ebenfalls um nicht mehr als das 3fache vom niedrigsten ab. Das heißt, die Schwankungsbreite innerhalb der Töpfe jedes einzelnen Standortes war z.T. ebenso hoch wie die zwischen den zu vergleichenden Standorten.

2. Die Analysenergebnisse zeigten für mehrere Standorte zum Teil extreme „Ausreißer", d.h. eine oder 2 Kulturen wiesen deutlich höhere Konzentrationen an einzelnen Schwermetallen auf als die anderen. An einem Standort betrug die höchste ermittelte Bleikonzentration, bedingt durch einen solchen „Ausreißer", das ca. 250fache der übrigen Meßwerte dieses Standortes.

3. An mehreren Standorten wies jeweils *eine* Pflanzenkultur im Vergleich mit den anderen Töpfen eine Höherbelastung mit *mehreren* Schwermetallen auf.

Eine plausible Erklärung für die beobachteten Phänomene steht bislang noch aus, zumal die Bonitur-Aufzeichnungen keinen Hinweis auf äußere Besonderheiten oder vergleichsweise schwächeren Wuchs der höher belasteten Graskulturen lieferten. Daß alleine die „Individualität" der einzelnen Kulturen derartige

Schwankungen verursacht, ist unwahrscheinlich. Die Gründe für die unterschiedlichen Konzentrationen liegen vermutlich bei Faktoren, die sich im Nachhinein nicht mehr feststellen lassen. Kontaminationen könnten, wie in den vorangegangenen Kapiteln an verschiedenen Stellen beschrieben, unbemerkt in unterschiedlichen Phasen des Versuchsablaufes aufgetreten sein. Der Ursprung für ein unterschiedliches Akkumulationsverhalten der Einzelkulturen könnte jedoch ebenso bereits bei der Anzucht der Pflanzen zu suchen sein, z.B. durch eine nicht 100%ig einheitliche Aussaatstärke oder Düngung.

Die Durchführung weiterer Parallelanalysen an Pflanzen ein und des selben Standortes ist dringend erforderlich, wobei alle beeinflußbaren Versuchsbedingungen so einheitlich wie möglich zu gestalten sind. Nur so kann festgestellt werden, ob bzw. unter welchen Bedingungen ein Einzeltopf tatsächlich, wie bei dem gängigen Vorgehen vorausgesetzt, die Immissionswirkungen an einem Standort repräsentativ widerspiegelt

Neben den verschiedenen weiter vorn erwähnten Schwierigkeiten besteht sonst nämlich bei jeder Bioindikation die Unsicherheit, ob ein Analysenergebnis nicht ganz anders ausgefallen wäre, wenn man statt des links außen stehenden Topfes den in der Mitte genommen hätte...

9.5
Die Leistungsfähigkeit von Immissions-Wirkungsuntersuchungen im Genehmigungsverfahren

Aus den Ausführungen in den vorangegangenen Kapiteln ergibt sich zwangsläufig die Frage, ob Immissions-Wirkungsuntersuchungen in der bisher durchgeführten Form überhaupt ein wirkungsvolles Instrument der Überwachung moderner Abfallbehandlungsanlagen sein können.

Bislang war es nicht möglich, in Immissions-Wirkungsuntersuchungen mit Welschem Weidelgras und Grünkohl die Einflüsse von modernen, d.h. den Emissionswerten der 17. BImSchV unterliegenden thermischen Abfallbehandlungsanlagen nachzuweisen. Die beobachteten Konzentrationsunterschiede in Bioindikatoren verschiedener Standorte waren entweder anderen Emissionsquellen, z.B. dem Straßenverkehr, zuzuschreiben oder es war keine eindeutige Zuordnung möglich.

In Fachkreisen wird daher zurecht bezweifelt, daß dieser Nachweis in zukünftigen Untersuchungen gelingen kann. Prozesse wie die Schadstoffanreicherung in Pflanzen unterliegen immer natürlichen Schwankungen. Hinzu kommen Variationen, die durch die chemische Analytik sowie durch nicht durch die Versuchsführung beeinflußbare Faktoren, wie z.B. das Klima, verursacht sind. Eine nicht zu vernachlässigende Fehlerquelle stellt auch der Mensch dar. Durch geringfügig erscheinende Änderungen im Anzuchtverfahren, bei der Probenahme und -aufbereitung, durch Kontaminationen der Proben während des Transports usw. können u.U. erhebliche Schadstoffakkumulationen in den Pflanzenmaterialien verursacht werden. Und nicht immer gelingt es, die Ursachen hierfür im Nachhinein auszumachen. Nur sehr detaillierte fachliche Vorgaben, am besten in Verbindung mit Kontrollmechanismen über deren Einhaltung, könnten hier Abhilfe schaffen.

Die Erfahrung zeigt, daß eine sorgfältige Vorbereitung, Durchführung und begleitende Betreuung die wichtigsten Voraussetzungen für den Erhalt interpretierbarer Ergebnisse darstellen. Hierdurch können Einflußfaktoren, die zu verfälschten Meßwerten und in der Folge zu Schwierigkeiten oder gar Fehlschlüssen in der Auswertung führen können, weitgehend minimiert und die Interpretation der Ergebnisse vereinfacht werden. Häufig kann so im Nachhinein das Zustandekommen einer erhöhten Schadstoffkonzentration an einem bestimmten Standort nachvollzogen und plausibel erklärt werden. Allerdings treten auch immer wieder „Ausreißer" auf, die sich als nicht interpretierbar erweisen.

Derzeit deutet jedoch alles darauf hin, daß die Höhe der durch moderne thermische Behandlungsanlagen verursachten Zusatzimmissionen nicht ausreicht, um erkennbare, von den unvermeidlichen Schwankungen differenzierbare Schadstoffakkumulationen in Bioindikatoren hervorzurufen. Durch die Vielzahl möglicher Ursachen für Konzentrationsunterschiede werden die durch die Anlage verursachten Effekte „verschluckt".

Dennoch ist theoretisch nicht auszuschließen, daß im berechneten Immissionsmaximum einer thermischen Abfallbehandlungsanlage signifikant höhere Schadstoffkonzentrationen in den Bioindikatoren ermittelt werden als an weiter entfernten Standorten oder am Referenzstandort. Dann wird allerdings zu beurteilen sein, ob derartige Hinweise eine Rechtfertigung für kostspielige Zusatzuntersuchungen zur Aufklärung des Sachverhaltes sein können - oder ob die Wahrscheinlichkeit, daß die Verdachtsmomente auf eine andere, lediglich nicht erkannte (Fehler-)Quelle zurückzuführen sind, zu hoch ist.

Die vorangegangenen Überlegung bezieht sich ausdrücklich *nicht* auf Untersuchungen im Umfeld starker Emittenten, wie z.B. manche Sinteranlagen oder Verkehrswege. Hier haben diverse Untersuchungen bereits bewiesen, daß Biomonitoring-Programme zur Ermittlung von Belastungsschwerpunkten einsetzbar sind. Wie Untersuchungen im Rahmen der Aufstellung von landesweiten Meßnetzen in Nordrhein-Westfalen und Bayern gezeigt haben, sind auch hier die *Standardisierte Graskultur* und das *Grünkohlverfahren* zur Charakterisierung der Belastungssituation geeignet.

Die Bioindikation sollte dort eingesetzt werden, wo sie interpretierbare Ergebnisse liefern kann. Sonst besteht die Gefahr, daß ein an sich gutes Verfahren, das in manchen Bereichen den herkömmlichen Verfahren sogar überlegen zu sein scheint, unnötig in Mißkredit gerät.

Literatur

Arndt U, Nobel W, Schweizer B (1987) Bioindikatoren. Stuttgart, Ulmer.

Erhardt W, Höpker K-A, Fischer I (1996) Verfahren zur Bewertung von immissionsbedingten Stoffanreicherungen in standardisierten Graskulturen. Z. Umweltchem. Ökotox. 8 (4)

LfU Bayern (1996) Aktives Biomonitoring von Immissionswirkungen im Untersuchungsgebiet München. Bayerisches Landesamt für Umweltschutz, Schriftenreihe Heft 136, München.

VDI-Richtlinie 3792, Bl. 1 (1987) Messen der Wirkdosis; Verfahren der standardisierten Graskultur. Deutsche Norm, Verein Deutscher Ingenieure, Düsseldorf.

VDI-Richtlinie 3792 Bl. 2 (1982) Messen der Immissions-Wirkdosis von gas- und staubförmigem Fluorid in Pflanzen. Deutsche Norm, Verein Deutscher Ingenieure, Düsseldorf.

10
Thermische Abfallbehandlungsanlagen in bezug zur Störfallverordnung sowie zur Seveso-II-Richtlinie der EU

R. Semmler

Thermische Abfallbehandlungsanlagen stellen nach dem Bundes-Immissionsschutzgesetz (BImSchG) entsprechend der 4. Verordnung zum BImSchG (4. BImSchV) genehmigungsbedürftige Anlagen dar. Somit ist gleichzeitig auch die Anwendbarkeit bzw. der Umfang der Anwendbarkeit der Störfallverordnung (12. BImSchV) zu prüfen.

Im folgenden sollen sowohl die Vorgehensweise bei der Einstufung thermischer Abfallbehandlungsanlagen (TABA) in bezug auf die zuletzt 1993 novellierte Störfallverordnung (StörfallV) als auch beispielhaft die Durchführung einer Sicherheitsanalyse nach StörfallV für solche Anlagen erläutert werden.

Darüber hinaus sollen Auswirkungen der im Dezember 1996 von der EU verabschiedeten Seveso-II-Richtlinie auf die zur Zeit gültigen StörfallV bzw. auf thermische Abfallbehandlungsanlagen diskutiert werden.

10.1
Überblick der verschiedenen Systeme zur thermischen Abfallbehandlung

Zur thermischen Behandlung von Siedlungsabfällen stehen verschiedene Verfahren zur Verfügung. Hierbei ist zu unterscheiden zwischen der reinen Feuerungs- und der Rauchgasreinigungstechnik. Die feuerungstechnischen Verfahrensmöglichkeiten sind im wesentlichen:

- Rostfeuerung
- Pyrolyse
- Schwel-Brenn-Verfahren
- Wirbelschichtverfahren
- Vergasungsverfahren

Der prinzipielle Aufbau der Anlagen nach den o.g. Verfahren ist nachfolgend schwerpunktmäßig für Rostfeuerung (vgl. Abb. 10.1), Schwelbrenntechnik (vgl. Abb. 10.2) sowie Thermoselect (vgl. Abb. 10.3) dargestellt.

Von den möglichen Verfahren werden zur Zeit in <u>Deutschland</u> die Rostfeuerung (ca. 50 Anlagen), die Zirkulierende Wirbelschicht (1 Anlage), die Pyrolyse (1 Anlage) sowie die Schwelbrenntechnik (1 Anlage) großtechnisch betrieben.

Der „Stand der Technik,, ist nach § 3, Abs. 6, BImSchG wie folgt definiert:

> *Stand der Technik im Sinne des BImSchG ist der Entwicklungsstand fortschrittlicher Verfahren, Einrichtungen oder Betriebsweisen, der die praktische Eignung einer Maßnahme zur Begrenzung von Emissionen gesichert erscheinen läßt. Bei der Bestimmung des Standes der Technik sind insbesondere vergleichbare Verfahren, Einrichtungen oder Betriebsweisen heranzuziehen, die mit Erfolg im Betrieb erprobt worden sind.*

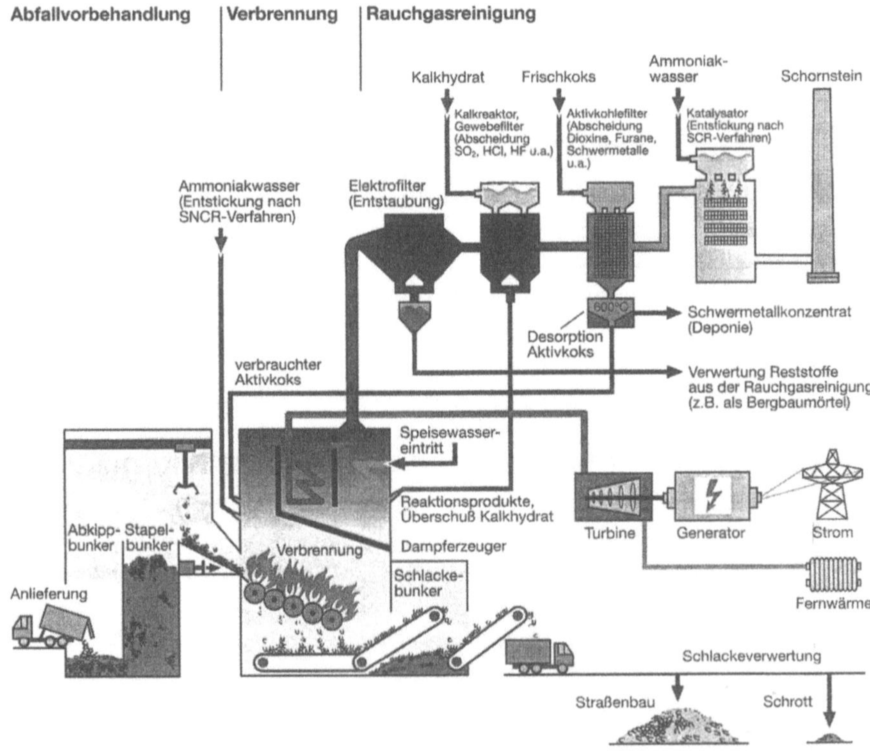

Abb. 10.1: Beispiel einer Rostfeuerungsanlage (IZE, 1994)

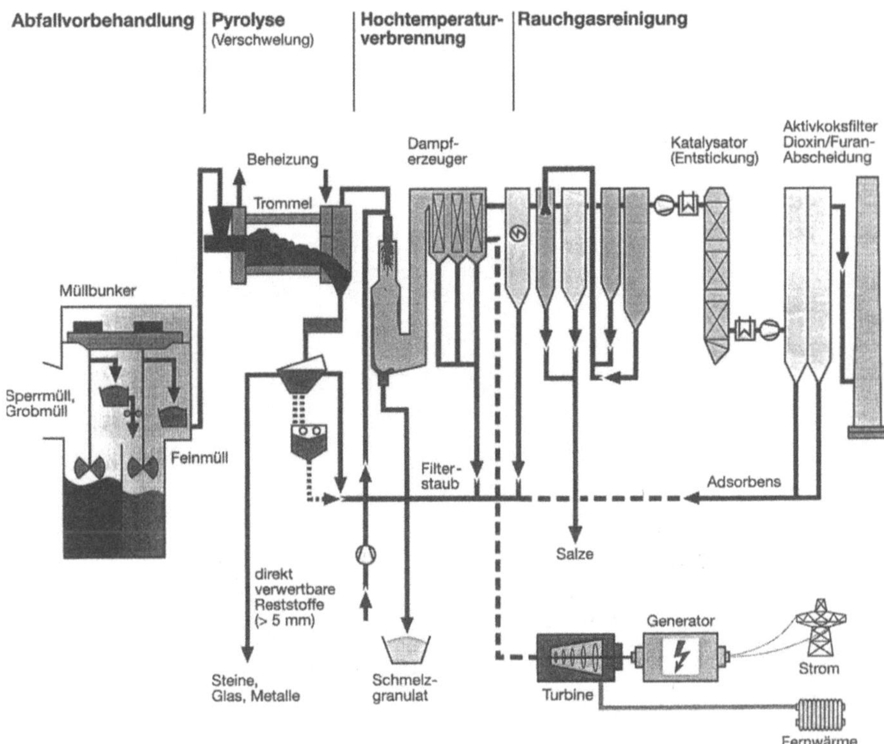

Abb. 10.2: Beispiel einer Schwelbrennanlage (IZE, 1994)

Die im BImSchG formulierte Definition ist nach Hansmann (1995) wie folgt zu interpretieren:

„... Die Auslegung dieser Vorschriften hat stets Schwierigkeiten bereitet. Insbesondere ging es dabei um die Verhältnismäßigkeit bzw. Adäquanz einer Maßnahme als Begriffsmerkmal des Standes der Technik. .... Stand der Technik ist nach Bundes-Immissionsschutzgesetz ein Kriterium zur Beurteilung der Frage, ob eine Maßnahme zur Begrenzung vom Emissionen praktisch und nicht erst nach Durchführung langwieriger Entwicklungsvorhaben geeignet ist. Die Antwort auf diese Frage ergibt sich aus dem allgemeinen technischen Entwicklungsstand. Sie setzt nicht voraus, daß das konkrete technische Problem bereits in allen Einzelheiten gelöst ist. Vergleichbare Verfahren, Einrichtungen und Betriebsweisen sind zwar ein Anhaltspunkt, aber nicht Voraussetzung für die Bejahung des Standes der Technik in bezug auf eine Emissionsbegrenzungsmaßnahme. Auf keinen Fall müssen sich Vergleichsanlagen bereits im Betrieb - u.U. während eines längeren Zeitraumes - bewährt haben. ....“

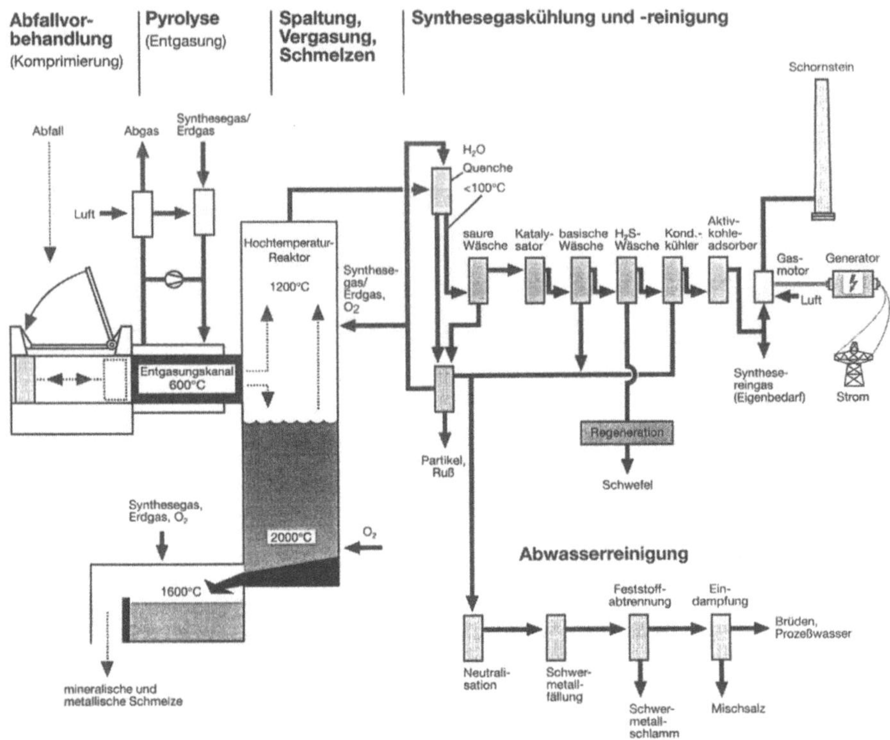

Abb. 10.3: Beispiel für eine Thermoselectanlage (IZE, 1994)

Immer weiter fortschreitende Ansprüche an den Umweltschutz erfordern ständige Weiterentwicklungen von Verfahren nach dem Stand der Technik. Teilweise müssen neue Wege beschritten werden, um Verfahren zu entwickeln, die den gesetzlichen Vorschriften an den Umweltschutz Rechnung tragen.

Die Bestimmung des Standes der Technik spielt insbesondere bei der Verfahrensauswahl und im Genehmigungsverfahren eine Rolle, da die Betreiber gemäß § 5 (1) Nr. 2 BImSchG Vorsorge gegen schädliche Umwelteinwirkungen zu treffen haben, insbesondere durch Maßnahmen zur Emissionsbegrenzung, die dem Stand der Technik entsprechen.

Bei den Emissionsminderungsverfahren unterscheidet man grundsätzlich zwischen Primärmaßnahmen (Maßnahmen, die die Bildung von Emissionen direkt am Entstehungsort unterbinden bzw. verringern) und Sekundärmaßnahmen (Maßnahmen, bei denen bereits gebildete Emissionen nachträglich aufgefangen und abgeschieden werden). Bezogen auf die thermische Abfallbehandlung setzen die Primärmaßnahmen direkt bei der Feuerungstechnik an. So wird durch Optimierung der Verbrennungsbedingungen (Temperatur, Verweilzeit, Turbulenz) ein weitestmöglicher Ausbrand des Abfalls und der Rauchgase und damit eine Zerstörung organischer Schadstoffe angestrebt.

Sekundärmaßnahmen sind z.B. nachgeschaltete Rauchgasreinigungsaggregate. Für die einzelnen Stoffklassen stehen verschiedene Verfahrensmöglichkeiten zur

Verfügung. Neben den möglichen Verfahren sind in Tabelle 10.1 auch die in der Regel eingesetzten Aggregate beispielhaft aufgelistet.

Die Anwendungsgebiete der hier aufgeführten Verfahren beschränken sich nicht nur auf den Einsatz in thermischen Abfallbehandlungsanlagen, sondern werden auch in anderen Industriezweigen eingesetzt, z.B. in der chemischen Industrie, in der Kraftwerkstechnik, im Hüttenwesen etc.

Bei der Verfahrensauswahl genügt es nicht mehr, lediglich nach den Abscheidegraden und den Kosten der einzelnen Aggregate zu schauen, sondern es treten auch mehr und mehr die Aspekte Reststoff- und Abwasseranfall in den Vordergrund. Es gilt also, die Anlage und ihre Auswirkungen auf die Umwelt in ihrer Gesamtheit zu betrachten, sie zu bilanzieren.

Bei der Betrachtung der Gesamtheit ist man in Vergangenheit in der Regel über das Ziel „hinausgeschossen", da die Einhaltung der vorgegebenen Grenzwerte im Rahmen der 17. BImSchV als nicht ausreichend angesehen wurde.

Dies ist um so mehr verwunderlich, da die zunächst in der Tat als „politisch" gesetzten Grenzwerte hinsichtlich ihrer Unbedenklichkeit bezogen auf negative Umwelteinwirkungen letztendlich bestätigt worden sind. Zu dem ist es offensichtlich, daß z.B. durch Halbierung der 17. BImSchV-Grenzwerte die Gesamtschadstoffbelastung so gut wie nicht beeinflußt werden kann, da die Hauptemittenten von Schadstoffen (z.B. Kraftwerke mit fossilen Brennstoffen) zum einen viel höhere Grenzwerte im Vergleich zur 17. BImSchV und zum anderen weitaus höhere Massenströme aufweisen.

Der Höhepunkt dieser Vorgehensweise bestand darin, daß von den Behörden für verschiedene neu beantragte thermische Abfallentsorgungsanlagen Grenzwerte weit unterhalb der 17. BImSchV-Werte vorgeschrieben wurden. Ein Grund hierfür ist mit Sicherheit in der völlig unsachlich geführten öffentlichen Diskussion zu sehen, die sich ausschließlich auf polemische Aspekte konzentriert hatte und zu einer entsprechenden Unsicherheit auch auf der Behördenseite führte.

Als Konsequenz für die Planung wurden somit Anlagen beantragt und genehmigt, die in bezug auf die einzelnen Rauchgasreinigungsaggregate eine Aneinanderreihung von High-tech Einrichtungen beinhaltete.

Wiederum eine Folge von dieser Entwicklung war (ist) eine Kostenexplosion bei den Abfallentsorgungsgebühren. Dies wiederum erzeugte bei den Abfallerzeugern, d.h. den Bürgern, einen (zu Recht) gewissen „Unmut".

Durch die mittlerweile zumindest in Ansätzen erkennbare Versachlichung der Diskussion ist eine Trendwende in Sicht. Anstelle der Errichtung von High-tech Anlagen sollen vernünftigerweise wieder sog. „Einfach"-Technologien zum Einsatz kommen. An dieser Stelle ist aber zu betonen, daß mit solchen „Einfach"-Anlagen unter Berücksichtigung der in der Vergangenheit erhalten Erfahrungen die Grenzwerte der 17. BImSchV sicher eingehalten werden können. Für den bestimmungsgemäßen Betrieb bedeutet dies, daß sogar die Emissionen für die meisten Schadstoffe ca. 50 % unterhalb der jeweiligen in der 17. BImSchV genannten Grenzwerte liegen.

Tabelle 10.1: Übersicht der Verfahren zur Abscheidung von Schadstoffen

Stoffklasse	Verfahren	Aggregate
Stäube	Adsorptionsverfahren	Gewebefilter Elektrofilter Naßwäscher Festbettreaktoren
Saure Gase / **Schwermetalle**	Trockensorption-Verfahren Quasitrocken-Verfahren Waschverfahren Aktivkoksverfahren	Reaktionsturm mit nachfol- gendem Gewebefilter oder Elektrofilter Naßwäscher Festbettreaktoren (für Nach- reinigung)
Stickoxide	SNCR-Verfahren (Selektive nicht- katalytische Reduktion) SCR-Verfahren (Selektive katalyti- sche Reduktion) Aktivkoksverfahren	Eindüsung Ammoniak in Brennraum bei 950 - 1.050 °C Katalysator mit Eindüsung Ammoniak bei ca 300 °C Festbettreaktoren
Organische Stoffe **(z.B. Dioxine/Furane)**	Adsorptionsverfahren (z.B. Flug- strom-, zirkulierendes Wirbelschicht- , Festbettverfahren) Oxidationsverfahren	Festbettreaktoren mit Koks- füllung Gewebefilter mit Eindüsung von Aktivkoksstaub, Koks/Kalkgemischen oder Zeolithen Katalysator

10.2
Prüfung der Anwendbarkeit der StörfallV

Die Problematik der Müllverbrennung wird in Fachkreisen und in der Öffentlichkeit sehr kontrovers diskutiert. Daher gehen viele Behörden dazu über, grundsätzlich eine Sicherheitsanalyse (SiA) nach StörfallV für TABA's zu fordern, ohne
vorab die Anwendbarkeit bzw. die Erfordernis einer SiA zu prüfen.

Insbesondere interessiert die Frage, welche Schadstoffe im Normalbetrieb vorhanden sind, ggf. bei Störungen freigesetzt werden können, und welche Belastungen generell zu erwarten sind. Diese Fragestellung wird immer wieder deutlich in
Einwendungen aus Genehmigungsverfahren.

Für genehmigungsbedürftige Anlagen, in denen Stoffe nach Anhang II / III /
IV der StörfallV sowohl für den bestimmungsgemäßen als auch für die Störung
des bestimmungsgemäßen Betriebes vorhanden sind oder entstehen können, kann
eine konkrete Überprüfung in Anlehnung einer Anzeige nach § 12 StörfallV erfolgen.

Eine Anzeige nach § 12 StörfallV stellt im Prinzip eine „Sicherheits-
betrachtung" bzw. eine **Vorstudie zu einer „Sicherheitsanalyse nach StörfallV"** dar.

Diese Vorstudie setzt sich im wesentlichen aus den nachfolgend aufgelisteten Punkten zusammen:

- Kurzbeschreibung der Anlage
- Auflistung der Stoffe nach Anhang II, III und IV der StörfallV im bestimmungsgemäßen und bei Störung des bestimmungsgemäßen Betriebes
- Auflistung der Stoffkonzentrationen und -mengen der Stoffe nach Anhang II, III und IV der StörfallV für den bestimmungsgemäßen Betrieb
- Berechnung der Stoffe nach Anhang II, III und IV der StörfallV, die bei einer Störung des bestimmungsgemäßen Betriebes entstehen und freigesetzt werden können
- Bewertung der Schadstofffreisetzungen bzw. der max. zu erwartenden Immissionsbelastungen im Umfeld der Anlage
- Gegenüberstellung der o. g. ermittelten Daten (Mengen, Konzentrationen) zu den in der StörfallV angegebenen Mengenschwellen
- Beurteilung der Anlage in bezug auf die StörfallV (vgl. nachfolgende Ausführungen) mit
  - Anwendbarkeit der StörfallV
  - Erfordernis der Erfüllung der erweiterten Pflichten (§§ 5-7, 9,11)
  - ggf. Befreiung von den erweiterten Pflichten gemäß § 10 StörfallV

10.2.1
Anwendbarkeit der StörfallV

Gemäß § 1 Abs. 1 der StörfallV ist die Anwendbarkeit der StörfallV dann gegeben, wenn

- eine genehmigungsbedürftige Anlage nach BImSchG vorliegt sowie
- Stoffe in > 10 % der jeweiligen Mengenschwelle der Spalte 1 vorliegen oder entstehen können. Die 10 %-Schwelle entspricht dem Grenzwert nach Pkt. 3.3.2.2 der 1. StörfallVwV.

10.2.2
Erfordernis der Erfüllung der erweiterten Pflichten

Gemäß § 1 Abs. 2 der StörfallV sind die erweiterten Pflichten nur für die Anlagen anzuwenden, die die Mengenschwelle Spalte 1 bzw. 2 überschreiten (Spaltenmenge bezogen auf die Produktionsanlagen) und im Anhang I der StörfallV aufgeführt sind.

Für Anlagen, welche die Mengenschwelle der Spalte 1 überschreiten, aber die Mengenschwelle der Spalte 2 unterschreiten, kann eine Befreiung von den erweiterten Pflichten gemäß § 10 StörfallV beantragt werden (befristete Befreiung).

10.2.3
Befreiung von den erweiterten Pflichten gemäß § 10 StörfallV

Wie bereits oben angeführt, ist eine Befreiung von den erweiterten Pflichten nach § 10 dann möglich, wenn die Mengenschwelle der Spalte 2 nicht überschritten wird. Weitere Voraussetzung für eine befristete Befreiung ist der Nachweis, daß eine ernste Gefahr nicht zu besorgen ist. Dieser Nachweis kann im Rahmen der Vorstudie durch Berechnung der Ausbreitung von Schadstoffen bei Störungen des bestimmungsgemäßen Betriebes (Berechnung von „worst case" Szenarien) durchgeführt werden. Hierzu wird in der Regel das Ausbreitungsberechnungsprogramm gemäß VDI 3783 verwendet.

10.2.4
Anordnung der erweiterten Pflichten

Mit Hilfe einer Vorstudie nach § 12 StörfallV können neben der Prüfung der Erfordernis der Erstellung einer vollständigen Sicherheitsanalyse nach StörfallV auch bezüglich des § 1 Abs. 3 der StörfallV („Anordnung" der erweiterten Pflichten) entsprechende Aussagen erhalten werden. Dies ist insbesondere dann relevant, wenn Anlagen, z.B. genehmigungspflichtige Anlagen nach Pkt. 8.10 der 4. BImSchV („Abfallbehandlungsanlagen„), nicht im Anhang I der StörfallV aufgeführt sind.

Diese Vorstudie stellt somit eine wesentliche Grundlage für die Entscheidung der Behörde in bezug auf den Umfang der Anwendbarkeit der StörfallV dar.

10.2.5
Umfang der Anwendbarkeit der StörfallV auf thermische Abfallentsorgungsanlagen

Aufgrund der Vielzahl von erstellten Vorstudien für thermische Abfallverbrennungsanlagen läßt sich der Umfang der Anwendbarkeit der StörfallV wie folgt beschreiben:

- Thermische Abfallentsorgungsanlagen sind nach Pkt. 8.1 der 4. BImSchV genehmigungsbedürftig.
- Thermische Abfallentsorgungsanlagen beinhalten Stoffe nach Anhang II bzw. IV der StörfallV.
- Das Gefahrenpotential der jeweiligen Einzelschadstoffe (z.B. Schwermetalle, organische Verbindungen) ist in bezug zur Gefahrstoffverordnung (GefstoffV) als gering einzustufen. Aufgrund der jeweiligen Schadstoffkonzentrationen werden die entsprechenden Relevanzschwellen nach GefstoffV auch für den Bereich der Verbrennungsrückstände deutlich unterschritten. Dies bedeutet, daß aufgrund der geringen Konzentrationen der Einzelstoffe das Gemisch (Zubereitung), sei es Filterasche, Restabfall, Rauchgasreinigungsrückstände, etc., nicht die Gefährlichkeitsmerkmale wie z.B. „giftig" der GefstoffV erhält.

- Für den bestimmungsgemäßen Betrieb werden die entsprechenden Mengenschwellen der Spalte 2 für die jeweiligen Störfallstoffe nach Anhang II der StörfallV ohne Berücksichtigung des Gefahrenpotentiales der jeweiligen Einzelschadstoffe in der Regel nicht überschritten.

- Unter Berücksichtigung des Gefahrenpotentiales der jeweiligen Einzelschadstoffe entfällt jedoch eine Aufsummierung der Schadstoffe sowie Gegenüberstellung zu den jeweiligen Mengenschwellen.

- In bezug auf die Dioxinkonzentrationen in den Adsorbensrückständen liegt in der Regel eine Überschreitung zumindest von 10 % der in der StörfallV genannten Grenzkonzentration vor. In Anlehnung an Pkt. 3.3.2.2 der 1. Störfallverwaltungsvorschrift (StörfallVwV) sind diese Konzentrationen dann als nicht geringfügig (nicht vernachlässigbar) einzustufen.

- Störungen des bestimmungsgemäßen Betriebes, z.B. Müllbunkerbrand, führen zu keinem „Störfall", d. h. eine ernste Gefahr ausgehend von Betriebsstörungen ist vernünftigerweise auszuschließen.

Zusammenfassend ist davon auszugehen, daß nur die Grundpflichten der StörfallV für thermische Abfallentsorgungsanlagen anzuwenden sind. Eine Sicherheitsanalyse nach StörfallV (Bestandteil der erweiterten Pflichten) ist somit für eine thermische Abfallentsorgungsanlage nicht erforderlich.

Selbst bei einer äußerst pessimalen Betrachtungsweise, d.h. ohne Berücksichtigung des Gefahrenpotentiales der jeweiligen Einzelschadstoffe, sind unter Anwendung des § 10 der StörfallV nur die Grundpflichten zu erfüllen.

Für eine realistische Einstufung bzw. Beurteilung von thermischen Abfallentsorgungsanlagen hinsichtlich des Gefahrenpotentiales sollte zukünftig auf eine „pessimale Betrachtungsweise" verzichtet werden. Gleichzeitig dient diese Vorgehensweise einer positiveren öffentlichen Diskussion solcher Anlagen und entspricht im übrigen den Anforderungen der neuen EU-Richtlinie (vgl. Kap. 10.4).

Erfahrungsgemäß sind in der Vergangenheit für viele thermische Abfallentsorgungsanlagen Sicherheitsanalysen nach StörfallV nur aus „politischen" Gründen erstellt worden, um eine bessere Argumentationsbasis im Rahmen der öffentlichen Diskussion zu haben. Dies betrifft insbesondere auf die Genehmigung von Neuanlagen zu, die zwar nicht mehr planfestgestellt werden müssen, aber auch weiterhin im Rahmen der BImSchG-Genehmigung einer Öffentlichkeitsbeteiligung bedürfen (vgl. Winterfeld, Kap. 1).

10.3
Erstellung einer Sicherheitsanalyse nach StörfallV

Grundsätzlich erfolgt die Erstellung einer Sicherheitsanalyse (SiA) gemäß StörfallV nach den Kriterien der 2. Störfallverwaltungsvorschrift (2. StörfallVwV). Es wird hierbei zwar der spezielle Aufbau der SiA nicht vorgeschrieben, jedoch ist es in der Regel sinnvoll, das Inhaltsverzeichnis der SiA den Vorgaben der 2. StörfallVwV anzupassen.

Aufgrund der Komplexität einer vollständigen SiA für eine TABA können nur einige Teilaspekte behandelt werden. Der Inhalt der nachfolgenden Ausführungen beschäftigt sich daher schwerpunktmäßig mit den im Rahmen einer SiA zu bearbeitenden Teilbereichen:

- Darstellung sicherheitstechnisch bedeutsamer Anlagenteile und möglicher Störfallquellen,
- Darstellung von Schutzmaßnahmen/-einrichtungen und
- Auswirkung von Schadstofffreisetzungen bei einer Störung.

10.3.1
Sicherheitstechnisch bedeutsame Anlagenteile

Die Auswahl sicherheitstechnisch bedeutsamer Anlagenteile erfolgt gemäß der 2. StörfallVwV nach den Kriterien

- Schadstoffinhalt
  (Stoffmenge, -konzentration, -durchsatz, Wassergefährdung) und
- Schutzfunktionen
  (Energiezu-/-abfuhrsysteme, Alarm-/Warneinrichtungen, Ableitungs-/Beseitigungs-/Rückhaltesysteme).

In einer TABA (vgl. Abbildungen in Kap. 10.1) sind als sicherheitstechnisch bedeutsame Anlagenteile insbesondere der Müllbunker, die Ammoniak-/Aktivkohleversorgung und die Klärschlammlagerung bzw. -trocknung zu nennen. In der Tabelle 10.2 sind in einem Überblick die Anlageteile einer TABA mit einer sicherheitstechnischen Relevanz im Zusammenhang mit ihren möglichen „Störfall"-Quellen zusammenfassend dargestellt.

10.3.2
Schutzmaßnahmen und -einrichtungen

Anhand von 2 Beispielen werden nachfolgend die für eine TABA möglichen und zumindest für Neuanlagen vorgesehenen Schutzmaßnahmen und -einrichtungen zur Störfallabwehr und -begrenzung aufgezeigt.

In Tabelle 10.3 sind für den Bereich eines Müllbunkers beispielhaft die möglichen Gefahrenquellen, z.B. Explosion, Brand und Versagen von Komponenten, den erforderlichen Maßnahmen, die als störfallverhindernd bzw. -begrenzend angesehen werden, gegenübergestellt.

Tabelle 10.2: Sicherheitstechnisch bedeutsame Anlagenteile einer MVA und „Störfall"-Quellen

„STÖRFALL"-QUELLEN	Explosion	Brand	Versagen von Behältern, Rohrleitungen	Leckagen	Versagen von Komponenten (z.B. MSR)
ANLAGENTEILE					
Anlieferung u. Lagerung					
Müllbunker	(X)	X			X
Klärschlammsilo	X	X	X	X	X
Verbrennung					
Klärschlammtrocknung / -verbrennung			X	X	X
Müllverbrennungsofen / Kessel			X	X	X
Abgasreinigung					
Elektrofilter			X	X	X
Reaktionturm (vor GF)	(X)	(X)	X	X	X
Gewebefilter (GF)	(X)	(X)	X	X	X
Naßwäscher			X	X	X
DeNOx - Anlage	(X)	(X)	X	X	X
Aktivkohle - Filter	(X)	X	X	X	X
Rückstandsentsorgung					
Flugasche			X	X	X
Reaktionsprodukte (aus GF/RT)	(X)	(X)	X	X	X
Abwasserbehandlung			X	X	X
Betriebsmittelversorgung					
Aktivkohleversorgung	(X)	X			X
Ammoniakversorgung	(X)	(X)	X	X	X
Erdgasversorgung	(X)	X	X	X	X
Heizölversorgung		X	X	X	X
X = trifft generell zu		(X) = trifft unter bestimmten Voraussetzungen zu			

Tabelle 10.3: Gefahrenquellen / Maßnahmen (Müllbunker)

GEFAHRENQUELLE	MASSNAHMEN
Explosion z.B. Shredder	• Begrenzung des möglichen Explosionsvolumens (< 10 m³) • Explosionsdruckstoßfeste Auslegung • Gezielte Ableitung von evtl. Druckwellen • Gezielte Löscheinrichtungen
Versagen von Komponenten, z.B. - Kran - Kranführerkabine	• Brandgeschützte Verlegung der Kran-Steuer- und Stromkabel • $\geq$G30 - Verglasung Kranführerkabine • Berieselung der Krankanzelverglasung • Druckbelüftung der Kranführerkabine • Mindestens 2 Fluchtwegsmöglichkeiten für Kranführer
Brand	• Minimierung der Selbstenzündung durch Stapelkonzept (regelmäßiges Umschichten des Mülls zur Unterdrückung von anaeroben Zersetzungsprozessen) • Frühzeitige Erkennung von Brandnestern durch ständig anwesenden Kranführer bzw. Videoüberwachung von Warte (ggf. Überwachung mit IR-Kameras) und bei Rostfeuerungsanlagen Aufgabe von Brandnestern in die Verbrennung • Regelmäßig geschultes Personal für den Ersteinsatz bei Brandbekämpfung • Gewährleistung redundanter Kommunikationsmittel • Gezielte Bekämpfung von Schwelbränden mit mehreren Schaum-Löschkanonen (ggf. stationäre Sprühwasseranlagen bei schlecht zugänglichen Bereichen) • Löschwasserbedarfsberechnung nach VdS-Richtlinien • Ausreichend dimensionierte RWA-Klappen (ca. 5 %) zur Gewährleistung der Sicht bei Brandbekämpfung (ggf. Einsatz von Belüftungsgeräten durch Feuerwehr bei Schwelbränden mit „kaltem" Brandrauch) • Automatische Abschottung der Müllbunkerabsaugung (Verbrennungsluftgebläse) bei Überschreiten einer kritischen Brandgastemperatur (ca. 80-100°C) • Brandschutztechnische Trennung von übrigen Bereichen

In der nachfolgenden Tabelle 10.4 sowie in Tabelle 10.5 sind für den Bereich der **Abgasreinigung** beispielhaft die möglichen Schutzmaßnahmen für die in   Tabelle 10.2 genannten „Störfallquellen,, aufgeführt. Gleichzeitig wird in Tabelle 10.4 auch ein nach den verschiedenen üblicherweise verwendeten Systemen, wie Wander-/ bzw. Festbett- und Flugstrom/ZWS-Verfahren, getrennter Überblick gegeben.

Tabelle 10.4: Abgasreinigung - Übersicht der primären Maßnahmen

Maßnahmen	Wander- bzw. Festbett	Flugstrom / ZWS
Konstruktive Gestaltung des Filterinneren	Sehr wichtig (Sicherstellung von Mindest- und Maximalströmungen im Bett zur Vermeidung von Toträumen [Hot-Spot-Gefahr] und Fluidisierung [Staubaustrag])	Nicht direkt relevant (Toträume auf den Filter-schläuchen sind aufgrund der geringen Filterschicht [0,5cm] auszuschließen)
Austragsbereiche müssen Neigungswinkel > 60° auf-weisen (Vermeidung von Anbackungen)	Ja	Ja
Inertisierungsanschlüsse mit Abschotteinrichtungen und Überströmeinrichtungen	Erforderlich	Erforderlich (nicht bei Einsatz von Zeolithen)
Kühlkreislauf im Abschot-tungsfall	Empfehlenswert (schnellere Wiederverfügbar-keit)	Nein
Betriebstemperatur < 150 °C (sicherer Abstand zur Selbst-entzündungstemp. von ca. 200°C [produktabhängig])	Erforderlich	Erforderlich (ggf. höhere Temperaturen bis 190°C unter bestimmten Voraussetzungen möglich)
Inertisierung über das Be-triebsmittel	Nicht möglich (aufgrund Korngrößenvertei-lung ist Koks nicht explosions-fähig)	Möglich (Kohle/Kalk-Gemisch mit < 35% Kohle-Anteil bez. Auf spez. HOK/Kalk-gemisch ist nicht ex-fähig bzw. entmischbar sowie bei Einsatz von Zeolithen)
Ständige Inertisierung der Austragssysteme	In der Regel (unter bestimmten Bedingungen nicht zwingend erforderlich)	Teilweise (je nach Kohlesorte und Verfahrensbedingungen nicht erforderlich)

ZWS = zirkulierende Wirbelschicht   HOK = Herdofenkoks

Die Schwerpunkte sicherheitstechnischer Aspekte, insbesondere bei Abgas-(nach)-reinigungssystemen, liegen bei Verwendung von Aktivkoks-/Aktivkohle-systemen im Bereich des Brand- und Explosionsschutzes sowie in der Verhinde-rung von Staubfreisetzungen.

Tabelle 10.5: Abgasreinigung - Übersicht der sekundäre Maßnahmen

MSR - Einrichtung	Bedeutung
ΔCO - Überwachung	Frühzeitige Erkennung von Hot-spots zumindest bei Wander-/Festbettreaktoren
ΔP - Überwachung	Vermeidung von Koksausträgen bei Wander-/Festbettreaktoren (Zeitdauer von Erkennung bis kritischer Zustand ca. 50 h)
Staubüberwachung im Reingas	Erkennung von Filterrissen bei Gewebefiltern
T - Überwachung	Überprüfung eines ausreichenden Abstandes zur Selbstentzündungstemperatur
Füllstandsüberwachung im Austragsbereich	Sicherstellung eines sofortigen Austrages von beladener Kohle
Füllstandsüberwachung Frischkohledosierung (nur Wanderbett)	Sicherstellung einer gleichmäßigen Verteilung des Rauchgases in den Betten (ansonsten Gefahr von Hot-Spots)

ΔCO = delta Kohlenmonoxid ΔP = delta Druck

Grundsätzlich muß zwischen den primären (Tabelle 10.4) und den sekundären Schutzmaßnahmen (Tabelle 10.5) unterschieden werden. Die primären Schutzmaßnahmen beziehen sich auf die verfahrenstechnische Auslegung der Anlage, durch die die Voraussetzung der Bildung von sog. Hot-Spots weitestgehend ausgeschlossen werden kann. Als sekundäre Schutzmaßnahmen dienen in erster Linie Maßnahmen zur rechtzeitigen Erkennung von Hot-Spots, die im Extremfall zu einem „Abbrand" der gesamten Kohle führen könnten, sowie Maßnahmen zur Erkennung von Staubfreisetzungen, jeweils in Verbindung mit geeigneten Verriegelungen oder organisatorischen Anweisungen. Inwieweit sämtliche der in Tabelle 10.4 und Tabelle 10.5 aufgeführten Maßnahmen gleichzeitig zum Einsatz kommen, muß jeweils im Einzelfall untersucht bzw. geprüft werden.

Abschließend ist noch zu erwähnen, daß ein sog. „Abbrand" von Kohlereaktoren nicht zu einem offenem Brand mit Flammenerscheinung führt. Bei einem solchen Ereignis, wie durch bereits eingetretene Störungen belegt, kommt es zu einer Überhitzung des Reaktors. Dabei können Temperaturen auftreten, die teilweise zum Schmelzen von Metallteilen führen.

10.3.3
Auswirkung von Schadstofffreisetzungen bei einer Störung

Die Auswirkung von Schadstofffreisetzungen bei einer Störung soll am Beispiel eines Müllbunkerbrandes erläutert werden.

Bei einem Müllbunkerbrand können insgesamt 4 Kategorien von Stoffen freigesetzt werden:

- Schwermetallverbindungen wie Quecksilber, Arsenverbindungen, etc.

- saure Gase wie Chlorwasserstoff, Stickoxide, etc.
- organ. Stoffe aus Verschwelungsprozessen wie Benzol, PAK's, etc.
- polyhalogenierte Dibenzodioxine und -furane wie TCDD, HCDD, etc.

Auf Grundlage vorliegender Stoffbilanzen und Analysen des „Mülls" wird die Freisetzung der Schadstoffe ermittelt und die Ausbreitung mit Hilfe des gängigen Ausbreitungsmodells für die Ausbreitung störfallbedingter Freisetzungen (VDI-Richtlinie 3783) berechnet.

Die Bewertung der Schadstoffimmissionen ist jedoch mit Schwierigkeiten verbunden, da „Grenzwerte für kurzfristige Immissionbelastungen bei Störung des bestimmungsgemäßen Betriebes„ von Seiten der Gesetzgebung nicht definiert sind. In Diskussionen mit Toxikologen werden für die Beurteilung in einer ersten Abschätzung MAK-Werte (max. Arbeitsplatzkonzentrationen) bzw. die sog. ERPG-2 Werte der Störfallkomission (1993) sowie für kanzerogene Stoffe Vergleichswerte herangezogen. Diese Vergleichswerte basieren grundsätzlich auf dem Prinzip, daß bei gleicher Gesamtaufnahme kurzfristige Belastungen im Vergleich zu kontinuierlichen Belastungen unkritischer zu bewerten sind.

Die Schadstoffbelastungen im Falle eines Müllbunkerbrandes liegen bezogen auf die nicht kanzerogenen Stoffe im Bereich der MAK-Werte, so daß aufgrund dieser Stoffe eine „ernste Gefahr" nicht zu besorgen ist.

Die Beurteilung kanzerogener bzw. kanzerogen-verdächtiger Stoffe soll am Beispiel der Dioxin Belastung (bezogen auf TCDD-Toxizitätsequivalente [TCDD-TE], „Seveso"-Dioxin), ausgehend von einem Müllbunkerbrand erläutert werden.

Die tägliche Aufnahme an TCDD-TE über die Nahrungskette beträgt ca. 1,2 pg/kg Körpergewicht. Bezogen auf eine lebenslange Aufnahme (70 Jahre) sind dies ca. 31.000 pg/kg Körpergewicht. Die vorhandene Grundbelastung eines jeden Menschen liegt bei durchschnittlich 7.000-8.000 pg/kg Körpergewicht. Weiterhin soll die TCDD-TE Aufnahme bei Zigarettenkonsum angeführt werden: Pro Zigarette werden ca. 2 pg aufgenommen. Bei einem Körpergewicht von 75 kg entspricht dies einer Belastung von 0,025 pg/kg Körpergewicht und Zigarette.

Für die tägliche, akzeptable Aufnahme von Dioxinen (ADI-Wert) werden vom BGA (Bundesgesundheitsamt) 1-10 pg/kg Körpergewicht zugrunde gelegt.

Die maximale Belastung r^2 (bezogen auf eine 30minütige Aufnahme) an TCDD-TE bei einem Müllbunkerbrand liegt im Immissionsmaximum (Nahbereich bis ca. 200 m) in der Regel unter 5 pg/kg Körpergewicht. Dies entspricht einer Zusatzbelastung von < 0,1 % der bereits im Körper vorhandenen Dioxin-Belastung. Gleichzeitig liegt dieser Wert auch im Bereich des ADI-Wertes (ADI = acceptable daily intake).

Bezüglich der Bodenzusatzbelastung ausgehend von Emissionen (bestimmungsgemäßer Betrieb sowie Störung) von thermischen Abfallentsorgungsanlagen können Untersuchungen an bereits bestehenden Anlagen verwendet werden. Im Umfeld konnten keine erhöhten Bodenbelastungen, die auf Emissionen einer MVA zurückzuführen wären, analysiert werden. Diese Aussage ist unter dem Aspekt zu bewerten, daß bei diesen Anlagen in der Vergangenheit „Müllbunkerbrände" eingetreten sind. Als aktuelles Beispiel sei der Müllbunkerbrand in der MVA Bamberg angeführt (vgl. VDI Bildungswerk, Handbuch Katalysatoren-, Brand-, Explosionsschutzmaßnahmen zum Seminar am 13.-14.3.1997 in Düsseldorf), bei dem die Untersuchungen der Umgebung auf organische Schadstoffe keine Veränderungen aufgezeigt haben.

Dieses Ergebnis wird auch durch die Dokumentation des Großbrandes Lengerich, bei dem 1992 ca 2.500 t Kunststoffe (PE, PP, PS, PVC) in Brand geraten sind, bestätigt. Relevante Dioxin/Furan-Einträge in den Boden aufgrund des Brandereignisses konnten nicht festgestellt werden (MURL, 1994).

Unabhängig davon sind, unter Berücksichtigung des generellen Minimierungsgebotes für kanzerogene Stoffe, alle Maßnahmen zu ergreifen, um einen Müllbunkerbrand zu verhindern bzw. rechtzeitig zu erkennen und ihn entsprechend (vgl. Tabelle 10.3) zu bekämpfen.

10.4
Auswirkungen der Seveso-II-Richtlinie

10.4.1
Einleitung

Nach mehrjährigen, zum Teil sehr kontroversen Beratungen wurde die Revision der EG-Störfall-Richtlinie durch Beschluß des EG-Umweltministerrates zum Jahresende 1996 abgeschlossen. Die neue „Richtlinie 96-82-EG des Rates vom 09.12.1996 zur Beherrschung der Gefahren bei schweren Unfällen mit gefährlichen Stoffen" wurde im Amtsblatt der EU am 14.01.1997 veröffentlicht. Nach einer Frist von 20 Tage, d. h. im Februar 1997, trat sie in Kraft. Damit läuft die zweijährige Frist für die Mitgliedsstaaten zur Umsetzung in nationales Recht. Damit stellt sich nun die Frage nach Art und Ausmaß mögliche Auswirkungen auf die deutsche Störfall-Verordnung mit Stand vom 1993.

Trotzt zahlreicher Änderungen im Einzelnen gegenüber der Vorgängerrichtlinie (Seveso-I-Richtlinie) wurden keine grundsätzlichen Änderungen am Schutzziel (Mensch und Umwelt) vorgenommen. Die Grundlage für die Novellierung der alten EG-Störfall-Richtlinie von 1982 bilden die Erkenntnisse aus den Unfällen in Mexico-City oder Bhopal. Für die Verbesserung des Schutzes des Menschen und der Umwelt im Einwirkbereich gefährlicher Industrieanlagen innerhalb der Europäischen Union, wäre es aber aufschlußreicher gewesen, zu prüfen, in welchem Umfang das Gemeinschaftsrecht in den Mitgliedsstaaten nicht nur rechtlich formal, sondern auch inhaltlich seit 1982 umgesetzt wurden. Dieser Ansatz entsprach aber nicht dem Wunsch der Mehrheit unter den Mitgliedsstaaten, so daß man sich nur auf einen neuen Ansatz verständigen konnte. Inwieweit durch die neue Richtlinie der Schutz von Mensch und Umwelt in der EU verbessert werden kann, ist aus heutiger Sicht noch nicht eindeutig zu beantworten.

10.4.2
Unterschiede StörfallV/EU-Richtlinie

In diesem Kapitel werden die wesentlichen Unterschiede der neuen EU-Richtlinie in bezug zur bestehenden Störfall-Verordnung diskutiert:

1. Ein wesentlicher Nachteil in der bestehenden StörfallV ist die Tatsache, daß eine, bis auf wenige Ausnahmen, Aufsummierung unabhängig von den jeweiligen Schadstoffkonzentrationen der Einzelschadstoffe gemäß den Anhängen der Störfall-Verordnung sowie eine Gegenüberstellung der jeweiligen Mengenschwellen erfolgen mußte. Gemäß Pkt. 3.3.2.4 der 1. StörfallVwV können die Mengen eines Stoffes nach den Anhängen II, III oder IV, die als Verunreinigung in anderen Stoffen oder als Bestandteil von Gemischen, Gemengen, Lösungen oder Erzeugnissen (z.B. Schwermetalle in Schlacken, Restmonomere in Polymeren, Ammoniak in Gülle) eine so geringe Konzentration aufweist, daß sie nicht oder nur in so geringer Menge freigesetzt werden kann, daß der Eintritt eines Störfalls offensichtlich ausgeschlossen ist. Ein Problem bei dieser in der 1. StörfallVwV angegebenen Regelung stellt die Definition der „geringen Konzentration" dar. Hierzu wird im Punkt 2 des Anhang 1 der neuen EU-Richtlinie folgende Aussage getroffen:

   „Gemische und Zubereitungen werden in der gleichen Weise behandelt, wie reine Stoffe, sofern sie die Höchstkonzentrationen nicht überschreiten, die entsprechend ihren Eigenschaften den im Teil 2 Anmerkung 1 aufgeführten einschlägigen Richtlinien oder deren letzte Anpassung an den letzten technischen Fortschritt festgelegt sind, es sein denn, daß eigens eine prozentuale Zusammensetzung und oder eine andere Beschreibung angegeben ist".

   Der Teil 2 der EU-Richtlinie wird im nationalen Recht durch die Gefährlichkeitsmerkmale der Gefahrstoffverordnung erfaßt. Gemäß Gefahrstoff-Verordnung hängt die Einstufung eines Gemisches hinsichtlich seiner Gesamteigenschaften (z. B. Giftig, entzündlich, etc.) von den jeweiligen Einzelschadstoffkonzentrationen ab. Erst wenn eine gewisse Grenzkonzentration, die in der Gefahrstoff-Verordnung festgelegt ist, überschritten wird, beinhaltet das Gesamtgemisch das Gefährlichkeitsmerkmal des entsprechenden Einzelstoffes.

   Es wäre wünschenswert, wenn diese Regelung in die Störfall-Verordnung einfließen würde, da letztendlich die Schadstoffkonzentrationen die Gefährlichkeit eines Stoffgemisches beeinflussen. Es ist anzumerken, daß eine vergleichbare Regelung bereits Bestandteil der österreichischen Störfall-Verordnung (Störfallverordnung, 1991) ist.

2. Nach 3.3.2.2 der 1. StörfallVwV ist eine geringfügige Menge als der zehnte Teil der in Spalte 1 des Anhangs 2 zur Störfall-Verordnung bezeichneten Menge definiert worden.

   Nach Punkt 4 des Anhangs 1 der EU-Richtlinie wird diese prozentuale Schwelle auf 2 % herabgesetzt. Weitere Voraussetzung für die Außerachtlassung dieser Stoffmengen ist, daß sie sich innerhalb eines Betriebes an einem Ort befinden, an dem sie nicht als Auslöser eines schweren Unfalles an einem anderen Ort des Betriebes wirken können.

3. Nach Anmerkung 4 des Teiles 2 der EU-Richtlinie ist die Überschreitung der Mengenschwelle dann gegeben, wenn die Quotientensumme > 1 beträgt. Quotientensumme bedeutet, daß sämtliche Einzelstoffmengen dividiert durch ihre jeweilige Mengenschwelle aufsummiert werden müssen.

   In Entwürfen zur 1. StörfallVwV war diese Quotientenregel bereits schon einmal enthalten, wurde aber in die 1993 verabschiedete 1. StörfallVwV nicht aufgenommen.

4. Ein weiterer interessanter Aspekt im Anhang 1 Teil 2 der EU-Richtlinie liegt in der Definition des Begriffes „explosionsgefährlich". Gemäß der Anmerkung 2 zum Teil 2 des Anhangs 1 werden unter den Begriff „explosionsgefährlich" auch explosionsfähige Stoffe verstanden. Dies steht natürlich im offenen Widerspruch zur Gefahrstoff-Verordnung und führt somit bei der Anwendung der EU-Richtlinie zu Irritationen. Selbst in Veröffentlichungen wird die EU-Definition für „explosionsgefährlich" nicht berücksichtigt, (vgl. Wittfeld 1997). Obwohl im Teil 2 des Anhangs 1 der EU-Richtlinie die explosionsfähigen Stoffe nicht explizit aufgeführt sind, werden sie aber unter der laufenden Nummer 4, explosionsgefährlich, mit berücksichtigt und sind somit in der laufenden Nr. 4a des Anhangs II der StörfallV erfaßt.

5. Eine weitere Änderung in der neuen EU-Richtlinie im Vergleich zur vorliegenden Störfall-Verordnung liegt in der Erfordernis, ein Konzept zu Verhütung schwerer Unfälle (Artikel 9) für Anlagen zu erstellen. Übertragen auf die StörfallV bedeutet dies, daß die Mengenschwelle der Spalte 1 überschritten, die Mengenschwelle der Spalte 2 aber unterschritten wird. An dieser Stelle sei aber darauf hingewiesen, daß die angegebenen Mengenschwellen in der neuen EU-Richtlinie im Vergleich zu den Mengenschwellen im Anhang der Störfall-Verordnung zum Teil angehoben worden sind.

Darüber hinaus wurden für verschiedene Stoffgruppen die in der Störfall-Verordnung bisher nur mit einer Mengenschwelle angegeben werden, in der EU-Richtlinie mit einer zusätzlichen Mengenschwelle belegt (z.B. für „giftige" Stoffe).

In der zur Zeit gültigen Störfall-Verordnung müssen für Anlagen, in denen die Mengenschwelle der Spalte 1 überschritten wird, die erweiterten Pflichten (Erstellung einer Sicherheitsanalyse) erfüllt werden. Nur unter Berücksichtigung des § 10 der Störfall-Verordnung konnte eine Befreiung von den erweiterten Pflichten erzielt werden. Die neue EU-Richtlinie hingegen beinhaltet für solche Anlagen nun die Erarbeitung eins Konzeptes zur Verhütung schwerer Unfälle, die im Prinzip eine „abgespeckte" Sicherheitsanalyse nach Störfall-Verordnung beinhaltet. Abschließend ist noch zu erwähnen, daß der Begriff Sicherheitsanalyse nach Störfall-Verordnung in der EU-Richtlinie als Sicherheitsbericht bezeichnet wird.

10.4.3
Auswirkungen auf thermische Abfallentsorgungsanlagen

Eine Anpassung der Störfall-Verordnung an die neue EU-Richtlinie beinhaltet aus heutiger Sicht für thermische Abfallentsorgungsanlagen folgende Konsequenzen:

- Wie bereits unter Kapitel 10.2 erläutert, würde die Stoffermittlung unter Berücksichtigung des Gefahrenpotentials der Stoffgemische erfolgen. Gleichzeitig beinhaltet diese Vorgehensweise eine größere Rechtssicherheit.

- Für thermische Abfallentsorgungsanlagen mit Ausnahme der Anlagen für besonders überwachungsbedürftige Abfälle wäre eine Sicherheitsanalyse nach Störfall-Verordnung sowie ein Konzept zur Verhütung schwerer Unfälle <u>nicht zwingend</u> erforderlich.

Literatur

Erste Allgemeine Verwaltungsvorschrift zur Störfallverordnung (1. StörfallVwV) vom 20.09.1993. - (BGBl.I S. 582)

Greim H (1989) Wie giftig ist die Müllverbrennung. Entsorgungspraxis 4/1989

Grenzwerte in der Luft am Arbeitsplatz, MAK- und TRK-Werte, Ausgabe April 1995, Stand April 1997

Hansmann K (1995) Bundesimmisionsschutzgesetz, 15. Auflage mit Erläuterungen, Nomos Verlagsgesellschaft

Hansmann G, Wefers H (1991) Sicherheitstechnik bei Aktivkoksfiltern an Abfallverbrennungsanlagen: Hinweise und Anforderungen aus der Sicht der Störfall-Verordnung. Landesanstalt für Immissionsschutz NRW, LIS-Berichte Nr. 97

IZE (1994) Foliensammlung Abfallwirtschaft. IZE Informationszentrale der Elektrizitätswirtschaft e.V., Frankfurt

MURL (1994) Großbrand eines Kunststofflagers in Lengerich im Oktober 1992 - Dokumentation -. MURL 6/1994

Störfallkomission bei Bundesminister für Umwelt, Naturschutz und Reaktorsicherheit, Bericht Kriterien zur akzeptabler Schadstoffkonzentrationen, SFK-GS-02 (31.12.1993)

Störfallverordnung (1991) 593. Verordnung aus Bundesgesetzblatt für die Republik Östereich. Jahrgang 1991, ausgegeben am 28.11.1991

Technische Regeln für Gefahrstoffe *(TRGS 900)*

Verordnung zum Schutz vor gefährlichen Stoffen *(Gefahrstoffverordnung -GefStoffV)* vom 26. Okt. 1993 (BGBl. I S. 1783), zuletzt geändert durch BGBl.I 1997 S. 311.

Wittfeld P (1997) Anwendung der Störfall-Verordnung auf staubexplosionsgefährdete Anlagen. Technische Überwachung TÜ Bd. 38 [1997] Nr. 5

Zweite Allgemeine Verwaltungsvorschrift zur Störfallverordnung (2. StörfallVwV) vom 27.04.1982, (GMBl.S. 205) zuletzt geändert durch Nr. 6 der 1. StörfallVwV vom 20.9.1993 (BGBl.I S. 582, ber.S. 820)

Zwölfte Verordnung zur Durchführung des Bundes-Immissionsschutzgesetzes *(Störfall-Verordnung - 12. BImSchV)* in der Fassung der Bekanntmachung vom 20.09.1991 (BGBl.I S.1891), berichtigt am 17.10.1991 (BGBl.I S. 2044), zuletzt geändert durch Verordnung vom 26.10.1993 (BGBl.I S. 1782)

11
UVP und Umwelt-Audit: Instrumente zur Umweltvorsorge auf verschiedenen Ebenen

G. Schmitz

Die vorangegangenen Beiträge in diesem Buch beschäftigen sich alle mit der *Umweltverträglichkeitsprüfung* bzw. zugehörigen Fachgutachten im Rahmen von Genehmigungsverfahren. Dieses Instrument zur Umweltvorsorge dient der Berücksichtigung und Bewertung möglicher Umweltauswirkungen bereits in der Planungsphase UVP-pflichtiger Anlagen. Es gibt jedoch noch ein weiteres Instrument zur Umweltvorsorge: das sog. *Umwelt-Audit*, das Anwendung in Anlagen findet, die sich bereits in der Betriebsphase befinden.

Beide Instrumente basieren auf den Bestrebungen der Europäischen Gemeinschaft zur Integration des Umweltschutzes in den Unternehmen (Artikel 130 r EG-Vertrag, Aktionsprogramme für den Umweltschutz (Europäische Gemeinschaft, 1973, 1977, 1982, 1987, 1992)). Ziel ist es dabei,

- die möglichen Umweltauswirkungen zu bewerten,
- Vorsorgemaßnahmen für den Umweltschutz zu ergreifen und
- die Information der Öffentlichkeit zu fördern.

2 Instrumente mit gleicher Zielsetzung: Welche Gemeinsamkeiten und Unterschiede zwischen den beiden Instrumenten gibt es dabei? Wie wird der Umweltvorsorgegedanke umgesetzt? Gibt es Synergien? Kann die UVU als Basis für das Umwelt-Audit dienen?

Der vorliegende Beitrag soll Anregungen zu diesen Fragestellungen geben. Basis für das Verständnis des Vergleiches zwischen UVU und Umwelt-Audit ist der Beitrag von Appel (Kap. 5) sowie die im nachfolgenden Kapitel 11.1 beschriebenen Umsetzungsschritte gemäß EG-Umwelt-Audit-Verordnung. Der direkte Vergleich beider Instrumente erfolgt in Kapitel 11.2 ff.

11.1
Einführung eines Umweltmanagementsystems gemäß EG-Umwelt-Audit-Verordnung

11.1.1
Hintergrund und Ziele

Im April 1995 trat die *Verordnung über die freiwillige Teilnahme gewerblicher Unternehmen an einem Gemeinschaftssystem für das Umweltmanagement und die Umweltbetriebsprüfung*, die sog. EG-Umwelt-Audit-Verordnung, in Kraft.

Ziel dieser Verordnung ist es, im Sinne des 5. Aktionsprogramms der Europäischen Gemeinschaft die Entwicklung des Umweltschutzes und der Wirtschaft durch mehr Eigenverantwortung der Unternehmen zu unterstützen.

Mit der EG-Umwelt-Audit-Verordnung wird ein Instrumentarium angeboten, das die Firmen dabei unterstützt, auf freiwilliger Basis zu einem „aktiven Konzept" für den Umweltschutz zu kommen. Dies schließt die Verabschiedung einer Umweltpolitik ein, „die nicht nur die Einhaltung aller einschlägigen Umweltvorschriften vorsieht, sondern auch Verpflichtungen zur angemessenen kontinuierlichen Verbesserung des betrieblichen Umweltschutzes umfaßt" (Verordnung EWG 1836/93).

Mit der Teilnahme wird kein behördliches Kontrollinstrument, sondern ein Hilfsinstrument zur Erfüllung der externen und internen Anforderungen an den Umweltschutz geschaffen. Zu den externen Faktoren zählen beispielsweise Rechtssicherheit, Zufriedenheit der Anspruchsgruppen wie Kunden, Öffentlichkeit und Behörden sowie die Vertrauensbildung in diesen Gruppen; interne Faktoren sind z.B. Mitarbeitermotivation, klare Verantwortungsregelung, Anlagensicherheit und Wirtschaftlichkeit (Hüntrup et al. 1997, Sobanek et al. 1996).

Der Einfluß des Unternehmens auf diese Faktoren ist abhängig von der Umsetzung der Umweltschutzmaßnahmen in den verschiedenen Unternehmensebenen. Zur Verbreitung des Umweltschutzgedankens bis auf die Ebene des einzelnen Mitarbeiters ist die Einführung eines ganzheitlichen Umweltmanagementsystems (UMS) erforderlich. Um die Transparenz und Glaubwürdigkeit eines solchen Systems nach außen zu erhöhen, kann das Umweltmanagementsystem durch einen zugelassenen Umweltgutachter überprüft (Zulassung von Umweltgutachtern s. Umweltauditgesetz) und die für die Öffentlichkeit erstellte Umwelterklärung validiert, d.h. für gültig erklärt werden.

Die für die Einführung eines Umweltmanagementsystems nach der EG-Umwelt-Audit-Verordnung erforderlichen Schritte sind im folgenden erläutert. Auf die Unterschiede zwischen der international gültigen Norm ISO 14001 (Umweltmanagementsysteme: Spezifikation und Leitlinien zur Anwendung) und der EG-Umwelt-Audit-Verordnung wird in Kapitel 11.1.3 eingegangen.

11.1.2
Umsetzung der EG-Umwelt-Audit-Verordnung im Unternehmen

Die EG-Umwelt-Audit-Verordnung verlangt die in der Abb. 11.1 dargestellten
Schritte zur Umsetzung des Umweltkonzeptes in die betriebliche Praxis von der
Festlegung der Umweltpolitik bis zur Implementierung des Umweltmanagement-
systems am Betriebsstandort (Schritte 1 bis 4). Weiterhin sind die für den Erhalt
der Teilnahmeerklärung und die Validierung der Umwelterklärung erforderlichen
Maßnahmen dargestellt (Schritte 5 bis 9).

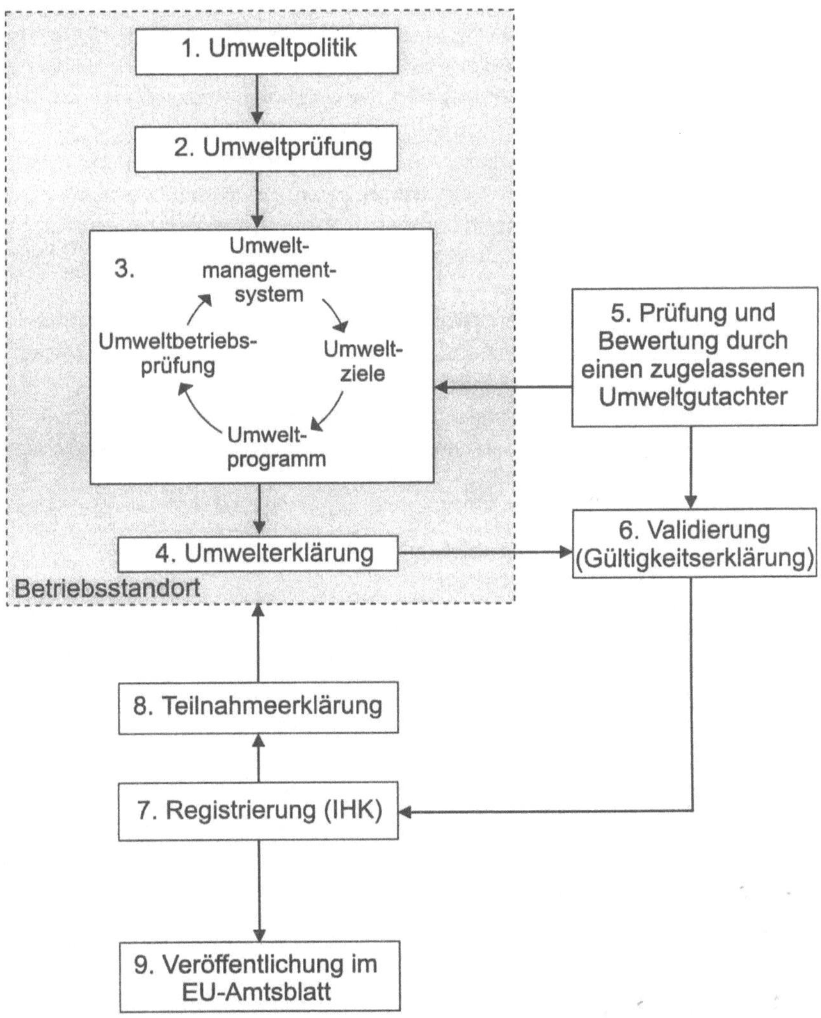

Abb. 11.1:   Einführung und Validierung eines Umweltmanagementsystems nach der EG-
Umwelt-Audit-Verordnung

1. Festlegung der Umweltpolitik

Die Geschäftsleitung eines Unternehmens, das ein UMS einführen will, legt in einem ersten Schritt mit der Umweltpolitik die strategische Vorgehensweise, d.h. die Leitlinien, fest. Da sie auch der Öffentlichkeit z.B. in der Umwelterklärung (s.u.) zugänglich gemacht werden soll, enthält sie keine Interna hinsichtlich technischem Know-how des Unternehmens, sondern spiegelt das Bemühen des Standortes um den Umweltschutz wider. Eine exemplarische Umweltpolitik eines Unternehmens in der Abfallwirtschaft könnte wie folgt aussehen.

Umweltpolitik des Unternehmens „XY":

- Der Umweltschutz wird in unserem Unternehmen gleichwertig wie die wirtschaftlichen und sozialen Belange behandelt.
- Durch unser Konzept zum betrieblichen Umweltschutz wollen wir den Schutz unserer Umwelt verantwortlich fördern und mitgestalten.
- Zur Schonung von Ressourcen sind wir ständig bemüht, Betriebsmittel sparsam einzusetzen und ggf. durch umweltverträglichere Produkte zu ersetzen.
- Die Auswirkungen neuer Tätigkeiten und Verfahren werden vor ihrer Anwendung hinsichtlich ihrer Umweltverträglichkeit geprüft, um mögliche Umweltschäden und Sicherheitsrisiken im Vorfeld zu vermeiden.
- Die Kompetenz und das Verantwortungsbewußtsein unserer Mitarbeiter fördern wir durch regelmäßige Schulungen und motivieren sie, sich aktiv an Verbesserungen für den Umweltschutz zu beteiligen.
- Der offene und sachliche Austausch mit der Öffentlichkeit wird von uns gefördert und soll zum besseren Verständnis des Betriebs und der Belange unserer Abfallbehandlungsanlage führen.
- usw.

---

2. Durchführung der Umweltprüfung

Die Umweltprüfung stellt die erste Bestandsaufnahme der umweltrelevanten Daten im Unternehmen in Bezug auf die in Anhang I C der EG-Umwelt-Audit-Verordnung genannten Gesichtspunkte dar. Hierzu zählen beispielsweise Abfall-, Wasser- und Energiebewirtschaftung, Emissionen, vorausschauende Produkt- und Prozeßplanung, Unfallvorsorgemaßnahmen und die Weitergabe von Informationen an die Mitarbeiter und die Öffentlichkeit. Die Durchführung der Umweltprüfung ist einmalig vor der Einführung des Umweltmanagementsystems erforderlich. Die Vorgehensweise ist in Abb. 11.2 beschrieben.

Üblicherweise wird die Umweltprüfung anhand von Checklisten durchgeführt, die zahlreich in der Literatur zu finden sind (Alijah und Heuvels 1995, Myska 1996). Problematisch ist jedoch die Allgemeingültigkeit dieser Listen, die für eine Vielzahl von Branchen anwendbar sein sollen. Die Erfahrung zeigt, daß eine Anpassung auf die speziellen Belange des Unternehmens erforderlich ist, da nur so die Informationen aus den Interviews mit den Mitarbeitern und der Betriebsbegehung zusammengetragen werden, die zur Ermittlung von Kosteneinsparungspotentialen und von Möglichkeiten zur Optimierung der Organisation und umweltrelvanter Prozesse führen können.

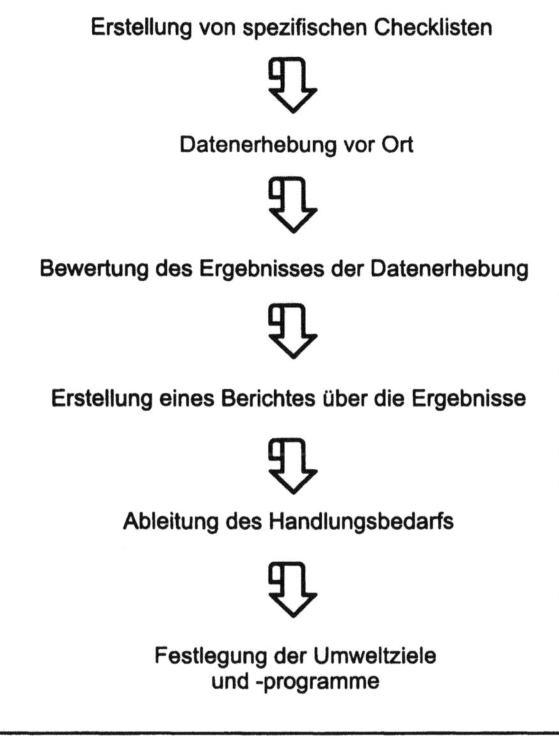

Abb. 11.2: Vorgehensweise bei der Durchführung der Umweltprüfung

In einem Umweltprüfungsbericht, der bei der späteren Begutachtung des Umweltmanagementsystems einem zugelassenen Umweltgutachter vorzulegen ist, wird der „Status quo oder Ist-Zustand" des Unternehmens vor der Einführung des Systems dokumentiert und bewertet. Auf Basis dieser Bewertung werden für die Zukunft Handlungsempfehlungen zur Verbesserung des innerbetrieblichen Umweltschutzes abgeleitet, die in die Definition der Umweltziele und -programme einfließen.

3. Betriebsprüfungszyklus

Die Implementierung eines Umweltmanagementsystems (UMS) unterliegt einem Betriebsprüfungszyklus, der wiederholend die Phasen

- Definition der Umweltziele und -programme,
- Festlegung der Maßnahmen zum Umweltmanagementsystem und
- Durchführung von Umweltbetriebsprüfungen
  umfaßt.

Ausgehend von den in der Umweltpolitik des Unternehmens festgelegten Leitlinien und den Ergebnissen der Umweltprüfung werden Umweltziele erarbeitet.

Diese umfassen konkrete Maßnahmen zur Verbesserung der Umweltschutzorganisation und zur Verringerung von Umweltauswirkungen der Gesamtanlage oder von Anlagenteilen. Hierzu können in einer Abfallbehandlungsanlage z.B. folgende Maßnahmen zählen:

- Verbesserung der Organisation des Betriebsbeauftragtenwesens, was erfahrungsgemäß in vielen Unternehmen Probleme bereitet
- Lärmminderung durch konkrete Anweisungen an die Mitarbeiter, z.B. Tore geschlossen zu halten
- Verringerung der Emissionen durch technische Verbesserungen
- Senkung des Trinkwasserverbrauchs durch Einsatz von Rohwasser

Wichtig ist dabei, daß die Ziele aus dem Unternehmen kommen, d.h. die Ideen jedes einzelnen Mitarbeiters zur Verbesserung der Prozesse und Abläufe berücksichtigt werden. So wird die Anzahl der Ziele größer sein als man zunächst vermutet.

Die Maßnahmen zum Erreichen der Umweltziele werden im Sinne eines Leitfadens in den Umweltprogrammen beschrieben. Hierzu zählen Angaben

- zu den zur Verfügung gestellten Personalressourcen,
- zur Einbindung von externen Partnern,
- zur Vorgehensweise in den einzelnen Projektphasen und
- zum Zeitraum, in dem das Umweltziel zu erreichen ist.

Zur Identifikation aller Mitarbeiter mit dem Umweltmanagementsystem ist ihre Einbindung bei der Durchführung von Umweltprogrammen besonders wichtig. So kann jeder Mitarbeiter an der Verbesserung von Abläufen und Prozessen an seinem Arbeitsplatz mitwirken.

Nach der Festlegung der Umweltpolitik,- ziele und -programme für das Unternehmen und der Auswertung der Umweltprüfung wird das Umweltmanagementsystems auf Basis der Anforderungen der EG-Umwelt-Audit-Verordnung entwickkelt.

Das Umweltmanagementsystem ist laut EG-Umwelt-Audit-Verordnung definiert als „der Teil des gesamten übergreifenden Managementsystems, der die Organisationsstruktur, Zuständigkeiten, Verhaltensweisen, förmliche Verfahren, Abläufe und Mittel für die Festlegung und Durchführung der Umweltpolitik einschließt". Das Umweltmanagementsystem soll somit die in der Umweltpolitik festgelegten Leitlinien in praktische Handlungsempfehlungen für die tägliche Arbeit im Unternehmen umsetzen. Dabei sind für die Einführung des Umweltmanagementsystems als Teil des gesamten Managementsystems des Unternehmens lediglich die umweltrelevanten Tätigkeiten zu berücksichtigen.

Die EG-Umwelt-Audit-Verordnung sieht eine nachvollziehbare Dokumentation des am Standort eingeführten Umweltmanagementsystems vor. Üblicherweise sind in Unternehmen der Abfallwirtschaft, insbesondere in thermischen Abfallbehandlungsanlagen, bereits viele Dokumente vorhanden, die aufgrund gesetzlicher Vorgaben erstellt werden müssen. Hierzu zählen z.B. Betriebshandbücher nach TA Siedlungsabfall/Abfall mit zugehörigen Betriebsanweisungen, Emissionserklärungen, Alarm- und Gefahrenabwehrpläne sowie Darstellungen zur Betriebsorganisation (gemäß § 52 a BImSchG, § 53 KrW-/AbfG). Diese Dokumente sollten bei der Beschreibung des Umweltmanagementsystems herangezogen werden, um letztlich zu einer geschlossenen und einheitlichen Dokumentation zu gelangen, die nicht nur Ordner und Schränke füllt, sondern täglich als Hilfestellung genutzt wird.

Die Form der Dokumentation ist in der EG-Umwelt-Audit-Verordnung nicht vorgegeben, in der Praxis hat sich jedoch die Erstellung eines Handbuches in Anlehnung an die in Abb. 11.3 dargestellte Systematik mit Handbuchkapiteln, Verfahrens- und Arbeitsanweisungen bewährt. Die „Kunst" ist es dabei, das Umweltmanagementsystem so zu entwickeln und zu dokumentieren, daß es unter Berücksichtigung der Vorgaben konkret auf die Belange des Unternehmens zugeschnitten ist und die bereits vorliegenden Dokumente integriert. Hierdurch wird das Verständnis der Mitarbeiter für das Managementsystem gefördert und jeder findet sich in diesen Handbüchern wieder.

Wichtigster Punkt im Betriebsprüfungszyklus sind die Umweltbetriebsprüfungen. Sie dienen der regelmäßigen und objektiven Prüfung der im Management-Handbuch vorgegebenen Vorgehensweisen mit der praktischen Durchführung im Unternehmen und der weiteren Ermittlung von Verbesserungspotentialen zum Schutz der Umwelt. Diese Umweltbetriebsprüfungen erfolgen durch Mitarbeiter, die einerseits Erfahrungen in der Umwelttechnik und den rechtlichen Vorgaben, andererseits Kenntnisse über die Methoden haben, mit denen sie das Umweltmanagementsystem überprüfen sollen.

Das Ergebnis jeder Umweltbetriebsprüfung wird in einem Bericht, in dem auf erkannte Mängel hingewiesen wird, für die Geschäftsleitung dargestellt. Auf der Basis der Mängelliste werden Korrekturmaßnahmen festgelegt, die zur ständigen Verbesserung des Umweltmanagementsystems führen sollen. Die Umweltbetriebsprüfungen dienen somit der betrieblichen Optimierung des Umgangs mit dem Umweltmanagementsystem sowie der Bewertung der Umweltschutzmaßnahmen.

Der Betriebsprüfungszyklus sieht vor, daß innerhalb von 3 Jahren alle relevanten Umweltaspekte einer Umweltbetriebsprüfung unterzogen werden. Die Ergebnisse können dazu führen, daß neue Ziele und Programme definiert werden müssen oder auch die Dokumentation zu überarbeiten ist. Weiterhin wird durch regelmäßig wiederkehrende Prüfungen sichergestellt, daß das Umweltmanagementsystem im Unternehmen „lebt".

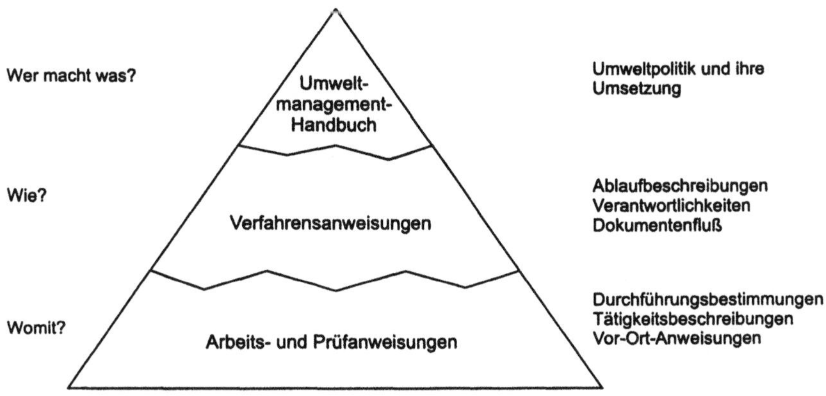

Abb. 11.3: Aufbau eines Umweltmanagement-Handbuches

4. Umwelterklärung

Als letzter Schritt der Einführung des UMS wird eine Umwelterklärung für die Öffentlichkeit erstellt. Sie beinhaltet gemäß Artikel 5 (3) der EG-Umwelt-Audit-Verordnung u.a. folgende Punkte:

- Beschreibung der Tätigkeiten am Standort, der Umweltpolitik, -ziele und -programme sowie
- Zahlenangaben zu den wichtigsten Umweltpfaden beispielsweise Emissionsdaten.

Sie wird für die interessierte Öffentlichkeit erstellt und dient neben der Informationsvermittlung auch der Steigerung der Akzeptanz des Unternehmens bei den Mitarbeitern, den Kunden, den Behörden und der unmittelbaren Nachbarschaft.

Analog zum Betriebsprüfungszyklus wird alle 3 Jahre eine neue Umwelterklärung veröffentlicht, die vor allem auf bedeutsame Veränderungen hinweist, die sich seit der vorangegangenen Erklärung ergeben haben. In der Zeit zwischen den Umweltbetriebsprüfungen wird jährlich eine vereinfachte Umwelterklärung erstellt, von der sich Unternehmen in Abstimmung mit dem Umweltgutachter ggf. gemäß Artikel 5 (6) EG-Umwelt-Audit-Verordnung befreien lassen können.

5. Prüfung und Bewertung durch einen zugelassenen Umweltgutachter

Sollen die Bestrebungen des Unternehmens für den Umweltschutz auch nach außen durch eine Teilnahmeerklärung dokumentiert werden, führt ein von der Deutschen Akkreditierungs- und Zulassungsgesellschaft für Umweltgutachter mbH (DAU; Adenauerallee 148, 53113 Bonn) geprüfter und zugelassener Umweltgutachter eine Prüfung der Wirksamkeit des Umweltmanagementsystems im Unternehmen durch. Informationen über die Zulassung der Umweltgutachter in Deutschland sind dem Umweltauditgesetz (UAG) zu entnehmen. Dieses Gesetz umfaßt die in jedem Mitgliedsstaat der EU zu regelnde Zulassung von Umweltgutachtern und Registrierung der Standorte (s.u.) für Deutschland. Ein Zulassungsregister für Umweltgutachter nach Art. 7 der Verordnung (EWG) Nr. 1836/93 i. V. m. § 14 UAG kann bei der DAU angefordert werden.

Zum Prüfungsumfang des Umweltgutachters zählen die in Anhang III der EG-Umwelt-Audit-Verordnung dargelegten Punkte, insbesondere die Prüfung

- der Umweltpolitik, -ziele und -programme,
- des Umweltmanagementsystems und seiner Dokumentation,
- des Berichtes zur Umweltprüfung, aus dem die Vorgehensweise bei der Durchführung der Umweltprüfung hervorgehen muß,
- des vorgesehenen oder bereits durchgeführten Umweltbetriebsprüfungsverfahrens sowie
- des Entwurfes der Umwelterklärung.

Weiterhin führt der Umweltgutachter während eines Besuches im Unternehmen Interviews mit den Mitarbeitern des Unternehmens durch, um festzustellen, ob diese die betrieblichen Vorgaben zum Umweltschutz verstanden haben und anwenden. Ziel ist dabei die Einbindung aller mit umweltrelevanten Tätigkeiten befaßten Personen, da nur so ein größtmöglicher positiver Effekt auf die Umwelt erreicht werden kann.

6. Validierung der Umwelterklärung

Bei der Begutachtung ist die Umwelterklärung im Entwurf vorzulegen. Sie wird auf Erfüllung aller Vorgaben der EG-Umwelt-Audit-Verordnung vom zugelassenen Umweltgutachter geprüft und anschließend validiert, d.h. für gültig erklärt. Er bestätigt mit seiner Unterschrift in der Umwelterklärung die Übereinstimmung der Inhalte mit den gestellten Anforderungen.

Die Umwelterklärungen unterscheiden sich so sehr in Aussehen, Form und Umfang der Erläuterungen zu den vorgegebenen Inhalten, daß bereits eine Rangliste der Umwelterklärungen bzw. -berichte herausgegeben wurde (future 1995, Zippe 1996). Die „Qualität von Umweltberichten und -erklärungen hat sich zwar verbessert, doch viele Reports haben noch gravierende Schwächen" (future 1996/1). Als Praxishilfe bei der Erstellung der Umwelterklärung können verschiedene Leitfäden dienen (Braun 1996, future 1996/2).

7. Registrierung des Standortes durch die IHK

Nach Vorlage einer validierten Umwelterklärung und gegen Entrichtung eines Entgelts wird der geprüfte Standort des Unternehmens von der für das Bundesland, in dem sich der Standort des Unternehmens befindet, zuständigen IHK registriert. Der Deutsche Industrie- und Handelstag (DIHT, Bonn) gibt in regelmäßigen Abständen eine Liste der derzeit registrierten Standorte heraus, die dort angefordert werden kann.

8. Teilnahmeerklärung

Das Unternehmen erhält nach der Registrierung eine Erklärung gemäß Anhang IV der EG-Umwelt-Audit-Verordnung über die Teilnahme am Gemeinschaftssystem für das Umweltmanagement und die Umweltbetriebsprüfung. Mit dieser Teilnahmeerklärung darf z.B. auf Briefköpfen geworben werden; ein Einsatz in der Produktwerbung ist jedoch nicht zulässig.

9. Veröffentlichung im EU-Amtsblatt

Alle Unternehmen, die sich am Gemeinschaftssystem beteiligt haben, werden im EU-Amtsblatt veröffentlicht. Nach Auskunft des Deutschen Industrie- und Handelstages (DIHT, Bonn) haben sich bereits mehr als 700 Unternehmen in Deutschland am Gemeinschaftssystem beteiligt (Stand Juli 1997). Damit ist Deutschland im Vergleich mit anderen EU-Mitgliedsstaaten mit einem Anteil von ca. 70 % Vorreiter bei der Einführung von Umweltmanagementsystemen.

11.1.3
Umweltmanagementsystem gemäß ISO 14001

In der Fachwelt wurde in den letzten Monaten seit Vorlage der Endfassung der ISO 14001 immer wieder die Frage diskutiert, ob sich die Unternehmen für eine der beiden Vorgaben entscheiden müssen oder ob mit „einem UMS" die Vorgaben der ISO 14001 und der EG-Umwelt-Audit-Verordnung erfüllt werden können.

Die Erfahrung verschiedener Unternehmen, die bereits ein Umweltmanagementsystem eingeführt und sowohl eine Teilnahmeerklärung gemäß EG-Umwelt-Audit-Verordnung als auch ein Zertifikat gemäß ISO 14001 erhalten haben, zeigt, daß die für die Unternehmen relevanten Vorgaben für die Implementierung (Schritte 1 bis 4 in der Abb. 11.1) nicht wesentlich voneinander abweichen. Dies wird auch so von der Kommission der Europäischen Gemeinschaften anerkannt (Entscheidung der Kommission vom 16. April 1997 zur Anerkennung der ISO 14001 und EN ISO 14001).

Die wesentlichen Unterschiede zwischen der ISO 14001 und der EG-Umwelt-Audit-Verordnung sind in Abb. 11.4 dargestellt. Bezüglich weiterer Erläuterungen zum Vergleich der beiden Vorgaben wird auf fortführende Literatur verwiesen (Adam 1996, Bänsch-Baltruschat 1996).

11.2
Vergleich von UVU und Umwelt-Audit

Die Umweltverträglichkeitsprüfung (UVP) und das Umwelt-Audit sind 2 unterschiedliche Instrumente, die jedoch beide der Umweltvorsorge dienen. Die für die UVP erforderlichen Unterlagen werden dabei häufig in Form einer Umweltverträglichkeitsuntersuchung (UVU) vorgelegt.

Die Gemeinsamkeiten und Unterschiede zwischen UVP/UVU und Umwelt-Audit sollen im folgenden anhand der Aspekte Zielstellung, Anwendungsbereich, Anforderungen, Datenerhebung, Beschreibung und Bewertung der Umweltauswirkungen und Einbindung der Öffentlichkeit herausgestellt werden. Auf diese Fragestellungen gehen auch Falk (1996), Gärtner (1995), Hugo und Jansen (1995), Klemisch (1995), Wegener (1995) sowie Witt (1995) ein.

11.2.1
Zielstellung

Umweltverträglichkeitsprüfung und Umwelt-Audit dienen beide der Umweltvorsorge und der Betrachtung aller relevanten Umweltaspekte. Der fachübergreifende Ansatz ist dabei bei beiden Verfahren besonders wichtig, d.h. es sind naturwissenschaftliche, ingenieurtechnische und rechtliche Fragestellungen gleichermaßen zu berücksichtigen, um zu einer ganzheitlichen Bewertung zu gelangen.

Der Aspekt der ständigen Verbesserung steht beim Umwelt-Audit im Vordergrund. Deshalb ist das Umweltmanagementsystem ein dynamisches System und beinhaltet Überprüfungsmechanismen wie die Umweltbetriebsprüfung, die in regelmäßigen Abständen Verbesserungspotentiale aufdecken sollen. Die UVP ist hingegen ein statisches, einmalig vor der Genehmigung einer UVP-pflichtigen Anlage durchzuführendes Verfahren.

ISO 14001 ff	Öko-Audit
Rechtliche Basis	
Normenserie der International Organization for Standardization, Genf, Zusammenschluß der Normeninstitute wie z.B. Deutsches Institut für Normung (DIN), Berlin	EG-Umwelt-Audit-Verordnung Umwelt-Audit-Gesetz in Deutschland
Adressaten des Regelwerks	
Unternehmen, Organisationen in aller Welt	Gewerbliche Unternehmen, Energie-produzenten, Abfallbeseitiger in Europa; nach § 3 UAG Ausdehnung auf Dienst-leistungsbereiche (damit auch auf kommunale Verwaltungen) und Verkehr
Prüfung bezieht sich auf	
Umweltmanagementsystem (UMS) des Betriebs	Standort(e) des Betriebs(teils)
Durchführung	
Empfehlung einer Ist-Analyse	Erste Umweltprüfung
In beiden Verfahren	
Implementierung eines UMS mit Umweltpolitik, -zielen, -programmen	
Ziel der Verfahren	
Verbesserung des UMS	Kontinuierliche Verbesserung des betrieblichen Umweltschutzes am Standort, Eigenverantwortung der Unternehmen stärken
Zertifikat/Validierung	
Dokument einer Zertifizierungsgesellschaft, der die Trägergemeinschaft für Akkreditierungen GmbH (TGA), Frankfurt/Main, die Befähigung dazu bestätigt hat	Validierung der Umwelterklärung des Betriebs, durch einen externen Gutachter, der durch die Deutsche Akkreditierungs- und Zulassungsgesellschaft mbH (DAU), Bonn, zugelassen ist
Information der Öffentlichkeit über das Resultat der Prüfung	
Ob und wie ist nicht festgelegt	Umwelterklärung des Betriebs, Registrierung bei der jeweiligen Industrie- und Handelskammer, Eintragung ins EU-Standort-verzeichnis und ins EU-Amtsblatt
Überwachung des Zertifikats	
Nicht Inhalt der ISO 14001, sondern vertraglich zwischen Unternehmen und Zertifizierungs-gesellschaft festzulegen	Spätestens alle drei Jahre Prüfung der Funk-tionsfähigkeit des UMS durch die sogenannte Umweltbetriebsprüfung

Abb. 11.4: Unterschiede zwischen ISO 14001 und Umwelt-Audit (verändert nach Adam 1996)

11.2.2
Anwendungsbereich

Die Umweltverträglichkeitsprüfung bezieht sich auf geplante Vorhaben, Neuplanungen oder Änderungen an bestehenden Anlagen, die UVP-pflichtig sind. Sie dient gemäß § 2 Abs. 1 UVPG der Entscheidung über die Zulassung einer Anlage. Im Gegensatz hierzu findet die EG-Umwelt-Audit-Verordnung Anwendung an allen gewerblichen Standorten gemäß der Systematik der Wirtschaftszweige in der EG, dem sog. NACE-Code (Verordnung EWG Nr. 3037/90), d.h. auch solche, an denen keine genehmigungsbedürftigen und/oder UVP-pflichtigen Anlagen betrieben werden. Dabei ist das Umwelt-Audit auf den gesamten Standort eines Unternehmens bezogen und nicht nur auf eine einzelne Anlage.

Die Ausdehnung der EG-Umwelt-Audit-Verordnung auf alle gewerblichen Bereiche und die in Zukunft absehbare Übertragung auch auf den öffentlichen und den Dienstleistungsbereich dient dazu, die Reduzierung der schädlichen Umweltauswirkungen in allen Bereichen sicherzustellen.

11.2.3
Anforderungen

Die Erfüllung der gesetzlichen Anforderungen gilt für beide Instrumente gleichermaßen. Während bei der UVP darüber hinaus die behördlichen Entscheidungen maßgebend sind, stehen beim Umwelt-Audit die Ziele des Unternehmens im Vordergrund. Der Raum für individuelle Konzeptionen im Rahmen der rechtlichen Vorgaben bleibt für jedes Unternehmen beim Umwelt-Audit erhalten, damit ein auf das Unternehmen zugeschnittenes Managementsystem implementiert werden kann.

11.2.4
Datenerhebung, Beschreibung und Bewertung der Umweltauswirkungen

Die „Umweltprüfung mit zugehöriger Berichterstattung" und die „Erstellung der Umweltverträglichkeitsuntersuchung (UVU)" können miteinander verglichen werden.

Ziel der Umweltprüfung ist die Darstellung des Status quo der Umweltauswirkungen, die vom Betrieb der Anlagen an einem Standort vor der Implementierung des Umweltmanagementsystems ausgehen, sowie der Vergleich dieser Auswirkungen mit den rechtlichen Vorgaben und eine abschließende Bewertung. Im Gegensatz dazu beschreibt die UVU den Status quo an einem Standort *vor* Errichtung der zu genehmigenden Anlage und schätzt die Auswirkungen für die Zeit während der Bau- und Betriebsphase sowie nach der Betriebs-/Anlagenstillegung ab.

Dabei ist die Definition der Auswirkungen verschieden. Während bei der UVU die Immissionen auf die Umwelt betrachtet werden, stehen bei der Umweltprüfung vor allem die Emissionen einer Anlage im Vordergrund. Die Auswirkungen der Emissionen auf die lokale Umgebung sind gemäß EG-Umwelt-Audit-Verordnung zwar auch zu berücksichtigen, konkrete Vorgaben hierzu fehlen jedoch.

Zur Erfassung der Umweltauswirkungen sehen beide Verfahren im ersten Schritt eine Datenerhebung vor. Die Bestandsaufnahme der ökologischen Ausgangsdaten für die einzelnen Umweltbereiche für die UVU erfolgt auf Basis von Fachgutachten und allgemein zugänglichen Informationen/Daten wie Karten, Plänen und Katastern. Detailinformationen zur Erarbeitung einer UVU sind im Beitrag von Appel in Kapitel 5 beschrieben. Im Gegensatz dazu bezieht sich die Datenerhebung bei der Umweltprüfung lediglich auf die Tätigkeiten und Prozesse am Standort und die Auswirkungen, die davon ausgehen. Fachgutachten und weitere Informationen werden nur berücksichtigt, wenn sie bereits im Unternehmen vorliegen. Die Erstellung eines Gutachtens zu einem in der Umweltprüfung festgestellten Defizit kann z.B. als Umweltziel formuliert werden.

Die Ergebnisse der Datenerhebung bei der UVU fließen in die Beschreibung der zu erwartenden erheblichen Auswirkungen der geplanten Anlage ein, und die Gesamtbeurteilung erfolgt abschließend durch die zuständige Behörde. Bei der Umweltprüfung werden die Ergebnisse vom Unternehmen selbst bewertet und fließen in Umweltziele und -programme ein. Bei der abschließenden Prüfung durch einen zugelassenen Umweltgutachter muß vom Unternehmen dargelegt werden, daß alle relevanten Umweltpfade berücksichtigt wurden, mit welcher Methodik die Umweltprüfung durchgeführt wurde und welche Maßnahmen daraus abzuleiten waren. Dabei ist der Umweltgutachter nicht als Ersatz der behördlichen Kontrolle zu sehen, sondern vom ihm wird lediglich die Übereinstimmung des Vorgehens mit den Vorschriften der EG-Umwelt-Audit-Verordnung überprüft, d.h. die getroffenen Maßnahmen werden von ihm nicht hinsichtlich ihrer Plausibilität bewertet.

Die in der UVU zu betrachtenden Aspekte Verfahrensalternativen und Maßnahmen zur Vermeidung, Verminderung und Ausgleich von erheblichen Umweltbeeinträchtigungen finden sich in den bei der Umweltprüfung zu berücksichtigenden Gesichtspunkten gemäß Anhang I C der EG-Umwelt-Audit-Verordnung sowie den Anforderungen an die Inhalte der Umweltpolitik in ähnlicher Form wieder. Im Sinne der Prüfung der Umweltverträglichkeit jeder neuen Tätigkeit, jedes neuen Produktes und jedes neuen Verfahrens sind bei Planungsentscheidungen vom Unternehmen die Auswirkungen im voraus zu beurteilen und das umweltverträglichste Verfahren - im Rahmen der wirtschaftlichen Vertretbarkeit - auszuwählen. In den Umweltzielen und -programmen sind auf Basis der beim Betrieb der Anlage(n) gewonnenen Erfahrungen Maßnahmen festzulegen, die zur Vermeidung oder Verminderung der Umweltauswirkungen führen sollen.

11.2.5
Einbindung der Öffentlichkeit

Um den Informationspflichten der Öffentlichkeit zu genügen, werden im Rahmen der UVP die Antragsunterlagen einschließlich der UVU zur Einsicht für die Öffentlichkeit ausgelegt. Im Vergleich dazu wird von Unternehmen, die sich am

Gemeinschaftssystem für das Umweltmanagement und die Umweltbetriebsprüfung beteiligen, eine Umwelterklärung herausgegeben. Auf eine Gegenüberstellung der erforderlichen Angaben im Kapitel 11.3 wird hier verwiesen.

11.3
Synergien zwischen UVU und Umwelt-Audit

Das Genehmigungsbeschleunigungsgesetz, das auch eine Änderung der Verordnung über das Genehmigungsverfahren (9. BImSchV) nach sich zog, schaffte als erste Rechtsvorschrift Synergien zwischen UVU und Umwelt-Audit, die zu Erleichterungen für solche Unternehmen, die ein Umweltmanagementsystem implementiert haben, führen können.

Im § 4 Abs. 1 der 9. BImSchV, der regelt, welche Unterlagen dem Genehmigungsantrag beizufügen sind, wurde mit Wirkung vom 7.10.1996 gemäß Artikel 3 des Beschleunigungsgesetzes nach § 4 Abs. 1 Satz 1 folgender Satz eingefügt:

„Dabei ist zu berücksichtigen, ob die Anlage Teil eines Standortes ist, für den Angaben in einer der Genehmigungsbehörde vorliegenden Umwelterklärung gemäß Artikel 5 der Verordnung (EWG) Nr. 1836/93 des Rates vom 29. Juni 1993 über die freiwillige Beteiligung gewerblicher Unternehmen an einem Gemeinschaftssystem für das Umweltmanagement und die Umweltbetriebsprüfung (ABl. EG Nr. L 168 S. 1) enthalten sind.“

Für den Antragsteller, der ein Umwelt-Audit für seinen Standort durchgeführt hat, *kann* dies z.B. bedeuten, daß er im Genehmigungsverfahren für eine neue Anlage am Standort oder für eine Änderungsgenehmigung Unterlagen in geringerem Umfang beibringen muß, da diese u.a. durch die Umwelterklärung der Behörde bereits bekannt sind.

Die Angaben, die in der Umwelterklärung beschrieben sind und im Rahmen eines Genehmigungsverfahrens gemäß BImSchG Verwendung finden könnten, sind in Tabelle 11.1 dargestellt.

Die Gegenüberstellung verdeutlicht, daß die inhaltlichen Angaben in weiten Bereichen deckungsgleich sind. Zu berücksichtigen sind dabei jedoch folgende Aspekte:

- die Umwelterklärung ist auf den Standort bezogen und nicht nur auf eine einzelne Anlage (bei mehreren Anlagen auf einem Standort ist somit darauf zu achten, daß die Unterlagen und Angaben auf einzelne Anlagen am Betriebsstandort zu spezifizieren sind)
- die Umwelterklärung soll allgemeinverständlich und in knapper Form erstellt werden, so daß der für das Genehmigungsverfahren erforderliche Detaillierungsgrad häufig nicht erreicht wird.

Tabelle 11.1: Gegenüberstellung der Angaben in der Umwelterklärung und im Genehmigungsverfahren

Angaben in einer Umwelterklärung	Erforderliche Angaben im Genehmigungsverfahren
Beschreibung der Tätigkeit am Standort	Angaben über die Anlagenteile, Verfahrensschritte, auf die sich das Genehmigungserfordernis erstreckt
Beurteilung aller wichtigen Umweltfragen	Beschreibung von Schutzmaßnahmen
Schadstoffemissionen	Art und Ausmaß der Emissionen
Abfallaufkommen	Anfallende Reststoffe (ehemals Abfälle)
Rohstoffverbrauch	Einsatzstoffe oder -stoffgruppen
Energieverbrauch	Einsatzstoffe oder -stoffgruppen
Wasserverbrauch	Einsatzstoffe oder -stoffgruppen
Ggf. Angaben über Lärm	Art und Ausmaß der Emissionen
Ggf. Angaben über andere bedeutsame umweltrelevante Aspekte	Z.B. Angaben zur Wärmenutzung, zu Schutzmaßnahmen, Maßnahmen zur Vermeidung und Verminderung, z.B. für Reststoffe, Betriebsstörungen

Welche Unterlagen konkret von der Genehmigungsbehörde eingesehen werden sollen und wie diese Unterlagen zu berücksichtigen sind, muß sich noch zeigen. Zu überlegen ist auch, ob die Umwelterklärung das richtige Dokument zur Vorlage bei der Behörde ist oder ob nicht die Berichte zur Umweltprüfung und Umweltbetriebsprüfung aufgrund der umfangreicheren Darstellung eher geeignet sind (Ekardt 1997).

11.4
Umwelt-Audit als Fortsetzung der UVU

Abfallbehandlungsanlagen, für die bereits eine UVU erstellt wurde, haben bei der Einführung eines Umweltmanagementsystem erhebliche Vorteile. Das Umwelt-Audit ist dabei als Fortsetzung der möglicherweise vor Jahren erstellten Umweltverträglichkeitsuntersuchung zu sehen (Wegener 1995). Zum einen können die bereits erstellten Unterlagen und Gutachten für die Standortbeschreibung genutzt werden, zum anderen können die tatsächlich vom Betrieb der Anlage ausgehenden erheblichen Umweltauswirkungen mit den Angaben in der UVU verglichen werden. Dies bietet insbesondere für die Darstellung in der Umwelterklärung hinsichtlich der Transparenz und Glaubwürdigkeit, aber auch bei der Betrachtung der Vollständigkeit der Datenbasis erhebliche Vorteile gegenüber Unternehmen, die sich nicht auf entsprechende Fachgutachten stützen können. Dies gilt auch, wenn es sich bei der in der UVU betrachteten Anlage lediglich um eine Teilanlage eines Standortes handelt.

11.5
Schlußbemerkung - Aktion statt Reaktion

Umfassendes Ziel der Umweltvorsorge eines Unternehmens sollte sein, die Bestrebungen aus der Planungsphase, in der auf Basis gesetzlicher Vorgaben eine UVU erstellt werden mußte, in die Betriebsphase eines Unternehmens zu übertragen und freiwillig ein UMS einzuführen. Zu den sich daraus ergebenden Vorteilen zählen:

- Verbesserung der betrieblichen Organisation und damit Schutz vor Organisationsverschulden und Steigerung der Mitarbeitermotivation
- Erhöhung der Wettbewerbsfähigkeit und der Kundenzufriedenheit
- Kostenminimierung durch Erkennen von Einsparpotentialen
- Rechtssicherheit
- Risikominimierung
- Nutzen der Chancen, die sich hinsichtlich
  - der langfristig abzusehenden Deregulierung im Ordnungsrecht,
  - der Einschränkung behördlicher Überwachungen sowie
  - Verkürzung der Genehmigungszeiten ergeben (Klemisch 1996, Euwid 1997, Ekardt 1997)

Vor dem Hintergrund dieser Vorteile sollten alle Unternehmen den Schritt von der Reaktion auf gesetzliche Vorgaben hin zur Eigeninitiative und Aktion wagen. Insbesondere für Unternehmen der Abfallwirtschaft bieten sich bei den bereits geltenden Verpflichtungen (z.B. Erstellung von Abfallbilanzen und Emissionserklärungen, Darstellung der Betriebsorganisation, Änderungsgenehmigungen) durch die Einführung eines Umweltmanagementsystems erhebliche Erleichterungen. Weiterhin unterliegen sie vielfältigen abfallrechtlichen Neuerungen wie die derzeit aktuelle Forderung nach der Qualifikation zum Entsorgungsfachbetrieb. Anzumerken ist in diesem Zusammenhang, daß die Dokumentation des UMS ein wesentlicher Schritt zum Nachweis der Qualifikation als Entsorgungsfachbetrieb bedeutet (Gallenkemper und Breer 1996, Bauermeister et al. 1996).

Ein weiteres langfristig angelegtes Steuerungsinstrument für abfallwirtschaftliche Anlagen ist das sog. *Öko-Controlling* oder *Controlling in der Abfallwirtschaft*. Neben der Einführung eines Umwelt- und Qualitätsmanagementsystems (UMS/QMS) ist darin eine Prozeßdatenverwaltung aller zum Unternehmen zählenden Abfallbehandlungsanlagen enthalten. Die Daten können EDV-gestützt ausgewertet, aufbereitet und zur Entscheidungsvorbereitung weitergegeben werden. Weiterhin besteht die Möglichkeit, den Input in eine oder mehrere Abfallbehandlungsanlagen (z.B. angelieferte Abfälle, Betriebsmittel) und den Output (z.B. Schlacke, Sickerwasser, Reststoffe) zu simulieren, um die Auswirkungen von Revisionen, Urlaubszeiten oder Jahreszeiten besser planen und steuern zu können.

Erste Ansätze zur Einführung eines Controlling in der Abfallwirtschaft beschreiben Fricke und Zink (1996). Die Verbindung von UMS/QMS mit betriebswirtschaftlicher und organisatorischer Datenverwaltung, -aufbereitung und -bewertung bietet dabei neben dem Aspekt der Umweltvorsorge konkrete wirtschaftliche Vorteile insbesondere für Unternehmen der Abfallwirtschaft.

Literatur

Adam (1996) Markt ergänzt Umweltordnungsrecht, Öko-Audit und ISO-Normen belegen Umweltengagement - Belohnung für die Teilnahme. ZfK 8

Alijah R und Heuvels K (1995, Grundwerk) Praxishandbuch betriebliches Umweltmanagement. WEKA-Verlag Augsburg

Bänsch-Baltruschat B (1996) EMAS-Verordnung und ISO 14001 Ein Vergleich zweier Standards. UVP-report 3+4: 169-170

Bauermeister D et al (1996) Der Entsorgungsfachbetrieb - ein Qualitätssprung? Wasser, Luft und Boden 10: 28-30

Braun S (1996) Wie macht man eine gute Umwelterklärung? Umwelttechnik Forum 2: 32-34

DIN EN ISO 9000 ff. (1994) Beuth-Verlag

DIN ISO 14001 (1996) Umweltmanagementsysteme: Spezifikation und Leitlinien zur Anwendung. Beuth-Verlag

Ekardt F (1997) Deregulierung als Belohnung für die Teilnahme am Öko-Audit-System? KGV-Rundbrief 2: 2-7

Europäische Gemeinschaft (1973) Erstes Aktionsprogramm für den Umweltschutz. EG-ABl. 1973 C 112/1

Europäische Gemeinschaft (1977) Zweites Aktionsprogramm für den Umweltschutz. EG-ABl. 1977 C 139/1

Europäische Gemeinschaft (1982) Drittes Aktionsprogramm für den Umweltschutz. EG-ABl. 1983 C 46/1

Europäische Gemeinschaft (1987) Viertes Aktionsprogramm für den Umweltschutz. EG-ABl. 1987 C 328/1

Europäische Gemeinschaft (1992) Fünftes Aktionsprogramm für den Umweltschutz. EG-ABl. 1992 C 138/1

Europäische Kommission (1997) Entscheidung der Kommission vom 16. April 1997 zur Anerkennung der Internationalen Norm ISO 14001 und der Europäischen Norm EN ISO 14001 für Umweltmanagementsysteme gemäß Artikel 12 der Verordnung (EWG) Nr. 1836/93, Abl. Nr. L 104/37 vom 22.4.1997

Euwid (1997) Auditierte Unternehmen von Berichtspflichten entlasten. Euwid 13: 16

Falk H (1996) Öko-Audit und UVP. UVP-report 3+4: 167-168

Fricke W und Zink U (1996) Einführung eines Controlling in der Abfallwirtschaft beim Kreis Aachen. Müll und Abfall 11: 727-732

future e.V. (1995) Ranking 1995 - Zusammenfassung der Ergebnisse und Trends. Future e.V., München

future e.V. (1996/1) Es geht aufwärts. Unternehmen & Umwelt 2-3: 12-13

future e. V. (1996/2) Umweltberichte und Umwelterklärungen - Hinweise zur Erstellung und Verbreitung

Gallenkemper B und Breer J (1996) Gekoppelte Qualitäts- und Umweltmanagementsysteme in zwei Entsorgungsunternehmen. Abfallwirtschaftsjournal 10: 13-15

Gärtner E (1995) Die Bewegung ist alles... Zum Verhältnis von UVP und Öko-Audit. UVP-report 3: 112

Hugo A und Jansen R (1995) UVP und Öko-Audit: Konkurrenz oder Ergänzung? UVP-report 5: 222-225

Hüntrup V et al (1997) Eine Chance für Unternehmen? Befragungsergebnisse und Erfahrungen zum Thema Umweltmanagement. Qualität und Zuverlässigkeit 7: 765-769

Klemisch H (1995) UVP und Öko-Audit - Instrumente zur Demokratisierung des Umweltschutzes? UVP-report 5: 226

Klemisch H (1996) Ist das Öko-Audit ein Anlaß zur Deregulierung? UVP-report 3+4: 120

Müller S (1997) Stellungnahme zu den Deregulierungsvorschlägen des BDI zugunsten eingetragener Standorte nach der Ökoaudit-Verordnung. KGV-Rundbrief 2: 8-15

Myska M Hrsg. (1996) Der TÜV-Umweltmanagement-Berater. TÜV Rheinland, Köln

Sobanek M H et al (1996) Mitarbeitermotivation als Wirkungsinstrument für Umweltmanagementsysteme. Abfallwirtschaftsjournal 10: 16-18

Wegener M (1995) Öko-Audit als Instrument der Umweltplanung. UVP-report 5: 230-231

Witt A (1995) Konsequentes Öko-Audit führt zur Umweltvorsorge. Im Gespräch mit Dr. Lutz Schimmelpfeng, dem 1. Vorsitzenden des Verbandes der Umweltbetriebsprüfer und -gutachter (UBV). UVP-report 4: 204-206

Zippe M (1996) Ranking von Umwelterklärungen. UVP-report 3+4: 174

Anhang

RICHTLINIE 97/11/EG DES RATES
vom 3. März 1997
zur Änderung der Richtlinie 85/337/EWG über die
Umweltverträglichkeitsprüfung bei bestimmten öffentlichen und privaten
Projekten

Veröffentlicht im
Amtsblatt der Europäischen Gemeinschaften *OJ L 73/5* vom 14.3.97 (pp. 5-15)

(Die Genehmigung zur Veröffentlichung der *Richtlinie 97/11/EG des Rates* wurde freundlicherweise vom *Office of Official Publications of the European Communities* erteilt.)

14. 3. 97   [DE]   Amtsblatt der Europäischen Gemeinschaften   Nr. L 73/5

RICHTLINIE 97/11/EG DES RATES
vom 3. März 1997
zur Änderung der Richtlinie 85/337/EWG über die Umweltverträglichkeitsprüfung bei bestimmten öffentlichen und privaten Projekten

DER RAT DER EUROPÄISCHEN UNION —

gestützt auf den Vertrag zur Gründung der Europäischen Gemeinschaft, insbesondere auf Artikel 130s Absatz 1,

auf Vorschlag der Kommission [1],

nach Stellungnahme des Wirtschafts- und Sozialausschusses [2],

nach Stellungnahme des Ausschusses der Regionen [3],

gemäß dem Verfahren des Artikels 189c des Vertrags [4],

in Erwägung nachstehender Gründe:

(1) Der Zweck der Richtlinie 85/337/EWG des Rates vom 27. Juni 1985 über die Umweltverträglichkeitsprüfung bei bestimmten öffentlichen und privaten Projekten [5] besteht darin, den zuständigen Behörden die relevanten Informationen zur Verfügung zu stellen, damit sie über ein bestimmtes Projekt in Kenntnis der voraussichtlichen erheblichen Auswirkungen auf die Umwelt entscheiden können; die Umweltverträglichkeitsprüfung ist ein grundlegendes Instrument der Umweltpolitik gemäß Artikel 130r des Vertrags sowie des fünften Gemeinschaftsprogramms für Umweltpolitik und Maßnahmen im Hinblick auf eine dauerhafte und umweltgerechte Entwicklung.

(2) Gemäß Artikel 130r Absatz 2 des Vertrags beruht die Umweltpolitik der Gemeinschaft auf den Grundsätzen der Vorsorge und Vorbeugung und auf dem Grundsatz, Umweltbeeinträchtigungen mit Vorrang an ihrem Ursprung zu bekämpfen, sowie auf dem Verursacherprinzip.

(3) Die wichtigsten Grundsätze für die Prüfung von Umweltauswirkungen sollten harmonisiert werden; die Mitgliedstaaten können jedoch strengere Umweltschutzvorschriften festlegen.

(4) Angesichts der bei der Umweltverträglichkeitsprüfung gemachten Erfahrungen, die in dem von der Kommission am 2. April 1993 angenommenen Bericht über die Durchführung der Richtlinie 85/337/EWG beschrieben werden, ist es erforderlich, Bestimmungen vorzusehen, mit denen die Vorschriften für das Prüfverfahren deutlicher gefaßt, ergänzt und verbessert werden sollen, damit die Richtlinie in zunehmend harmonisierter und effizienter Weise angewandt wird.

(5) Projekte, für die eine Umweltverträglichkeitsprüfung vorgeschrieben ist, sollten auch genehmigungspflichtig sein. Die Umweltverträglichkeitsprüfung sollte vor Erteilung der Genehmigung durchgeführt werden.

(6) Es ist angebracht, die Liste der Projekte, die erhebliche Auswirkungen auf die Umwelt haben und die aus diesem Grund im Regelfall einer systematischen Prüfung zu unterziehen sind, zu vervollständigen.

(7) Andersgeartete Projekte haben möglicherweise nicht in jedem Einzelfall erhebliche Auswirkungen auf die Umwelt. Sie sollten geprüft werden, wenn nach Auffassung der Mitgliedstaaten damit zu rechnen ist, daß sie erhebliche Auswirkungen auf die Umwelt haben.

(8) Die Mitgliedstaaten können Schwellenwerte oder Kriterien festlegen, um zu bestimmen, welche dieser Projekte wegen erheblicher Auswirkungen auf die Umwelt geprüft werden sollten; die Mitgliedstaaten sollten nicht verpflichtet sein, Projekte, bei denen diese Schwellenwerte nicht erreicht werden bzw. diese Kriterien nicht erfüllt sind, in jedem Einzelfall zu prüfen.

(9) Legen die Mitgliedstaaten derartige Schwellenwerte oder Kriterien fest oder nehmen sie Einzelfalluntersuchungen vor, um zu bestimmen, welche Projekte wegen erheblicher Auswirkungen auf die Umwelt geprüft werden sollten, so sollten sie den in dieser Richtlinie aufgestellten relevanten Auswahlkriterien Rechnung tragen. Entsprechend dem Subsidiaritätsprinzip werden diese Kriterien in konkreten Fällen am besten durch die Mitgliedstaaten angewandt.

(10) Die Existenz eines Standortkriteriums im Zusammenhang mit von den Mitgliedstaaten gemäß der Richtlinie 79/409/EWG des Rates vom 2. April 1979 über die Erhaltung der wildlebenden Vogelarten [6] und der Richtlinie 92/43/EWG des Rates vom 21. Mai 1992 zur Erhaltung der natürlichen Lebensräume sowie der wildlebenden Tiere und Pflanzen [7] ausgewiesenen besonderen Schutzgebieten bedeutet nicht notwendigerweise, daß Projekte in diesen Gebieten automatisch entsprechend dieser Richtlinie geprüft werden müssen.

[1] ABl. Nr. C 130 vom 12. 5. 1994, S. 8.
ABl. Nr. C 81 vom 19. 3. 1996, S. 14.
[2] ABl. Nr. C 393 vom 31. 12. 1994, S. 1.
[3] ABl. Nr. C 210 vom 14. 8. 1995, S. 78.
[4] Stellungnahme des Europäischen Parlaments vom 11. Oktober 1995 (ABl. Nr. C 287 vom 30. 10. 1995, S. 101), gemeinsamer Standpunkt des Rates vom 25. Juni 1996 (ABl. Nr. C 248 vom 26. 8. 1996, S. 75) und Beschluß des Europäischen Parlaments vom 13. November 1996 (ABl Nr. C 362 vom 2 12. 1996, S. 103).
[5] ABl. Nr. L 175 vom 5. 7. 1985, S. 40. Richtlinie zuletzt geändert durch die Beitrittsakte von 1994

[6] ABl. Nr. L 103 vom 25. 4. 1979, S. 1 Richtlinie zuletzt geändert durch die Beitrittsakte von 1994.
[7] ABl. Nr. L 206 vom 22. 7. 1992, S. 7.

Nr. L 73/6   [DE]   Amtsblatt der Europäischen Gemeinschaften   14. 3. 97

(11) Es ist angebracht, ein Verfahren einzuführen, damit der Projektträger von den zuständigen Behörden eine Stellungnahme zu Inhalt und Umfang der Angaben erhalten kann, die für die Umweltverträglichkeitsprüfung erstellt und vorgelegt werden müssen. Die Mitgliedstaaten können im Rahmen dieses Verfahrens den Projektträger verpflichten, auch Alternativen für die Projekte vorzulegen, für die er einen Antrag stellen will.

(12) Es ist ratsam, die Bestimmungen über die Umweltverträglichkeitsprüfung im grenzüberschreitenden Rahmen auszubauen, um den Entwicklungen auf internationaler Ebene Rechnung zu tragen.

(13) Die Gemeinschaft hat am 25. Februar 1991 das Übereinkommen über die Umweltverträglichkeitsprüfung im grenzüberschreitenden Rahmen unterzeichnet —

HAT FOLGENDE RICHTLINIE ERLASSEN:

Artikel 1

Die Richtlinie 85/337/EWG wird wie folgt geändert:

1. Artikel 2 Absatz 1 erhält folgende Fassung:

„(1) Die Mitgliedstaaten treffen die erforderlichen Maßnahmen, damit vor Erteilung der Genehmigung die Projekte, bei denen unter anderem aufgrund ihrer Art, ihrer Größe oder ihres Standortes mit erheblichen Auswirkungen auf die Umwelt zu rechnen ist, einer Genehmigungspflicht unterworfen und einer Prüfung in bezug auf ihre Auswirkungen unterzogen werden. Diese Projekte sind in Artikel 4 definiert."

2. In Artikel 2 wird folgender Absatz eingefügt:

„(2a) Die Mitgliedstaaten können ein einheitliches Verfahren für die Erfüllung der Anforderungen dieser Richtlinie und der Richtlinie des Rates 96/61/EG vom 24. September 1996 über die integrierte Vermeidung und Verminderung der Umweltverschmutzung (¹) vorsehen.

(¹) ABl. Nr. L 257 vom 10. 10. 1996, S. 26."

3. Artikel 2 Absatz 3 Unterabsatz 1 erhält folgende Fassung:

„(3) Unbeschadet des Artikels 7 können die Mitgliedstaaten in Ausnahmefällen ein einzelnes Projekt ganz oder teilweise von den Bestimmungen dieser Richtlinie ausnehmen."

4. Betrifft nicht die deutsche Fassung.

5. Artikel 3 erhält folgende Fassung:

„Artikel 3

Die Umweltverträglichkeitsprüfung identifiziert, beschreibt und bewertet in geeigneter Weise nach Maßgabe eines jeden Einzelfalls gemäß den Artikeln 4 bis 11 die unmittelbaren und mittelbaren Auswirkungen eines Projekts auf folgende Faktoren:

— Mensch, Fauna und Flora,
— Boden, Wasser, Luft, Klima und Landschaft,
— Sachgüter und kulturelles Erbe,
— die Wechselwirkung zwischen den unter dem ersten, dem zweiten und dem dritten Gedankenstrich genannten Faktoren."

6. Artikel 4 erhält folgende Fassung:

„Artikel 4

(1) Projekte des Anhangs I werden vorbehaltlich des Artikels 2 Absatz 3 einer Prüfung gemäß den Artikeln 5 bis 10 unterzogen.

(2) Bei Projekten des Anhangs II bestimmen die Mitgliedstaaten vorbehaltlich des Artikels 2 Absatz 3 anhand

a) einer Einzelfalluntersuchung

oder

b) der von den Mitgliedstaaten festgelegten Schwellenwerte bzw. Kriterien,

ob das Projekt einer Prüfung gemäß den Artikeln 5 bis 10 unterzogen werden muß.

Die Mitgliedstaaten können entscheiden, beide unter den Buchstaben a) und b) genannten Verfahren anzuwenden.

(3) Bei der Einzelfalluntersuchung oder der Festlegung von Schwellenwerten bzw. Kriterien im Sinne des Absatzes 2 sind die relevanten Auswahlkriterien des Anhangs III zu berücksichtigen.

(4) Die Mitgliedstaaten stellen sicher, daß die gemäß Absatz 2 getroffenen Entscheidungen der zuständigen Behörden der Öffentlichkeit zugänglich gemacht werden."

7. Artikel 5 erhält folgende Fassung:

„Artikel 5

(1) Bei Projekten, die nach Artikel 4 einer Umweltverträglichkeitsprüfung gemäß den Artikeln 5 bis 10 unterzogen werden müssen, ergreifen die Mitgliedstaaten die erforderlichen Maßnahmen, um sicherzustellen, daß der Projektträger die in Anhang IV genannten Angaben in geeigneter Form vorlegt, soweit

a) die Mitgliedstaaten der Auffassung sind, daß die Angaben in einem bestimmten Stadium des Genehmigungsverfahrens und in Anbetracht der besonderen Merkmale eines bestimmten Projekts oder einer bestimmten Art von Projekten und der möglicherweise beeinträchtigten Umwelt von Bedeutung sind;

b) die Mitgliedstaaten der Auffasssung sind, daß von dem Projektträger unter anderem unter Berücksichtigung des Kenntnisstandes und der Prüfungsmethoden billigerweise verlangt werden kann, daß er die Angaben zusammenstellt.

(2) Die Mitgliedstaaten treffen die erforderlichen Maßnahmen, um sicherzustellen, daß die zuständige Behörde eine Stellungnahme dazu abgibt, welche Angaben vom Projektträger gemäß Absatz 1 vorzulegen sind, sofern der Projektträger vor Einreichung eines Genehmigungsantrags darum ersucht. Die zuständige Behörde hört vor Abgabe ihrer Stellungnahme den Projektträger sowie in Artikel 6 Absatz 1

genannte Behörden an. Die Abgabe einer Stellungnahme gemäß diesem Absatz hindert die Behörde nicht daran, den Projektträger in der Folge um weitere Angaben zu ersuchen.

Die Mitgliedstaaten können von den zuständigen Behörden die Abgabe einer solchen Stellungnahme verlangen, unabhängig davon, ob der Projektträger dies beantragt hat.

(3) Die vom Projektträger gemäß Absatz 1 vorzulegenden Angaben umfassen mindestens folgendes:

— eine Beschreibung des Projekts nach Standort, Art und Umfang;

— eine Beschreibung der Maßnahmen, mit denen erhebliche nachteilige Auswirkungen vermieden, verringert und soweit möglich ausgeglichen werden sollen;

— die notwendigen Angaben zur Feststellung und Beurteilung der Hauptauswirkungen, die das Projekt voraussichtlich auf die Umwelt haben wird;

— eine Übersicht über die wichtigsten anderweitigen vom Projektträger geprüften Lösungsmöglichkeiten und Angabe der wesentlichen Auswahlgründe im Hinblick auf die Umweltauswirkungen;

— eine nichttechnische Zusammenfassung der unter den obenstehenden Gedankenstrichen genannten Angaben.

(4) Die Mitgliedstaaten sorgen erforderlichenfalls dafür, daß die Behörden, die über relevante Informationen, insbesondere hinsichtlich des Artikels 3, verfügen, diese dem Projektträger zur Verfügung stellen."

8. Artikel 6 Absatz 1 erhält folgende Fassung:

„(1) Die Mitgliedstaaten treffen die erforderlichen Maßnahmen, damit die Behörden, die in ihrem umweltbezogenen Aufgabenbereich von dem Projekt berührt sein könnten, die Möglichkeit haben, ihre Stellungnahme zu den Angaben des Projektträgers und zu dem Antrag auf Genehmigung abzugeben. Zu diesem Zweck bestimmen die Mitgliedstaaten allgemein oder von Fall zu Fall die Behörden, die anzuhören sind. Diesen Behörden werden die nach Artikel 5 eingeholten Informationen mitgeteilt. Die Einzelheiten der Anhörung werden von den Mitgliedstaaten festgelegt."

Artikel 6 Absatz 2 erhält folgende Fassung:

„(2) Die Mitgliedstaaten tragen dafür Sorge, daß der Öffentlichkeit die Genehmigungsanträge sowie die nach Artikel 5 eingeholten Informationen binnen einer angemessenen Frist zugänglich gemacht werden, damit der betroffenen Öffentlichkeit Gelegenheit gegeben wird, sich vor Erteilung der Genehmigung dazu zu äußern."

9. Artikel 7 erhält folgende Fassung:

„*Artikel 7*

(1) Stellt ein Mitgliedstaat fest, daß ein Projekt erhebliche Auswirkungen auf die Umwelt eines anderen Mitgliedstaats haben könnte, oder stellt ein Mitgliedstaat, der möglicherweise davon erheblich betroffen ist, einen entsprechenden Antrag, so übermittelt der Mitgliedstaat, in dessen Hoheitsgebiet das Projekt durchgeführt werden soll, dem betroffenen Mitgliedstaat so bald wie möglich, spätestens aber zu dem Zeitpunkt, zu dem er in seinem eigenen Land die Öffentlichkeit unterrichtet, unter anderem

a) eine Beschreibung des Projekts zusammen mit allen verfügbaren Angaben über dessen mögliche grenzüberschreitende Auswirkungen,

b) Angaben über die Art der möglichen Entscheidung

und räumt dem anderen Mitgliedstaat eine angemessene Frist für dessen Mitteilung ein, ob er an dem Verfahren der Umweltverträglichkeitsprüfung (UVP) teilzunehmen wünscht oder nicht; ferner kann er die in Absatz 2 genannten Angaben beifügen.

(2) Teilt ein Mitgliedstaat nach Erhalt der in Absatz 1 genannten Angaben mit, daß er an dem UVP-Verfahren teilzunehmen beabsichtigt, so übermittelt der Mitgliedstaat, in dessen Hoheitsgebiet das Projekt durchgeführt werden soll, sofern noch nicht geschehen, dem betroffenen Mitgliedstaat die nach Artikel 5 eingeholten Informationen sowie relevante Angaben zu dem UVP-Verfahren einschließlich des Genehmigungsantrags.

(3) Ferner haben die beteiligten Mitgliedstaaten, soweit sie jeweils berührt sind,

a) dafür Sorge zu tragen, daß die Angaben gemäß den Absätzen 1 und 2 innerhalb einer angemessenen Frist den in Artikel 6 Absatz 1 genannten Behörden sowie der betroffenen Öffentlichkeit im Hoheitsgebiet des möglicherweise von dem Projekt erheblich betroffenen Mitgliedstaats zur Verfügung gestellt werden, und

b) sicherzustellen, daß diesen Behörden und der betroffenen Öffentlichkeit Gelegenheit gegeben wird, der zuständigen Behörde des Mitgliedstaats, in dessen Hoheitsgebiet das Projekt durchgeführt werden soll, vor der Genehmigung des Projekts innerhalb einer angemessenen Frist ihre Stellungnahme zu den vorgelegten Angaben zuzuleiten.

(4) Die beteiligten Mitgliedstaaten nehmen Konsultationen auf, die unter anderem die potentiellen grenzüberschreitenden Auswirkungen des Projekts und die Maßnahmen zum Gegenstand haben, die der Verringerung oder Vermeidung dieser Auswirkungen dienen sollen, und vereinbaren einen angemessenen Zeitrahmen für die Dauer der Konsultationsphase.

(5) Die Einzelheiten der Durchführung dieses Artikels können von den beteiligten Mitgliedstaaten festgelegt werden."

Nr. L 73/8   [DE]   Amtsblatt der Europäischen Gemeinschaften   14. 3. 97

10. Artikel 8 erhält folgende Fassung:

„Artikel 8

Die Ergebnisse der Anhörungen und die gemäß den Artikeln 5, 6 und 7 eingeholten Angaben sind beim Genehmigungsverfahren zu berücksichtigen."

11. Artikel 9 erhält folgende Fassung:

„Artikel 9

(1) Wurde eine Entscheidung über die Erteilung oder die Verweigerung einer Genehmigung getroffen, so gibt (geben) die zuständige(n) Behörde(n) dies der Öffentlichkeit nach den entsprechenden Verfahren bekannt und macht (machen) dieser folgende Angaben zugänglich:

— den Inhalt der Entscheidung und die gegebenenfalls mit der Entscheidung verbundenen Bedingungen;

— die Hauptgründe und -erwägungen, auf denen die Entscheidung beruht;

— erforderlichenfalls eine Beschreibung der wichtigsten Maßnahmen, mit denen erhebliche nachteilige Auswirkungen vermieden, verringert und soweit möglich ausgeglichen werden sollen.

(2) Die zuständige(n) Behörde(n) unterrichtet (unterrichten) die gemäß Artikel 7 konsultierten Mitgliedstaaten und übermittelt (übermitteln) ihnen die in Absatz 1 genannten Angaben."

12. Artikel 10 erhält folgende Fassung:

„Artikel 10

Die Bestimmungen dieser Richtlinie berühren nicht die Verpflichtung der zuständigen Behörden, die von den einzelstaatlichen Rechts- und Verwaltungsvorschriften und der herrschenden Rechtspraxis auferlegten Beschränkungen zur Wahrung der gewerblichen und handelsbezogenen Geheimnisse einschließlich des geistigen Eigentums und des öffentlichen Interesses zu beachten.

Soweit Artikel 7 Anwendung findet, unterliegen die Übermittlung von Angaben an einen anderen Mitgliedstaat und der Empfang von Angaben eines anderen Mitgliedstaats den Beschränkungen, die in dem Mitgliedstaat gelten, in dem das Projekt durchgeführt werden soll."

13. Artikel 11 Absatz 2 erhält folgende Fassung:

„(2) Insbesondere teilen die Mitgliedstaaten der Kommission gemäß Artikel 4 Absatz 2 die für die Auswahl der betreffenden Projekte gegebenenfalls festgelegten Kriterien und/oder Schwellenwerte mit."

14. Artikel 13 wird gestrichen.

15. Die Anhänge I, II und III werden durch die Anhänge I, II, III und IV im Anhang zu dieser Richtlinie ersetzt.

Artikel 2

Fünf Jahre nach Inkrafttreten dieser Richtlinie übermittelt die Kommission dem Europäischen Parlament und dem Rat einen Bericht über Anwendung und Nutzeffekt der Richtlinie 85/337/EWG in der durch diese Richtlinie geänderten Fassung. Der Bericht basiert auf dem Informationsaustausch gemäß Artikel 11 Absätze 1 und 2.

Auf der Grundlage dieses Berichts unterbreitet die Kommission dem Rat gegebenenfalls zusätzliche Vorschläge für eine weitergehende Koordinierung bei der Anwendung dieser Richtlinie.

Artikel 3

(1) Die Mitgliedstaaten erlassen die erforderlichen Rechts- und Verwaltungsvorschriften, um dieser Richtlinie bis zum 14. März 1999 nachzukommen. Sie setzen die Kommission unverzüglich davon in Kenntnis.

Wenn die Mitgliedstaaten Vorschriften nach Unterabsatz 1 erlassen, nehmen sie in diesen Vorschriften selbst oder durch einen Hinweis bei der amtlichen Veröffentlichung auf diese Richtlinie Bezug. Die Mitgliedstaaten regeln die Einzelheiten der Bezugnahme.

(2) Wird vor Ablauf der in Absatz 1 genannten Frist ein Genehmigungsantrag bei der zuständigen Behörde eingereicht, so findet weiterhin die Richtlinie 85/337/EWG in der vor dieser Änderung geltenden Fassung Anwendung.

Artikel 4

Diese Richtlinie tritt am zwanzigsten Tag nach ihrer Veröffentlichung im *Amtsblatt der Europäischen Gemeinschaften* in Kraft.

Artikel 5

Diese Richtlinie ist an die Mitgliedstaaten gerichtet.

Geschehen zu Brüssel am 3. März 1997.

Im Namen des Rates
Der Präsident
M. DE BOER

14. 3. 97   DE   Amtsblatt der Europäischen Gemeinschaften   Nr. L 73/9

ANHANG

„ANHANG I

PROJEKTE NACH ARTIKEL 4 ABSATZ 1

1. Raffinerien für Erdöl (ausgenommen Unternehmen, die nur Schmiermittel aus Erdöl herstellen) sowie Anlagen zur Vergasung und zur Verflüssigung von täglich mindestens 500 Tonnen Kohle oder bituminösem Schiefer.

2. — Wärmekraftwerke und andere Verbrennungsanlagen mit einer Wärmeleistung von mindestens 300 MW sowie

   — Kernkraftwerke und andere Kernreaktoren einschließlich der Demontage oder Stillegung solcher Kraftwerke oder Reaktoren (*) (mit Ausnahme von Forschungseinrichtungen zur Erzeugung und Bearbeitung von spaltbaren und brutstoffhaltigen Stoffen, deren Höchstleistung 1 kW thermische Dauerleistung nicht übersteigt).

3. a) Anlagen zur Wiederaufarbeitung bestrahlter Kernbrennstoffe.

   b) Anlagen:

   — mit dem Zweck der Erzeugung oder Anreicherung von Kernbrennstoffen,

   — mit dem Zweck der Aufarbeitung bestrahlter Kernbrennstoffe oder hochradioaktiver Abfälle,

   — mit dem Zweck der endgültigen Beseitigung bestrahlter Kernbrennstoffe,

   — mit dem ausschließlichen Zweck der endgültigen Beseitigung radioaktiver Abfälle,

   — mit dem ausschließlichen Zweck der (für mehr als 10 Jahre geplanten) Lagerung bestrahlter Kernbrennstoffe oder radioaktiver Abfälle an einem anderen Ort als dem Produktionsort.

4. — Integrierte Hüttenwerke zur Erzeugung von Roheisen und Rohstahl.

   — Anlagen zur Gewinnung von Nichteisenrohmetallen aus Erzen, Konzentraten oder sekundären Rohstoffen durch metallurgische, chemische oder elektrolytische Verfahren.

5. Anlagen zur Gewinnung von Asbest sowie zur Be- und Verarbeitung von Asbest und Asbesterzeugnissen: bei Asbestzementerzeugnissen mit einer Jahresproduktion von mehr als 20 000 t Fertigerzeugnissen; bei Reibungsbelägen mit einer Jahresproduktion von mehr als 50 t Fertigerzeugnissen, bei anderen Verwendungszwecken von Asbest mit einem Einsatz von mehr als 200 t im Jahr.

6. Integrierte chemische Anlagen, d. h. Anlagen zur Herstellung von Stoffen unter Verwendung chemischer Umwandlungsverfahren im industriellen Umfang, bei denen sich mehrere Einheiten nebeneinander befinden und in funktioneller Hinsicht miteinander verbunden sind und die

   i) zur Herstellung von organischen Grundchemikalien,

   ii) zur Herstellung von anorganischen Grundchemikalien,

   iii) zur Herstellung von phosphor-, stickstoff- oder kaliumhaltigen Düngemitteln (Einnährstoff oder Mehrnährstoff)

   iv) zur Herstellung von Ausgangsstoffen für Pflanzenschutzmittel und von Bioziden

   v) zur Herstellung von Grundarzneimitteln unter Verwendung eines chemischen oder biologischen Verfahrens

   vi) zur Herstellung von Explosivstoffen

   dienen.

7. a) Bau von Eisenbahn-Fernverkehrsstrecken und Flugplätzen (') mit einer Start- und Landebahngrundlänge von 2 100 m und mehr.

   b) Bau von Autobahnen und Schnellstraßen (²).

   c) Bau von neuen vier- oder mehrspurigen Straßen oder Verlegung und/oder Ausbau von bestehenden ein- oder zweispurigen Straßen zu vier- oder mehrspurigen Straßen, wenn diese neue Straße oder dieser verlegte und/oder ausgebaute Straßenabschnitt eine durchgehende Länge von 10 km oder mehr aufweisen würde.

8. a) Wasserstraßen und Häfen für die Binnenschiffahrt, die für Schiffe mit mehr als 1 350 t zugänglich sind.

   b) Seehandelshäfen, mit Binnen- oder Außenhäfen verbundene Landungsstege (mit Ausnahme von Landungsstegen für Fährschiffe) zum Laden und Löschen, die Schiffe mit mehr als 1 350 t aufnehmen können.

(*) Kernkraftwerke und andere Kernreaktoren gelten nicht mehr als solche, wenn der gesamte Kernbrennstoff und andere radioaktiv kontaminierte Komponenten auf Dauer vom Standort der Anlage entfernt wurden.
(') „Flugplätze" im Sinne dieser Richtlinie sind Flugplätze gemäß den Begriffsbestimmungen des Abkommens von Chicago von 1944 zur Errichtung der Internationalen Zivilluftfahrt-Organisation (Anhang 14).
(²) „Schnellstraßen" im Sinne dieser Richtlinie sind Schnellstraßen gemäß den Begriffsbestimmungen des Europäischen Übereinkommens über die Hauptstraßen des internationalen Verkehrs vom 15. November 1975.

Nr. L 73/10   DE   Amtsblatt der Europäischen Gemeinschaften   14. 3. 97

9. Abfallbeseitigungsanlagen zur Verbrennung, chemischen Behandlung gemäß der Definition in Anhang II A Nummer D9 der Richtlinie 75/442/EWG (¹) oder Deponierung gefährlicher Abfälle (d. h. unter die Richtlinie 91/689/EWG (²) fallender Abfälle).

10. Abfallbeseitigungsanlagen zur Verbrennung oder chemischen Behandlung gemäß der Definition in Anhang II A Nummer D9 der Richtlinie 75/442/EWG ungefährlicher Abfälle mit einer Kapazität von mehr als 100 t pro Tag.

11. Grundwasserentnahme- oder künstliche Grundwasserauffüllungssysteme mit einem jährlichen Entnahme- oder Auffüllungsvolumen von mindestens 10 Mio. m³.

12. a) Bauvorhaben zur Umleitung von Wasserressourcen von einem Flußeinzugsgebiet in ein anderes, wenn durch die Umleitung Wassermangel verhindert werden soll und mehr als 100 Mio. m³/Jahr an Wasser umgeleitet werden.

    b) In allen anderen Fällen Bauvorhaben zur Umleitung von Wasserressourcen von einem Flußeinzugsgebiet in ein anderes, wenn der langjährige durchschnittliche Wasserdurchfluß des Flußeinzugsgebiets, dem Wasser entnommen wird, 2 000 Mio. m³/Jahr übersteigt und mehr als 5 % dieses Durchflusses umgeleitet werden.

    In beiden Fällen wird der Transport von Trinkwasser in Rohren nicht berücksichtigt.

13. Abwasserbehandlungsanlagen mit einer Leistung von mehr als 150 000 Einwohnerwerten gemäß der Definition in Artikel 2 Nummer 6 der Richtlinie 91/271/EWG (³).

14. Gewinnung von Erdöl und Erdgas zu gewerblichen Zwecken mit einem Fördervolumen von mehr als 500 t/Tag bei Erdöl und von mehr als 500 000 m³/Tag bei Erdgas.

15. Stauwerke und sonstige Anlagen zur Zurückhaltung oder dauerhaften Speicherung von Wasser, in denen über 10 Mio. m³ Wasser neu oder zusätzlich zurückgehalten oder gespeichert werden.

16. Öl-, Gas- und Chemikalienpipelines mit einem Durchmesser von mehr als 800 mm und einer Länge von mehr als 40 km.

17. Anlagen zur Intensivhaltung oder -aufzucht von Geflügel oder Schweinen mit mehr als

    a) 85 000 Plätzen für Masthähnchen und -hühnchen, 60 000 Plätzen für Hennen,

    b) 3 000 Plätzen für Mastschweine (Schweine über 30 kg) oder

    c) 900 Plätzen für Sauen.

18. Industrieanlagen zur

    a) Herstellung von Zellstoff aus Holz oder anderen Faserstoffen,

    b) Herstellung von Papier und Pappe, deren Produktionskapazität 200 t pro Tag übersteigt.

19. Steinbrüche und Tagebau auf einer Abbaufläche von mehr als 25 Hektar oder Torfgewinnung auf einer Fläche von mehr als 150 Hektar.

20. Bau von Hochspannungsfreileitungen für eine Stromstärke von 220 kV oder mehr und mit einer Länge von mehr als 15 km.

21. Anlagen zur Lagerung von Erdöl, petrochemischen und chemischen Erzeugnissen mit einer Kapazität von 200 000 Tonnen und mehr.

———

(¹) ABl. Nr. L 194 vom 25. 7. 1975, S. 39. Richtlinie zuletzt geändert durch die Entscheidung 94/3/EG der Kommission (ABl. Nr. L 5 vom 7. 1. 1994, S. 15).
(²) ABl. Nr. L 377 vom 31. 12. 1991, S. 20. Richtlinie zuletzt geändert durch die Richtlinie 94/31/EG (ABl. Nr. L 168 vom 2. 7. 1994, S. 28).
(³) ABl. Nr. L 135 vom 30. 5. 1991, S. 40. Richtlinie zuletzt geändert durch die Beitrittsakte von 1994.

ANHANG II

PROJEKTE NACH ARTIKEL 4 ABSATZ 2

1. **Landwirtschaft, Forstwirtschaft und Fischzucht**

   a) Flurbereinigungsprojekte.

   b) Projekte zur Verwendung von Ödland oder naturnahen Flächen zu intensiver Landwirtschaftsnutzung.

   c) Wasserwirtschaftliche Projekte in der Landwirtschaft, einschließlich Bodenbe- und -entwässerungsprojekte.

   d) Erstaufforstungen und Abholzungen zum Zweck der Umwandlung in eine andere Bodennutzungsart.

   e) Anlagen zur Intensivtierhaltung (nicht durch Anhang I erfaßte Projekte).

   f) Intensive Fischzucht.

   g) Landgewinnung am Meer.

2. **Bergbau**

   a) Steinbrüche, Tagebau und Torfgewinnung (nicht durch Anhang I erfaßte Projekte).

   b) Untertagebau.

   c) Gewinnung von Mineralien durch Baggerung auf See oder in Flüssen.

   d) Tiefbohrungen, insbesondere

   — Bohrungen zur Gewinnung von Erdwärme,

   — Bohrungen im Zusammenhang mit der Lagerung von Kernabfällen,

   — Bohrungen im Zusammenhang mit der Wasserversorgung,

   ausgenommen Bohrungen zur Untersuchung der Bodenfestigkeit.

   e) Oberirdische Anlagen zur Gewinnung von Steinkohle, Erdöl, Erdgas und Erzen sowie von bituminösem Schiefer.

3. **Energiewirtschaft**

   a) Anlagen der Industrie zur Erzeugung von Strom, Dampf und Warmwasser (nicht durch Anhang I erfaßte Projekte).

   b) Anlagen der Industrie zum Transport von Gas, Dampf und Warmwasser; Beförderung elektrischer Energie über Freileitungen (nicht durch Anhang I erfaßte Projekte).

   c) Oberirdische Speicherung von Erdgas.

   d) Lagerung von brennbaren Gasen in unterirdischen Behältern.

   e) Oberirdische Speicherung von fossilen Brennstoffen.

   f) Industrielles Pressen von Steinkohle und Braunkohle.

   g) Anlagen zur Bearbeitung und Lagerung radioaktiver Abfälle (soweit nicht durch Anhang I erfaßt).

   h) Anlagen zur hydroelektrischen Energieerzeugung.

   i) Anlagen zur Nutzung von Windenergie zur Stromerzeugung (Windfarmen).

4. **Herstellung und Verarbeitung von Metallen**

   a) Anlagen zur Herstellung von Roheisen oder Stahl (Primär- oder Sekundärschmelzung) einschließlich Stranggießen.

   b) Anlagen zur Verarbeitung von Eisenmetallen durch

   i) Warmwalzen,

   ii) Schmieden mit Hämmern,

   iii) Aufbringen von schmelzflüssigen metallischen Schutzschichten.

   c) Eisenmetallgießereien

Nr. L 73/12   [DE]   Amtsblatt der Europäischen Gemeinschaften   14. 3. 97

d) Anlagen zum Schmelzen, einschließlich Legieren von Nichteisenmetallen, darunter auch Wiedergewinnungsprodukte (Raffination, Gießen usw.), mit Ausnahme von Edelmetallen

e) Anlagen zur Oberflächenbehandlung von Metallen und Kunststoffen durch ein elektrolytisches oder chemisches Verfahren.

.f) Bau und Montage von Kraftfahrzeugen und Bau von Kraftfahrzeugmotoren.

g) Schiffswerften.

h) Anlagen für den Bau und die Instandsetzung von Luftfahrzeugen.

i) Bau von Eisenbahnmaterial.

j) Tiefen mit Hilfe von Sprengstoffen.

k) Anlagen zum Rösten und Sintern von Erz.

5. **Mineralverarbeitende Industrie**

a) Kokereien (Kohletrockendestillation).

b) Anlagen zur Zementherstellung.

c) Anlagen zur Gewinnung von Asbest und zur Herstellung von Erzeugnissen aus Asbest (nicht durch Anhang I erfaßte Projekte).

d) Anlagen zur Herstellung von Glas einschließlich Anlagen zur Herstellung von Glasfasern.

e) Anlagen zum Schmelzen mineralischer Stoffe einschließlich Anlagen zur Herstellung von Mineralfasern.

f) Herstellung von keramischen Erzeugnissen durch Brennen, und zwar insbesondere von Dachziegeln, Ziegelsteinen, feuerfesten Steinen, Fliesen, Steinzeug oder Porzellan.

6. **Chemische Industrie (nicht durch Anhang I erfaßte Projekte)**

a) Behandlung von chemischen Zwischenerzeugnissen und Erzeugung von Chemikalien.

b) Herstellung von Schädlingsbekämpfungsmitteln und pharmazeutischen Erzeugnissen, Farben und Anstrichmitteln, Elastomeren und Peroxiden.

c) Speicherung und Lagerung von Erdöl, petrochemischen und chemischen Erzeugnissen.

7. **Nahrungs- und Genußmittelindustrie**

a) Erzeugung von Ölen und Fetten pflanzlicher und tierischer Herkunft.

b) Fleisch- und Gemüsekonservenindustrie.

c) Erzeugung von Milchprodukten.

d) Brauereien und Malzereien.

e) Süßwaren und Sirupherstellung.

f) Anlagen zum Schlachten von Tieren.

g) Industrielle Herstellung von Stärken.

h) Fischmehl- und Fischölfabriken.

i) Zuckerfabriken.

8. **Textil-, Leder-, Holz- und Papierindustrie**

a) Industrieanlagen zur Herstellung von Papier und Pappe (nicht durch Anhang I erfaßte Projekte).

b) Anlagen zur Vorbehandlung (Waschen, Bleichen, Mercerisieren) oder zum Färben von Fasern oder Textilien.

c) Anlagen zum Gerben von Häuten und Fellen.

d) Anlagen zur Erzeugung und Verarbeitung von Zellstoff und Zellulose.

9. **Verarbeitung von Gummi**

Erzeugung und Verarbeitung von Erzeugnissen aus Elastomeren.

10. Infrastrukturprojekte

   a) Anlage von Industriezonen.

   b) Städtebauprojekte, einschließlich der Errichtung von Einkaufszentren und Parkplätzen.

   c) Bau von Eisenbahnstrecken sowie von intermodalen Umschlaganlagen und Terminals (nicht durch Anhang I erfaßte Projekte).

   d) Bau von Flugplätzen (nicht durch Anhang I erfaßte Projekte).

   e) Bau von Straßen, Häfen und Hafenanlagen, einschließlich Fischereihäfen (nicht durch Anhang I erfaßte Projekte).

   f) Bau von Wasserstraßen (soweit nicht durch Anhang I erfaßt), Flußkanalisierungs- und Stromkorrekturarbeiten

   g) Talsperren und sonstige Anlagen zum Aufstauen eines Gewässers oder zum dauernden Speichern von Wasser (nicht durch Anhang I erfaßte Projekte).

   h) Straßenbahnen, Stadtschnellbahnen in Hochlage, Untergrundbahnen, Hängebahnen oder ähnliche Bahnen besonderer Bauart, die ausschließlich oder vorwiegend der Personenbeförderung dienen.

   i) Bau von Öl- und Gaspipelines (nicht durch Anhang I erfaßte Projekte).

   j) Bau von Wasserfernleitungen.

   k) Bauten des Küstenschutzes zur Bekämpfung der Erosion und meerestechnische Arbeiten, die geeignet sind, Veränderungen der Küste mit sich zu bringen (zum Beispiel Bau von Deichen, Molen, Hafendämmen und sonstigen Küstenschutzbauten), mit Ausnahme der Unterhaltung und Wiederherstellung solcher Bauten.

   l) Grundwasserentnahme- und künstliche Grundwasserauffüllungssysteme, soweit nicht durch Anhang I erfaßt.

   m) Bauvorhaben zur Umleitung von Wasserressourcen von einem Flußeinzugsgebiet in ein anderes, soweit nicht durch Anhang I erfaßt.

11. Sonstige Projekte

   a) Ständige Renn- und Teststrecken für Kraftfahrzeuge.

   b) Abfallbeseitigungsanlagen (nicht durch Anhang I erfaßte Projekte).

   c) Abwasserbehandlungsanlagen (nicht durch Anhang I erfaßte Projekte).

   d) Schlammlagerplätze.

   e) Lagerung von Eisenschrott, einschließlich Schrottwagen.

   f) Prüfstände für Motoren, Turbinen oder Reaktoren.

   g) Anlagen zur Herstellung künstlicher Mineralfasern.

   h) Anlagen zur Wiedergewinnung oder Vernichtung von explosionsgefährlichen Stoffen.

   i) Tierkörperbeseitigungsanlagen.

12. Fremdenverkehr und Freizeit

   a) Skipisten, Skilifte, Seilbahnen und zugehörige Einrichtungen.

   b) Jachthäfen.

   c) Feriendörfer und Hotelkomplexe außerhalb von städtischen Gebieten und zugehörige Einrichtungen.

   d) Ganzjährig betriebene Campingplätze.

   e) Freizeitparks.

13. — Die Änderung oder Erweiterung von bereits genehmigten, durchgeführten oder in der Durchführungsphase befindlichen Projekten des Anhangs I oder II, die erhebliche nachteilige Auswirkungen auf die Umwelt haben können.

   — Projekte des Anhangs I, die ausschließlich oder überwiegend der Entwicklung und Erprobung neuer Verfahren oder Erzeugnisse dienen und nicht länger als zwei Jahre betrieben werden.

Nr. L 73/14   DE   Amtsblatt der Europäischen Gemeinschaften   14. 3. 97

ANHANG III

AUSWAHLKRITERIEN IM SINNE VON ARTIKEL 4 ABSATZ 3

1. Merkmale der Projekte

Die Merkmale der Projekte sind insbesondere hinsichtlich folgender Punkte zu beurteilen:

— Größe des Projekts,

— Kumulierung mit anderen Projekten,

— Nutzung der natürlichen Ressourcen,

— Abfallerzeugung,

— Umweltverschmutzung und Belästigungen,

— Unfallrisiko, insbesondere mit Blick auf verwendete Stoffe und Technologien.

2. Standort der Projekte

Die ökologische Empfindlichkeit der geographischen Räume, die durch die Projekte möglicherweise beeinträchtigt werden, muß unter Berücksichtigung insbesondere folgender Punkte beurteilt werden:

— bestehende Landnutzung;

— Reichtum, Qualität und Regenerationsfähigkeit der natürlichen Ressourcen des Gebiets;

— Belastbarkeit der Natur unter besonderer Berücksichtigung folgender Gebiete:

  a) Feuchtgebiete,

  b) Küstengebiete,

  c) Bergregionen und Waldgebiete,

  d) Reservate und Naturparks,

  e) durch die Gesetzgebung der Mitgliedstaaten ausgewiesene Schutzgebiete; von den Mitgliedstaaten gemäß den Richtlinien 79/409/EWG und 92/43/EWG ausgewiesene besondere Schutzgebiete,

  f) Gebiete, in denen die in den Gemeinschaftsvorschriften festgelegten Umweltqualitätsnormen bereits überschritten sind,

  g) Gebiete mit hoher Bevölkerungsdichte,

  h) historisch, kulturell oder archäologisch bedeutende Landschaften.

3. Merkmale der potentiellen Auswirkungen

Die potentiellen erheblichen Auswirkungen der Projekte sind anhand der unter den Nummern 1 und 2 aufgeführten Kriterien zu beurteilen; insbesondere ist folgendem Rechnung zu tragen:

— dem Ausmaß der Auswirkungen (geographisches Gebiet und betroffene Bevölkerung),

— dem grenzüberschreitenden Charakter der Auswirkungen,

— der Schwere und der Komplexität der Auswirkungen,

— der Wahrscheinlichkeit von Auswirkungen,

— der Dauer, Häufigkeit und Reversibilität der Auswirkungen.

14. 3. 97   `DE`   Amtsblatt der Europäischen Gemeinschaften   Nr. L 73/15

ANHANG IV

ANGABEN GEMÄSS ARTIKEL 5 ABSATZ 1

1. Beschreibung des Projekts, im besonderen:

   — Beschreibung der physischen Merkmale des gesamten Projekts und des Bedarfs an Grund und Boden während des Bauens und des Betriebs,

   — Beschreibung der wichtigsten Merkmale der Produktionsprozesse, z.B. Art und Menge der verwendeten Materialien,

   — Art und Quantität der erwarteten Rückstände und Emissionen (Verschmutzung des Wassers, der Luft und des Bodens, Lärm, Erschütterungen, Licht, Wärme, Strahlung usw.), die sich aus dem Betrieb des vorgeschlagenen Projekts ergeben,

2. Übersicht über die wichtigsten anderweitigen vom Projektträger geprüften Lösungsmöglichkeiten und Angabe der wesentlichen Auswahlgründe im Hinblick auf die Umweltauswirkungen.

3. Beschreibung der möglicherweise von dem vorgeschlagenen Projekt erheblich beeinträchtigten Umwelt, wozu insbesondere die Bevölkerung, die Fauna, die Flora, der Boden, das Wasser, die Luft, das Klima, die materiellen Güter einschließlich der architektonisch wertvollen Bauten und der archäologischen Schätze und die Landschaft sowie die Wechselwirkung zwischen den genannten Faktoren gehören.

4. Beschreibung (¹) der möglichen erheblichen Auswirkungen des vorgeschlagenen Projekts auf die Umwelt infolge

   — des Vorhandenseins der Projektanlagen,

   — der Nutzung der natürlichen Ressourcen,

   — der Emission von Schadstoffen, der Verursachung von Belästigungen und der Beseitigung von Abfällen

   und Hinweis des Projektträgers auf die zur Vorausschätzung der Umweltauswirkungen angewandten Methoden.

5. Beschreibung der Maßnahmen, mit denen erhebliche nachteilige Auswirkungen des Projekts auf die Umwelt vermieden, verringert und soweit möglich ausgeglichen werden sollen.

6. Nichttechnische Zusammenfassung der gemäß den obengenannten Punkten übermittelten Angaben.

7. Kurze Angabe etwaiger Schwierigkeiten (technische Lücken oder fehlende Kenntnisse) des Projektträgers bei der Zusammenstellung der geforderten Angaben.

(¹) Die Beschreibung sollte sich auf die direkten und die etwaigen indirekten, sekundären, kumulativen, kurz-, mittel- und langfristigen, ständigen und vorübergehenden, positiven und negativen Auswirkungen des Vorhabens erstrecken."

Sachverzeichnis